砂土电化学腐蚀

谢瑞珍　著

图书在版编目（CIP）数据

砂土电化学腐蚀 / 谢瑞珍著. —北京：中国原子能出版社，2023.6

ISBN 978-7-5221-2787-3

Ⅰ. ①砂… Ⅱ. ①谢… Ⅲ. ①金属材料–砂土–电化学腐蚀 Ⅳ. ①TG172.4

中国国家版本馆 CIP 数据核字（2023）第 118632 号

砂土电化学腐蚀

出版发行 中国原子能出版社（北京市海淀区阜成路 43 号 100048）
责任编辑 王 蕾
责任印制 赵 明
印　　刷 北京天恒嘉业印刷有限公司
经　　销 全国新华书店
开　　本 787 mm×1092 mm 1/16
印　　张 13
字　　数 226 千字
版　　次 2023 年 6 月第 1 版 2023 年 6 月第 1 次印刷
书　　号 ISBN 978-7-5221-2787-3 **定 价** **98.00** 元

砂土电化学腐蚀

本书得到了以下科研项目经费资助：

1. 天津大学水利工程仿真与安全国家重点实验室开放基金

项目名称：污染土体的电化学阻抗谱特性与等效电路模拟研究

项目编号：HESS1613

2. 岩土力学与工程国家重点实验室资助课题

项目名称：一种新型评价污染土腐蚀性方法的理论与试验研究

项目编号：Z017003

3. 河海大学岩土力学与堤坝工程教育部实验室开放基金项目

项目名称：污染砂土电化学腐蚀行为的理论及试验研究

项目编号：201702

4. 国家自然科学基金项目

项目名称：污染土工程性质变异过程的电化学响应及其腐蚀性评价研究

项目编号：41807256

5. 国家自然科学青年基金

项目名称：污染环境对钢铁材料的腐蚀影响与试验研究

项目编号：51208333

前　言

金属在自然环境中的腐蚀是最普遍的腐蚀现象。自然环境包括大气、水（淡水、海水）和土壤环境，以及与三者都有关系并广泛存在的微生物环境。金属或合金在土壤中发生的腐蚀称为土壤腐蚀。

随着现代工业的发展，在地下铺设了越来越多的油管、水管和煤气管道，构成了“地下动脉”。此外，地下还设有大量电缆、通信设施和各种地下建筑物。它们由于土壤中存在的水分、气体、杂散电流和微生物的作用会遭受腐蚀，常带来一系列问题。首先，土壤腐蚀使得埋地管线的维修费用增加，一旦损坏将导致输运物质大量流失，有可能引发火灾、爆炸和环境污染；其次，金属构件一般埋在地下 1～2 m 处，出了问题不易发现，维修也很困难；最后，由于土壤条件变化大，土壤腐蚀影响因素多而且复杂，加之工业污染及杂散电流的参与，使得土壤腐蚀防不胜防，有时难以采取有效的防护措施。

由于土壤组成和性质的复杂性，金属的土壤腐蚀差别很大。埋在某些土壤中的古代铁器可以经历千百年而没有多大锈蚀，可是有些地下管道却只用了一两年就腐蚀穿孔。同一根输油管在某一地段腐蚀很严重，而在另一地段却完好无损。因此研究金属材料的砂土环境腐蚀变化规律，为地下工程选材与防护设计提供科学依据，具有重大意义。

本书以砂土电化学理论、含易溶钠盐砂土电化学特性和砂土中 X80 钢电化学腐蚀应用为研究主线，基于电化学理论、土壤黏附机理及考虑时效机制进一步探索含易溶钠盐砂土黏附－电化学现象之间的关系，研究含易溶钠盐砂土的电化学特性及其腐蚀机理。并在此基础上研究了自然风干状态下砂土中 X80 钢的电化学腐蚀行为。

在本书的撰写过程中，笔者参阅了许多相关资料及参考文献，在此向诸位作者一并致谢。由于时间仓促加之笔者水平所限，书中难免错漏，望读者指正。

目 录

第一章 绪论

1.1 引言

盐渍土地区地下结构和基础设施的耐久性是国内外学者和工程技术人员关注和研究的热点课题，这些地下设施应确保其在服役期间内的安全、适用和可修复使用。

盐渍土是盐土和碱土以及各种盐化、碱化土壤的总称。盐土是指土壤中可溶性盐含量达到对作物生长有显著危害的土类。碱土是指土壤中含有危害植物生长和改变土壤性质的多量交换性钠。根据我国土壤的发生学分类，盐土和碱土属于盐碱土壤。盐渍土主要分布在内陆干旱、半干旱地区，滨海地区也有分布。

由于城市化进程加快，原有大量固、液污染物的随意堆放或排放，使污染介质在土中长期聚集和迁移，形成污染土。截至 2018 年年底，山西省共有盐碱地 2 618 平方千米。在大同、朔州、忻州、晋中、吕梁、临汾、运城、太原 8 市的 45 个县（市、区）均有盐碱地分布。此外山西省也属于我国 12 个沙化重点省之一。因此含盐碱污染砂土的基本理论与应用研究成为影响山西省区域经济提速和经济转型发展的一个重要基础课题。

随着国民经济的发展，大量的地下管道、钢桩、套管、地铁和电缆等地下结构和基础设施投入建设和使用。地下设施和构筑物等常因土壤的侵蚀而发生腐蚀破坏，给国家带来重大的经济损失和大量资源与能源的消耗，同时给设备、装备、建筑物及人身安全带来威胁。我国有 40 多种差别大的土壤，不同的自然环境下，同种材料的腐蚀速率可以相差数倍至几十倍。土壤中的可溶盐的种类很多，与腐蚀关系密切的阴离子类型主要有：碳酸根、氯和硫酸根离子。土壤可认为是一种腐蚀性多相电解质，通过电化学测试技术能够在较短的周期内获得土壤腐蚀细节及热力学和动力学方面的信息。

以埋地方式建造的长距离油气输送管道安全性的最大威胁因素为腐蚀破坏，且化学腐蚀、土壤电化学腐蚀和杂散电流干扰腐蚀等为其外壁的主要腐蚀形式。我国油气管线拟形成横贯东西、纵贯南北的管道运输网络，厚规格和高强度X70 钢、X80 钢将成为主流管线钢。为满足国家建设和国情调查的需要，必须研究管线钢（如 X80 钢）在我国土壤中的腐蚀数据和规律，积累土壤腐蚀性数据，以及进行管道后续的安全检测和长期维护工作。因此开展含易溶钠盐砂土的电化学特性及其对 X80 钢的腐蚀机理基础研究具有重要的理论及现实意义。

1.2 盐渍/污染土的形成及其工程性质研究现状

盐渍/污染土的研究涉及岩土工程、环境工程、土壤科学、化学与化工工程、生态学、卫生与防护以及测试技术等多学科领域，是介于这些学科边缘的交叉学科。近代工业生产产生的废弃物，由于无组织的排放或排放系统失效，使其渗入土体，导致土的物理、力学、化学性质发生变化，污染源种类如图 1-1 所示。污染介质与土体之间的物理化学作用影响土体性质，在宏观上则体现出土体工程性质的变化。

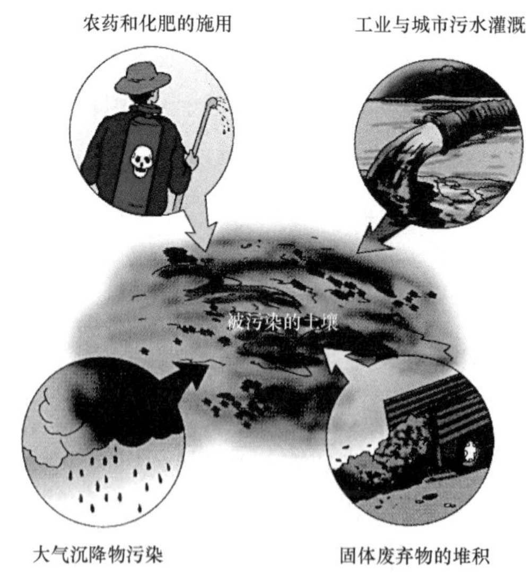

图 1-1 土壤污染源种类

1.2.1 盐渍/污染土的污染机制

盐渍/污染土的污染机制方面的研究主要集中在离子交换、双电层变化和胶结物溶蚀、溶解三个方面。国外在这方面研究相对较早，Payne 等研究了高岭黏土对孔隙液中铜离子的吸附与浓度的影响以及不同类型的黏土（高岭石、伊利石、蒙脱石）对重金属等离子的吸附。Kelly 对防止污染物质进入水体与土体的方法，以及土体再生利用可能性进行了研究。张信贵等研究了水土作用中矿物质（铁、钙、镁和铝）含量和存在状态，得出了污染土结构强度的影响及其机理。叶为民等基于钠高岭土实验得出土中双电层对水的渗透起阻滞作用；在非饱和土中，应考虑双电层对渗透率的影响。刘茜等利用土柱试验对海水入侵过程中可能发生的水文地球化学作用进行了研究，得出地下水与黏粒之间的阳离子交换吸附作用是主要的。陈余道等研究了污染土中胶结物成分变化和胶结作用的强弱对土体结构强度的影响。蒙高磊等研究了水土作用对桂林重塑红黏土界限含水量以及胀缩性的影响及作用机理。

盐渍/污染土的形成是土–水溶液系统间污染物转化、迁移、降解、吸收、扩散的过程。原来的土体体系中增加了新的化学组分或改变了其原先的化学组分，压缩或增加双电层厚度，最终影响胶体颗粒的膨胀力度，如粒间应力、土体体积变化、膨胀和收缩等。

1.2.2 盐渍/污染土的工程性质研究现状

盐渍/污染土工程性质方面的研究主要集中在其物理、力学和电学特性的研究。刘汉龙等研究了酸碱污染土基本物理性质。刘全义认为土与污染物作用时间和作用时的温度是研究污染土工程性质需要考虑的因素。李琦等对污染地区的岩土工程勘察内容、评价以及一些主要的治理措施进行了评价。白晓红等通过室内试验研究了 H_2SO_4、NaOH 和 NaCl 污染后土样的可塑性指标变化。

电阻率法是一种无损、快捷、简便的方法，目前研究最多，已经广泛应用于污染土性质的评价与加固测试效果中。有机污染土电阻率，与土中污染物含量、渗漏过程以及土体强度等相关。刘松玉等在重金属污染、有机污染土电阻率特性阐释和电阻率 CPTU（多功能孔压静力触探）评价污染场地原理方法研究的基础上发现，不同含油率的柴油、煤油污染土电阻率与体积含湿率、油水饱和度间的关系可以用同一公式表达。郭秀军研究了生活垃圾渗滤液污染土渗滤液渗漏污染过程的二维、三维电阻率映像法，基于 Archie 型公式求得土体中污染物的含量，计算相对误差低于 10%。边汉亮等研究发现，同一龄期有机氯农药（氯氰菊酯）污染土的电阻率随农药掺量的增加而减小，在 28 d 龄期时电阻率最大。董晓强等建立了生活污水、造纸厂污水污染水泥土电阻率和抗压强度的定量关系。

重金属污染土电阻率特性，也与污染物浓度、污染土强度和物理指标等相关。章定文等研究发现水泥固化重金属（铅）污染土电阻率与强度之间近似服从幂函数关系，并将 Archie 电阻率公式扩展应用到固化重金属污染土领域，研究了碳化对水泥固化铅污染土电阻率特性的影响。张少华等研究发现水泥固化锌污染土的电阻率随交流电频率的增加而明显降低，在各个龄期下电阻率与强度均呈现出很好的线性关系。储亚等根据锌（Zn）污染后土体的物理指标变化，建立土壤电阻率与 pH、塑限、液限、颗粒成分等物理指标的相关关系。叶萌等研究发现影响重金属（Cu）污染土电阻率变化的主次因素依次是重金属污染物浓度、含水率、土的类型。

整体而言，盐渍/污染土污染机理已提出；工程性质方面进行了大量研究，取得了丰硕的成果；电阻率测试技术已广泛应用于污染土性质的评价与加固测试效果中。

1.3　土壤腐蚀特性研究现状

土壤腐蚀研究国外开展较早，美国米勒等于 1925 年对硫酸盐土壤中埋设了 25 年、50 年及更长期的各种混凝土和钢筋混凝土试件进行了研究，且已形成整体的腐蚀电位分布。我国自然环境（大气、海水、土壤）对材料腐蚀研究开始于 20 世纪 50 年代，目前我国已初步建成自然环境腐蚀试验网，其中已建立 20 多个土壤腐蚀试验站，包括了近 41 种土壤，取得了大量的基础数据，指导了大量的工程应用，相关研究已处于国际领先地位，但山西省内还未设立材料腐蚀试验站。因此，在山西范围内开展土壤的电化学特性及其腐蚀机理的基础理论研究具有重要的科学意义和应用价值。

自 20 世纪初，土壤本身具有腐蚀性发现以来，已有一些关于土壤腐蚀的规律和机理研究。土壤的腐蚀性和土壤的电阻率、可溶性盐类、含水量、pH、微生物、氧含量以及它们之间的相互作用有关，而这些因素还常常随时间和空间而发生变化，十分复杂。土壤电阻率越小，土壤腐蚀性越强。土壤含水量对金属材料在土壤中的腐蚀速率有较大影响，其一般规律是：当含水量低时，腐蚀速率随含水量的增加而增加；当含水量达到某一临界值时腐蚀速率最大，再增加含水量，腐蚀速率又逐渐减少。土壤中含水量与其透气性以及氧浓差电池的作用有密切的关系。pH 是土壤酸碱性的标志与综合反映，且土壤的酸碱性与铁的腐蚀速率有关。普遍认为在中、碱性土壤（pH 为 5～9）中 pH 对金属腐蚀影响不大；在酸性土壤中碳钢腐蚀严重；但在中、碱性土壤中，碳钢也受到严重腐蚀。也有研究显示，碳钢的腐蚀速率与土壤的 pH 之间找不到确定的关系。

1.3.1 混凝土和钢筋混凝土结构

关于混凝土和钢筋混凝土结构腐蚀耐久性研究，根据《工业建筑防腐设计规范》（GB 50046）、《混凝土结构耐久性设计规范》（GB/T 50476）和《盐渍土地区建筑技术规范》（GB 50942），在污染介质或盐渍土中的防腐设计建（构）筑物应满足防腐要求。关于混凝土的配置，在硫酸盐为主腐蚀环境下，可选用减水剂、密实剂、防硫酸盐等外加剂；选用铝酸三钙含量小于 5%的普通硅酸盐水泥或抗硫酸盐水泥；掺加矿物掺合料。氯盐为主的环境下，宜共同采用硅酸盐或普通硅酸盐水泥（不少于 240 kg/cm^3）、20%～50%的矿物掺合料和少量硅灰控制混凝土中氯离子的扩散系数。

目前，也有大量学者进行了相关的腐蚀埋设研究。马孝轩等研究发现，埋藏在我国 26 个试验站的 18 种混凝土及钢筋混凝土材料腐蚀属于化学腐蚀，对钢筋的腐蚀属于电化学腐蚀。35 年后，普通水泥和矿渣水泥中的预埋钢筋腐蚀不严重，而硅酸盐混凝土中的预埋钢筋腐蚀严重，不宜用于永久性工程的地下结构。硫酸盐含量高的土壤中各种混凝土腐蚀均较严重。钱朝阳研究显示淮水北调某 PCCP 管道（预应力钢筒混凝土管）输水管线工程对应土壤的腐蚀性为强等级腐蚀。此外，土壤腐蚀快速模拟试验研究显示，酸对硬化水泥石的腐蚀，属于溶解性腐蚀，硫酸盐对硬化水泥石的腐蚀属于膨胀性腐蚀。李兴濂等对腐蚀数据研究表明，三峡地区土壤对埋设 33 年的钢铁试件的腐蚀属于中等偏重，对硅酸盐钢筋混凝土的腐蚀严重，其不宜在三峡地区或类似的土壤中使用。汤永净等研究发现，杂散电流存在下焊接钢筋混凝土结构的耐久性约为绑扎钢筋混凝土结构的两倍，能够满足地下结构耐久性 100 年的要求。

就研究方法而言，主要通过现场埋设后结构的力学（抗压强度）和电学［（视）电阻率和极化电流密度］性质变化进行研究。此外，交流阻抗谱作为观察材料细观结构的窗口已应用在混凝土渗流结构的描述。交流阻抗谱测试中，典型的电解池结构包括两电极体系、三电极体系和四电极体系，其中三电极体系和四电极体系中的参比电极能够隔离电解池中其他元件的阻抗。

电化学阻抗谱（EIS）在水泥和混凝土复杂体系的基本特性研究方面也取得了一定的成果。同济大学史美伦等近年来通过 EIS 对水泥水化过程、混凝土的渗流结构、混凝土力学性能、碱集料的活性和掺合料的选择、渗透性和氯离子的扩散性等进行了研究；同时哈尔滨工业大学和大连理工大学也开始运用 EIS 对水泥和混凝土的性能进行研究。应用 EIS 对水泥浆体“系统”的研究显示，水泥浆体中的 C-S-H 不仅是电解质，而且还是电介质，水泥浆体和混凝土最常见的阻抗谱呈 Randles 型和准 Randles 型，所对应的等效电路如图 1-2（a）和图 1-2（b）所示。

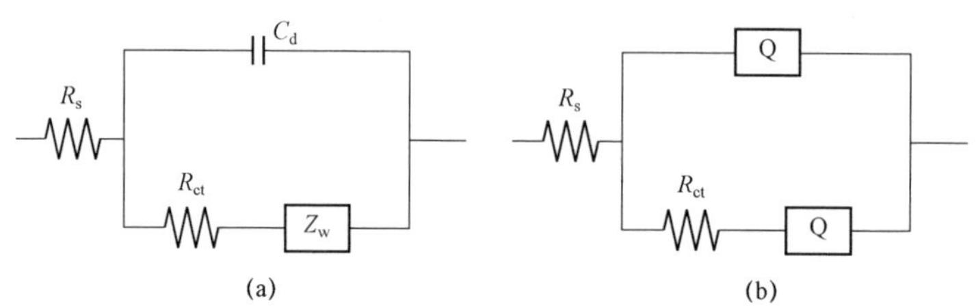

图 1-2　等效电路

（a）水泥浆体等效电路；（b）混凝土等效电路

1.3.2　管线钢的土壤腐蚀

埋地管外壁腐蚀是引起管道穿孔、发生事故的主要原因之一，有大量针对管道腐蚀机理与防护技术的调查和研究，如涂层保护、缓蚀剂保护、电化学保护、阴极保护等。内、外防腐涂层新材料的发展、防腐数据的高精确度和自动采集系统等都是近期土壤腐蚀的主要发展方向。现场实测、指标评价、电化学测试法是埋地管道腐蚀研究的 3 种主要方法，近年来新技术、新仪器和新方法也在不断发展。

Putman 首先提出加速试验方法后，马口铁盒和短管试验法等实验室加速试验方法用于定性判断土壤腐蚀性。Allahkaram 等通过 Tehran 现场测试电位和埋片试验结合研究发现，动态杂散电流对 API X65 管线钢的腐蚀影响随着距离的增加而减小。新疆克拉玛依采油二厂、北二西埋地管道的调查结果显示，土壤电阻率、透气性、含水率和可溶盐含量是影响腐蚀的主要因素。建议尽量避免土壤环境较差的地域施工，并更换管道绝缘层、施加阴极保护和及时更换破坏部分等。于宁研究了直埋热力管道土壤腐蚀的特点，并提出了腐蚀预防中要注意的问题和解决的方法。3PE 防腐层和阴极保护组合技术实现了咸宁高压长输燃气管线系统耐久性、安全性和经济性目标。任鸽还提出测试桩测试和腐蚀埋片测试两种煤层气管道的阴极保护效果的检测技术。郑鑫结合检测结果在局部腐蚀扩展公式中，估算了选定既有管线的剩余服役寿命。

对于高级管线钢 X80 钢的电化学腐蚀应用研究。电化学测试法在土壤模拟液中研究居多，模拟液主要离子围绕 Cl^-、CO_3^{2-}，HCO_3^-及 SO_4^{2-}，也有少数关于土壤—金属/非金属界面的研究。在含氯化物的碱性环境中（0.5 mol/L Na_2CO_3 + 1 mol/L $NaHCO_3$ 溶液，两种不同浓度的 Cl^-，0.02 和 0.2 mol/L），叠加的 AC 降低 X80 钢的钝化，使腐蚀电位负向移动，并提高腐蚀速率。AC 和 Cl^- 协同增加腐蚀速率，腐蚀变得更加局部化。Zhou 等人还发现，随着 $NaHCO_3$ 溶液中 HCO_3^-浓度的增加，X80 的腐蚀速率先增加后减小。在辽河油田模拟土壤溶液中，X80 钢的腐蚀速率呈现出类似的规律。表面只有少量的小腐蚀坑出现，腐蚀现象并不明显。在含有 Cl^-，SO_4^{2-}，HCO_3^-的 NS4 近中性溶液（用于模拟在剥离涂层下捕获的电解质）中，X80 钢的腐蚀形态从均匀腐蚀变为局部腐蚀，随着交流密度的增加而增加了许多凹坑。在正交组 CO_3^{2-}，HCO_3^-和 Cl^-协同作用的模拟液中，HCO_3^-及 Cl^-两种离子对 X80 钢的腐蚀性影响较大。宋庆伟等利用电化学阻抗谱（EIS）和 Mott-Schottky 等测试方法研究显示，土壤模拟液中 X80 钢表面形成一层钝化膜，呈 n 型半导体特性，其对基体的保护作用随着 pH 的增加而增强。

目前已有典型黏性土、粉土和泥浆等土壤介质中 X80 钢的电化学腐蚀研究。杨霜等通过恒流脉冲和极化法快速获取酸性红壤和 X80 管线钢界面腐蚀动力学参数。刘英义等通过电化学（极化）测试结合室外现场埋片试验研究发现，土壤对不同轧制工艺下 X80 钢的腐蚀略有差异。韩曙光等采用 EIS、极化技术和室内埋样实验，研究了水饱和红壤泥浆中 X80 钢的腐蚀过程和机理，阐述了红壤中铁氧化物促进了管线钢的腐蚀反应。Quej-Ake 等通过室内电化学测试研究了饱和粉土中 X80 管线钢的腐蚀、钢/涂层/土壤界面和钢/土壤界面。

1.3.3 土壤腐蚀评价方法

目前土壤腐蚀评价方法向多元化发展，即多种方法共同发展。单一的评价方法均具有一定的局限性。

（1）单一评价法

土壤腐蚀影响因素数量较多，且存在交互作用，因此数值方法在因素分析方面的应用较多。目前，在传统的统计分析法、曲线拟合法、相关分析法等基础上越来越多的数学分析方法被用在了土壤腐蚀性评价研究中。

1）埋片试验法，埋片法是土壤腐蚀研究最经典的传统方法，有现场埋片和室内埋片两种。现场埋片失重法应用较早，早期的管道腐蚀调查多采用此法。李辉勤等研究发现，北京地下天然气管道 A3 试件的腐蚀有均匀腐蚀、非均匀的溃疡状麻坑和近圆形蚀坑。冯佃臣等发现内蒙古 5 个试验站土壤中 16 Mn 管线钢的腐蚀速率相差很大，巴盟地区腐蚀速率最大，为 6.948 g/dm^2。Liu 等采用埋片法研究 U 形试样的腐蚀，结果显示酸性及碱性和干砂土中 X70、X80、X100 和 X120 管线钢都有应力腐蚀倾向。管线钢强度和土壤 pH 的降低有助于减小应力腐蚀倾向。

2）数学分析法，考虑多个土壤腐蚀性影响因素。冯斌等通过灰关联分析法对某油气田土壤腐蚀因素进行相关性分析。楚喜丽等提出以非时间序列来建立土壤腐蚀系统模型。Ji 等通过概率分析法结合埋地管复杂条件下物理机制的有限元分析法进行了埋地铸铁水管的失效风险评估。赵志峰等在粗糙集方法和同异反应模式下对川气东送梁平管道段外腐蚀中多个因素指标构造数据集进行分析诊断决策。苏欣等确定了土壤腐蚀因素顺序，之后分别用改进的层次分析法和模糊综合评价方法确定各因素权重和评价在役管道的腐蚀现状。

何树全等利用聚类分析法对国内 21 个材料土壤腐蚀试验站点的土壤腐蚀性进行了分级评价。Cui 等采用边界元法确定的数学模型在 BEASY 软件上模拟研究阴极保护系统的直流杂散电流干扰腐蚀。翁永基等通过主分量分析法（PCA）建立钢铁－土壤腐蚀模型，预测新疆塔里木地区的腐蚀等级，可靠性在

85%以上；论证了塔里木河大港油田区域腐蚀试验数据整体概率分布符合正态随机函数；并用三次样条函数处理塔里木地区库尔勒—库车公路沿线土壤腐蚀试验数据，计算最高腐蚀性土壤位置和腐蚀分区边界等。李红锡等用模式识别中的费歇方法对辽宁 14 个试验站碳钢 4 年的土壤腐蚀数据进行了研究，将土壤腐蚀速率分为三个不同的等级。郑新侠建立了 16 Mn 钢管在土壤中的腐蚀速率描述模型，可用来评价管道沿线土壤腐蚀态势。Othman 等通过一个统计学预测模型评估马来西亚埋地管线钢的失重时间依赖性。鲁庆等应用多层线性模型描述材料（碳钢）土壤腐蚀变化过程，准确地拟合和预测了其土壤腐蚀率变化。之后还提出适用于高维、小样本，基于 Lasso 的 SALP 法和改进提升回归树算法的模型，准确地描述和预测了土壤腐蚀率。

3）电阻率法，土壤的电阻率和土壤的腐蚀性相关，单纯地采用电阻率作评价指标，常出现误判。研究表明，土壤电阻率越小，土壤腐蚀性越强。电阻率大于 10 000 Ω • m，腐蚀速率很低不需要保护。但近年来有研究表明，当土壤电阻率大于 2 000 Ω • m 时，腐蚀速率和电阻率之间不能确切地显示这种关系。又有研究发现，即使在高电阻率的土壤中，氧浓差电池的存在也会导致严重的腐蚀。Palmer 指出只有微生物活动不严重的地区，土壤电阻率才是控制参数。Robinson 则强调分析电阻率数据时应着重分析电阻率的变化，因为土壤电阻率强烈变化的地段，土壤性质差异较大，致使土壤腐蚀宏电池电位差较大，腐蚀性较高。罗金恒等在电阻法的基础上实现了较大尺寸试验的短期腐蚀速率测试，精度达 0.3 μm。在含水率、Cl^-、SO_4^{2-}、HCO_3^-和 CO_3^{2-}五因素正交 25 组土壤中，X52 的腐蚀速率随着含水量的变化呈先增大后下降的趋势，临界值为 14%，而阴离子作用相对较小。许越等通过四极法的电阻率测量研究显示，黄滩石油管道沿线土壤中最佳铺设位置为 1.5～5 m。

4）电化学测试技术，土壤介质中，极化测试应用较早。常守文等研制了便携式土壤腐蚀测量仪，原位测试试件的腐蚀速度。银耀德等采用弱极化曲线拟合技术及直流四极法原位测试了沈阳试验站土壤（菜园型草甸土）中碳钢、不锈钢、H62 黄铜及铝的腐蚀，腐蚀随季节变化呈现一定的规律。唐红雁等有效地消除了试验/参比电极间土壤介质电阻的 IR 降影响，得到土壤介质中真实反映金属电极的极化曲线，对沈阳、深圳和大港等全国几个土壤腐蚀试验网站土壤进行了腐蚀行为研究。朱一帆等设计了参比电极/研究电极为平面同心同材料的新型三电极体系，用于土壤体系腐蚀测试，有效地克服自腐蚀电位漂移对测量的影响，同时将 IR 将降到可忽略的程度。孙成等测试了沈阳试验中心土壤的物理化学性质和纯铜的腐蚀速率变化，结果显示纯铜可作原位测试土壤腐蚀性的标准电极。

（2）复合评价法

现场埋片和室内埋片失重法结合，Lim 等结合主因素分析法研究发现马来西亚半岛东部的热带地区土壤中含水量对 X70 碳钢失重影响大于塑性指数和粒径，对腐蚀速率而言存在土壤性质的最佳值。李明哲研究了 X70 天然气埋地管道干线典型土壤腐蚀速率，交直流杂散电流是造成部分保护度较低的因素，可能使阴极保护失效。室内埋片研究，郑新侠通过陕京线典型土壤中埋片试验基础上的统计学研究发现，X60 钢的平均腐蚀速率和最大腐蚀坑深度的对数均服从正态分布。陈瑛等通过室内埋片－土壤电解加速和电偶加速方法研究发现，滨海盐土中城市供水管道球墨铸铁（QT400-17）的腐蚀深度变化均符合幂函数规律。

现场埋片失重法与土壤理化性质（如土壤氧化还原电位、含水量、pH 和电阻率等）研究综合分析管道钢的土壤腐蚀。曲良山等基于大庆地区土壤中 20 号碳钢 4 个月埋片腐蚀数据，通过 BP 人工神经网络建立稳定性好、泛化能力强的腐蚀预测模型。杜翠薇等研究发现在新加坡酸性土壤中，国产 X70 钢和 Q235 钢的腐蚀均以局部腐蚀为主，有明显的应力腐蚀开裂敏感性。王鸿膺等发现川气东送管道沿线土壤对 X70 钢的腐蚀性较强，并通过神经网络建立模型准确预测川气东送管道 X70 钢的腐蚀速率（可靠性达 90%以上）。

数学复合分析法、灰关联分析法、熵权法、层次分析法和模糊综合评价方法等多种分析方法组合用来评价多因素影响下的土壤腐蚀性。王森等对全国典型区域土壤进行抽样和理化分析，基于八指标法等级评定和克里金（Krijing）插值算法制作全国土壤腐蚀等级分布图。郭稚弧等通过人工神经网络结构和 BP 算法获得土壤理化性质与碳钢在土壤中的腐蚀速度之间的非线性关系，预测碳钢腐蚀速度误差最大达 8%。李丽等通过模糊聚类和 BP 人工神经网络方法分析 14 个腐蚀站点碳钢的年腐蚀数据，构建的腐蚀预测模型较好地预测了我国典型地区碳钢的腐蚀速率。王天瑜等采用改进灰关联分析和熵权法结合构建土壤腐蚀评价体系和评价标准，对我国某油田管线周围两个土壤测试点的土壤进行了评价。任帅等将灰色关联法和改进层次分析法相结合，将主分量分析法应用于川气东送管道的土壤腐蚀评价中，准确率达 80%以上。刘爱华等采用系统动力学流图和灰关联结合法研究了土壤腐蚀因素，并结合室内正交埋片试验研究土壤对球墨铸铁管道的腐蚀性。杨岭等通过灰色关联、模糊评价和改进层次分析三种理论建立了模型，评价了青海油田花土沟地区在役管道的土壤腐蚀性。宋乐平等用 W. Baeckman 法和综合排序法评价了孤东油田的土壤腐蚀状况，其综合腐蚀性很强，特别是电化学微电池腐蚀程度极强。赵东基于长输管线 30 处典型土壤的室内埋片试验和现场土壤电阻率测试，通过 BP 神经网络法对测试结果进行了分析。

埋片法和电化学测试法（EIS 和极化），李发根等通过室内模拟电化学（EIS）试验和现场埋片试验研究发现，某油田典型土壤环境中 16 Mn 钢的腐蚀过程随着时间的延长由电化学活化控制为主转向扩散控制为主。高玮等通过电化学实验（线性极化）和沿线土壤埋片 X70 钢、土壤性质测试和腐蚀产物分析联合评价了川气东送管线腐蚀规律。郭浩等通过埋片加速试验基础上的 EIS 测量和微观分析研究发现，含 Cl^-的滨海盐土中随着龄期的增加，球墨铸铁依次经过点蚀诱导期、发展期和稳定腐蚀期。

EIS 和极化曲线结合，Akkouche 等采用电化学分析（腐蚀电位、腐蚀速率和 EIS）检测干湿循环下人工黏性土中碳钢 – 土壤界面 6 个月中的变化。Liu 等研究发现现场采集的含有硫酸盐还原菌（SRB）的土壤中，SRB 显著加快了 X52 管线钢的腐蚀。红壤、湖南地区土壤、杭州某变电站接地网土壤对常用接地材质 Q235 钢、紫铜和热镀锌钢 304 的腐蚀性研究结果显示，红壤中氯离子和硫酸根离子浓度的增加使 Q235 钢和镀锌扁钢的腐蚀电流先增加后减小；湖南地区土壤中，紫铜耐蚀性高于热镀锌钢；土壤中 Cl^-极大促进了接地网的腐蚀；北京土壤中结构材料 Q235 钢的腐蚀属于全面腐蚀，局部点蚀程度严重，且随着时间的延长，腐蚀产物层保护性下降。沈晓明等也通过土壤腐蚀探针下的电化学测试技术和实地采集的变电站样本的理化性质测试绘制了浙江省变电站土壤腐蚀性区域分布图。

土壤理化性质分析法和失重法是评价土壤腐蚀性和研究钢材在土壤环境中腐蚀行为的两个经典方法，但失重法工作量大，试验周期长；土壤理化性质分析只能对土壤腐蚀性进行定性判断，易产生误判、现场工作量较大或应用地域局限现象。土壤的电阻率和土壤的腐蚀性相关，单纯地采用电阻率作评价指标，也常出现误判。目前土壤腐蚀研究方法向多元化发展，即多种方法共同发展。单一的研究方法均具有一定的局限性。多种微区扫描技术（如开路、极化、EIS 阻抗测量等）已被用于土壤腐蚀性研究中，特别是 EIS 和极化曲线结合使用能够得到较多的土壤腐蚀信息和腐蚀动力学参数。本文选取电化学测试方法[阻抗谱（EIS）和极化]、扫描电镜（SEM）测试和统计学方法联合研究分析含易溶钠盐砂土的电化学行为及其腐蚀性应用。

1.4 电化学理论及其在砂土中的应用研究现状

1.4.1 腐蚀电化学理论

1.4.1.1 电化学阻抗谱

以小振幅的正弦波电势（或电流）为扰动信号，使电极系统（图 1-3）产生近似线性关系的响应，测量电极系统在很宽频率范围的阻抗谱，以此来研究电极系统的方法就是电化学阻抗法（AC Impedance），现称为电化学阻抗谱（Electrochemical Impedance Spectroscopy，EIS）。EIS 可以说是通过研究电阻、电容和电感等组成的等效电路在交流电作用下的特点来研究电化学体系。在一系列不同角频率下测得的一组频响函数值就是电极系统的电化学阻抗谱。若在频响函数中只讨论阻抗与导纳，则 G 总称为阻纳。对于一个稳定的线性系统 M，如以一个角频率为 ω 的正弦波电信号 X（电压或电流）输入该系统，相应的从该系统输出一个角频率为 ω 的正弦波电信号 Y（电流或电压），此时电极系统的频响函数 G 就是电化学阻抗。

$$G(\omega)=G'(\omega)+\mathrm{j}G''(\omega) \tag{1.1}$$

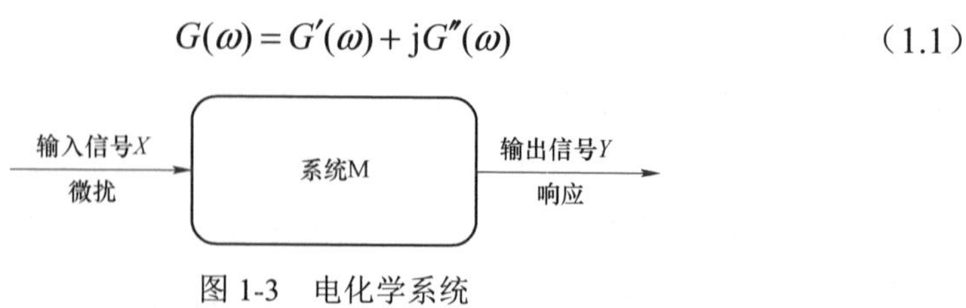

图 1-3　电化学系统

一般阻抗用 Z 表示，实部和虚部分别为 Z' 和 Z''。经过拉普拉斯变换后的输出响应/输入信号（传递函数 K）与时间无关，能够反映系统自身性质。电极系统应满足 3 个基本条件：因果性条件、稳定性条件和线性条件。当对电极系统进行正弦波信号扰动时，需通过控制环境因素，如温度和某些状态变量来满足因果性条件；通过控制正弦信号的幅值来近似满足线性条件，一般为 5～10 mV；对于不可逆电极过程测量时，通过快速傅里叶变换或拉普拉斯变换，缩短阻抗测量时间，满足稳定性条件。

阻抗谱测试结果常用两种方法表示，一种为奈奎斯特（Nyquist）图，用阻抗虚部作纵轴，实部作横轴绘制而成的阻抗谱图，即 $-Z''-Z'$ 图；另一种为阻抗伯德图，用阻抗模值（或模值对数）和相位角 φ 为纵轴，频率对数为横轴绘制，即 $\lg|Z|-\lg f$ 和 $\varphi-\lg f$ 。

1.4.1.2 等效电路及等效元件

通过“电学元件”和“电化学元件”构成阻抗频谱与测试电化学阻抗谱相同的电路即为相应电极系统的等效电路。构成等效电路的“元件”为等效电路元件，与本文相关的等效元件主要有以下几种。

（1）等效电阻 R

等效电阻用 R 表示，量纲为 W • cm^2，阻抗为

$$Z = R = Z',\ \ Z'' = 0 \tag{1.2}$$

因此，等效电阻的阻抗只有实部，数值与频率无关。在阻抗复平面即 Nyquist 图上，它用实轴上的一个点表示；在 Bode 图模值图，即 $\lg|Z|-\lg f$ 图中为一条与横坐标平行的直线；相位角与频率无关，当等效电阻为正时，相位角为零；当等效电阻为负时，相位角为 π。

（2）等效电容 C

等效电容通常用 C 表示，量纲为 $\mathrm{F \cdot cm^{-2}}$，该元件的阻抗为

$$Z = -\mathrm{j}\frac{1}{wC},\ \ Z' = 0,\ \ Z'' = -\frac{1}{wC} \tag{1.3}$$

阻抗只有虚部，在阻抗复平面上，用第一象限与纵轴重合的直线表示。在 Bode 图模值图，即 $\lg|Z|-\lg f$ 图中为一条斜率为–1 的直线；相位角为 π/2，与频率无关。

（3）常相位角元件（CPE）Q

电极与溶液界面的双电层，如图 1-4 所示，可以分为紧密 Helmholtz 层和扩散 Gouy 层，一般等效于一个电容器。但电极/溶液界面双电层的频响特征与纯电容之间存在偏离，即“弥散效应”。因而，用常相位角元件（CPE）Q 来表示对应的双电层，其阻抗为

$$Z=\frac{1}{Y_0}\cdot(\mathrm{j}w)^{-n},\ Z'=\frac{w^{-n}}{Y_0}\cos\left(\frac{n\pi}{2}\right),\ Z''=\frac{w^{-n}}{Y_0}\sin\left(\frac{n\pi}{2}\right),\ 0<n<1 \tag{1.4}$$

式中，Y_0，量纲是 $\Omega^{-1}\cdot\mathrm{cm}^{-2}\cdot\mathrm{s}^{-n}$ 或 $\mathrm{S}\cdot\mathrm{cm}^{-2}\cdot\mathrm{s}^{-n}$，$n$ 为无量纲的指数，其数值在 0～1 之间。文中统一用 Q 来表示常相位角元件。当 $n=0$ 时，元件 Q 相当于电阻元件 R；当 $n=1$ 时，元件 Q 相当于电容元件 C。在 Bode 图模值图，即 $\lg|Z|-\lg f$ 图中为一条斜率为 $-n$ 的直线。

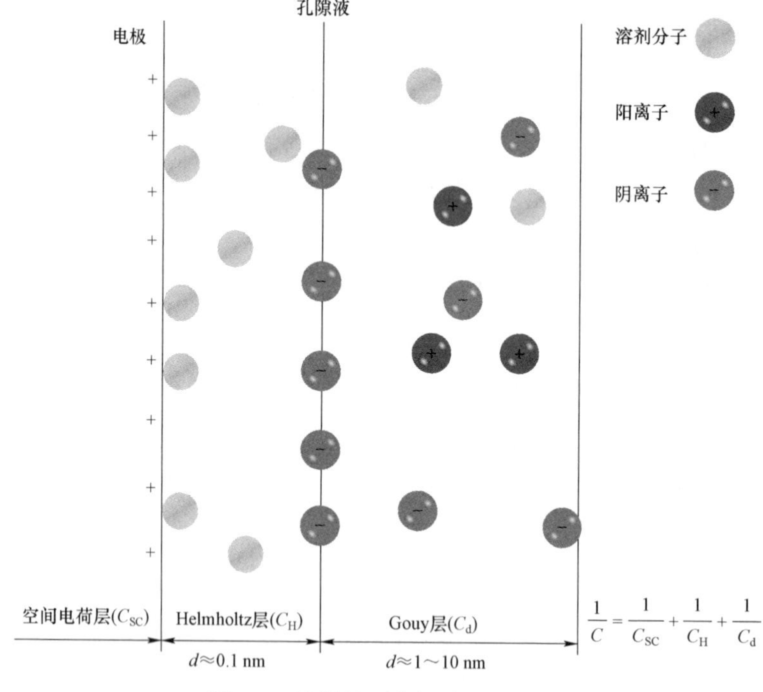

图 1-4　孔隙液－电极界面双电层

（4）复合元件

通过简单等效元件（如 R 和 C）的串联、并联或串联并联复合能够组成频谱特征与测试电化学阻抗谱相同的复合等效元件，即等效电路。串联

复合元件的阻抗即为各元件阻抗之和，并联复合元件的阻抗即为各元件导纳相加，导纳为阻抗的倒数。就常见复合元件而言，R 与 C 并联组成的复合元件的阻抗为

$$Z=\frac{R}{1+(wRC)^2}-\mathrm{j}\frac{wR^2C}{1+(wRC)^2}=Z'+\mathrm{j}Z'' \tag{1.5}$$

实部和虚部满足下式

$$\left(Z'-\frac{R}{2}\right)^2+(Z'')^2=\left(\frac{R}{2}\right)^2 \tag{1.6}$$

即频谱响应在阻抗复平面上为圆心（$R/2$，0），半径 $R/2$ 的第一象限半圆。如图 1-5 所示。当等效电阻为负时，对应半圆出现在阻抗平面的第二象限。

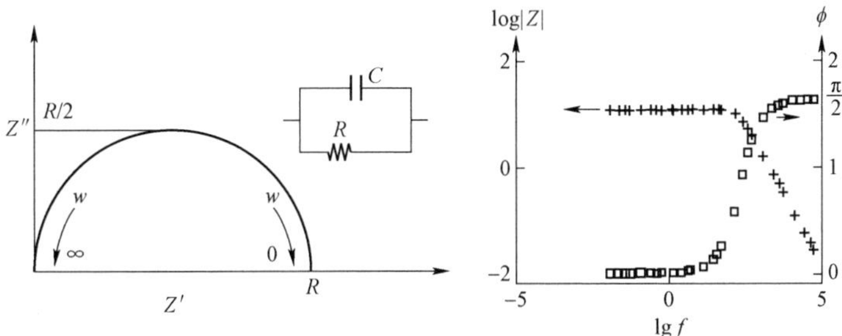

图 1-5 典型（CR）复合电路与相应的阻抗谱图

此外，常相位角元件 Q 与等效电阻 R 并联元件的阻抗为

$$\mathrm{Z}=\frac{\frac{1}{R}+Y_0w^n\cos\left(\frac{n\pi}{2}\right)-\mathrm{j}Y_0w^n\sin\left(\frac{n\pi}{2}\right)}{\left(\frac{1}{R}\right)^2+\left(\frac{2}{R}\right)Y_0w^n\cos\left(\frac{n\pi}{2}\right)+(Y_0w^n)^2}=Z'+\mathrm{j}Z'' \tag{1.7}$$

实部和虚部满足下式

$$\left(Z'-\frac{R}{2}\right)^2+\left[Z''-\frac{R\cot\left(\frac{n\pi}{2}\right)}{2}\right]^2=\left[\frac{R}{2\sin\left(\frac{n\pi}{2}\right)}\right]^2 \tag{1.8}$$

显然，当 R 为正时，频谱响应在阻抗复平面上为圆心在第四象限，小于半圆的第一象圆弧，如图 1-6 所示。

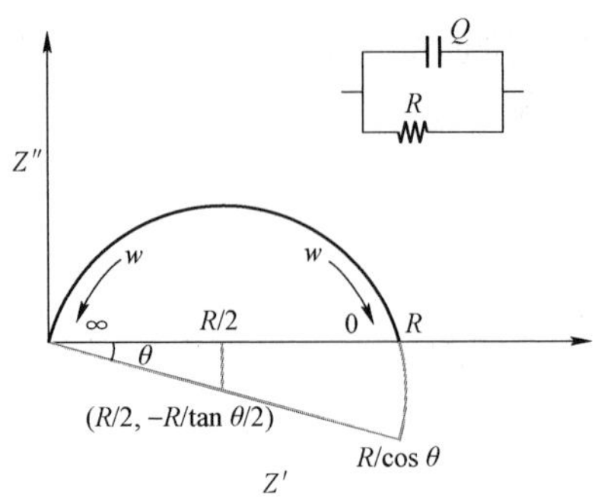

图 1-6　典型（QR）复合电路与相应的阻抗谱图

当溶液电阻 R_e 不可忽略时，对应等效电路即分别为 R（CR）和 R（QR）型，相应圆弧与实轴交点将向实轴正向移动，如图 1-7 和图 1-8 所示。

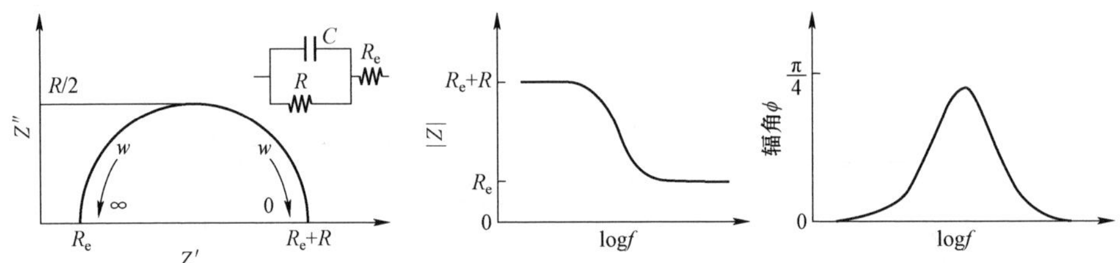

图 1-7　典型 R（CR）复合电路与相应的阻抗谱图

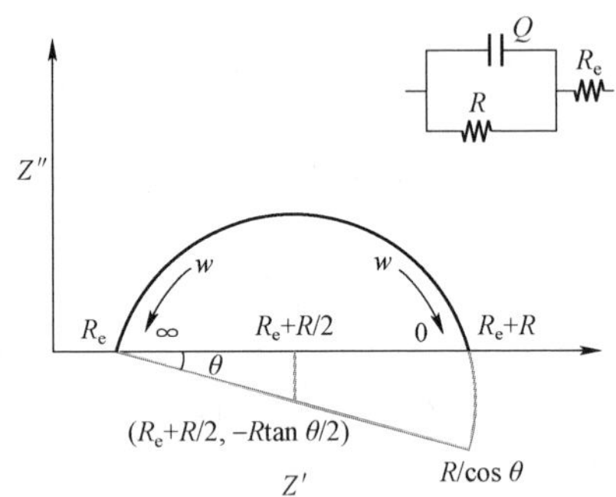

图 1-8　典型 R（QR）复合电路与相应的阻抗谱

（5）扩散过程引起的阻抗

当电极过程中法拉第电流密度较大时，电极表面附近反应物的浓度与介质本体中的浓度之间的差别将导致反应物从介质本体向电极表面扩散，该过程将在电化学阻抗谱上反映。

对于平面电极，最简单的是半无限扩散阻抗，指依靠扩散而传质的途径近似无限长。相对于扩散分子、离子，在恒温静置溶液中的扩散过程可认为是半无限扩散。等效元件为 W，即 Warburg 阻抗，单位为 $\Omega^{-1}\cdot s^{1/2}\cdot cm^{-2}$ 或 $S\cdot s^{0.5}\cdot cm^{-2}$。如图 1-9 所示在阻抗谱图上为近 45° 斜线。阻抗谱图上出现 Warburg 阻抗表明扩散过程为其电极过程的重要控制步骤。

此外，还有平面电极有限层扩散阻抗（O）和平面电极的阻挡层扩散阻抗（T），均有一段像 Warburg 阻抗那样的近 45° 斜线出现。

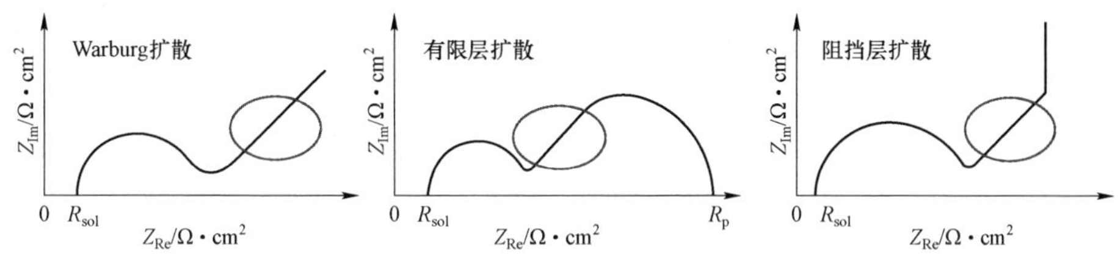

图 1-9 典型的扩散型阻抗谱

1.4.1.3 电化学阻抗谱特点及应用

广泛应用于电极过程动力学、双电层、电极材料、固体电解质、导电高分子以及腐蚀防护等机理方面研究的电化学阻抗谱（EIS）测试方法已逐渐向建筑材料和岩土工程领域延伸。该方法能够更全面反应污染土的特性，如孔隙结构、孔隙液浓度、饱和度、含盐量、渗透性、颗粒组成。电化学阻抗谱可以说是通过研究电阻和电容组成的等效电路在交流电作用下的特点来研究的电化学体系。

该测试方法具有以下优点：

（1）用小幅度正弦波对电极进行极化，不会引起严重的浓度极化及表面状态变化，扰动与体系的响应之间近似呈线性关系。

（2）该测试方法是频域中的测量，速度不同的过程很容易在频率域上分开，速度快的子过程出现在高频区，速度慢的子过程出现在低频区。

（3）通过测试结果能够判断出含几个子过程，讨论动力学特征。

（4）阻抗谱测试可以在很宽频率范围内进行，因而 EIS 能比其他常规的电化学方法得到更多的电极过程动力学信息和电极界面结构信息。

在 20 世纪 20 年代，Kramers 与 Kronig 发现一个随频率变化物理量 $P(w)$的实部与虚部之间存在 Kramers-Kronig（K-K）转换关系式（1.10）～（1.12）。

$$P(w)=P'(w)+\mathrm{j}P''(w) \tag{1.9}$$

$$P'(w)-P'(0)=-\left(\frac{2w}{\pi}\right)\int_0^{\infty}\frac{\left(\frac{w}{X}\right)\bullet P'(x)-P'(w)}{x^2-w^2}\mathrm{d}x \tag{1.10}$$

$$P'(w)-P'(\infty)=-\left(\frac{2w}{\pi}\right)\int_0^{\infty}\frac{x\bullet P'(x)-w\bullet P'(w)}{x^2-w^2}\mathrm{d}x \tag{1.11}$$

$$P''(w)=\left(\frac{2w}{\pi}\right)\int_0^{\infty}\frac{P'(x)-P'(w)}{x^2-w^2}\mathrm{d}x \tag{1.12}$$

式（1.9）～（1.12）中，x 与 w 为角频率，$P'(w)$ 和 $P''(w)$ 分别为物理量 $P(w)$ 的实部与虚部。此关系推导前提是满足下述 4 个条件：

（1）因果性，物理体系（如电极体系）只对施加扰动发生响应；

（2）线性，对体系的扰动与体系的响应之间呈线性关系；

（3）稳定性，对体系扰动停止后，体系恢复到扰动前状态；

（4）有限性，物理量 $P(w)$在所有频率范围内都是有限值。

这包含了阻纳的 3 个基本条件，因此在满足有限性条件的情况下，可以用阻纳数据的实部和虚部之间是否符合 K-K 转换关系来验证阻纳数据（如电化学阻抗谱测量数据）的可靠性。

1.4.1.4 极化曲线

一个电极在有外电流时的电极电位与没有外电流时的电极电位之差为极化。当外电流为阳极电流时为阳极极化，当外电流为阴极电流时为阴极极化。当电极上同时有几个电极反应进行时，表示电极电位 E 与外测电流密度 I 之间关系的曲线就是极化曲线（Polarization curve）。若电极是腐蚀金属电极，电极上将同时进行阳极溶解反应和去极化剂的阴极还原反应。从两个电极反应的 E-I 曲线可得到腐蚀金属电极的极化曲线。

在图 1-10 所示的半对数坐标极化曲线中，开路电位两侧适当电位区间的线性部分满足塔菲尔式，

$$E=a\pm b\lg|i| \tag{1.13}$$

式中，b 即为塔菲尔斜率，表示改变双电层电场强度对反应速率的影响。图中

对应切线交点处电位 E_{corr} 为自腐蚀电位，单位为 V；I_{corr} 为腐蚀电流密度，表示电极反应的难易程度，即腐蚀速度，单位为 A/cm^2；R_p 为电极 X80 钢的极化电阻，指极化曲线在腐蚀电位 E_{corr} 处切线的斜率，理论上与腐蚀电流密度之间是反比的关系，单位为 Ω/cm^2。在极化曲线的数据拟合中常用方法为 Tafel 拟合与 R_p 拟合，本文选取较为稳定的 R_p 拟合。

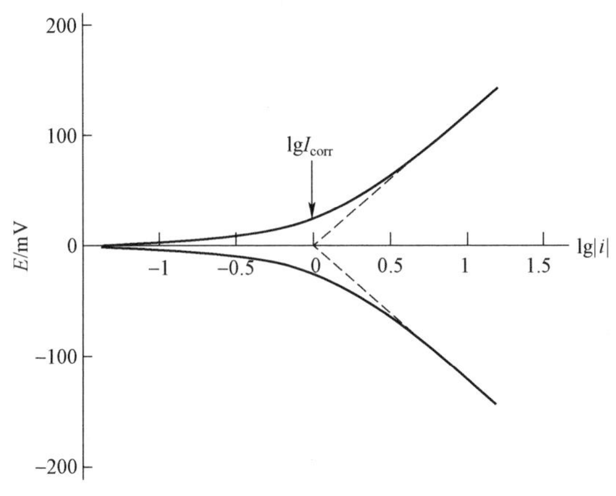

图 1-10 半对数坐标下的极化曲线

阳极溶解反应平衡电位和交换电流密度分别为 $E_{e,a}$ 和 $I_{0,a}$，去极化阴极还原反应的平衡电位为 $E_{e,c}$ 和 $I_{0,c}$，腐蚀电位为 E_{corr}。哪一个电极反应的交换电流密度较大，E_{corr} 就较靠近这个电极反应的平衡电位。一般情况下，$E_{e,a} < E_{corr} < E_{e,c}$，因此 $I_{0,c}$ 较大时，腐蚀电位较高，$I_{0,a}$ 较大时，腐蚀电位较低。腐蚀电位的高低与腐蚀速率之间无一定的关系。腐蚀电流取决于腐蚀电池的热力学电动势、阴极和阳极反应平衡电位差、腐蚀反应各步骤的阻力大小，这些阻力是由阳极极化和阴极极化造成。腐蚀电池电动势消耗在克服这些阻力方面。

活性溶解材料（镁合金、碳钢、低合金钢等）耐蚀性能评价标准：首先要看腐蚀电流 I_{corr} 的大小，腐蚀电流越小，材料的耐蚀性能越好；当材料的腐蚀电流相差不大时，腐蚀电位 E_{corr} 越高，材料的耐蚀性能越好。钝性材料（铝合金、钛合金、不锈钢、镍合金、锆合金）的耐蚀性三个评价标准：击破电位 E_b 越高，材料的耐蚀性能越好；维钝电流 I_{pass} 越小，材料的耐蚀性能越好；保护电位 E_p 越高，材料的耐蚀性能越好。其中保护电位来自循环极化曲线结果。本文试验用 X80 管线钢属于低合金钢，即活性溶解材料。

1.4.1.5 土壤黏附理论

土壤黏附与电化学现象之间存在一定的关系，因此，电化学阻抗谱理论和土壤黏附理论是探索两者之间关系的基础。

土壤水通常包括溶于水中的可溶盐和微溶于水中的气体。土壤水中的离子与水分子间存在离子－偶极作用，水分围绕各类离子有序排列形成了“水化球”。土壤水溶液中离子多处于自由状态，主要是水化阳离子（图 1-11）。

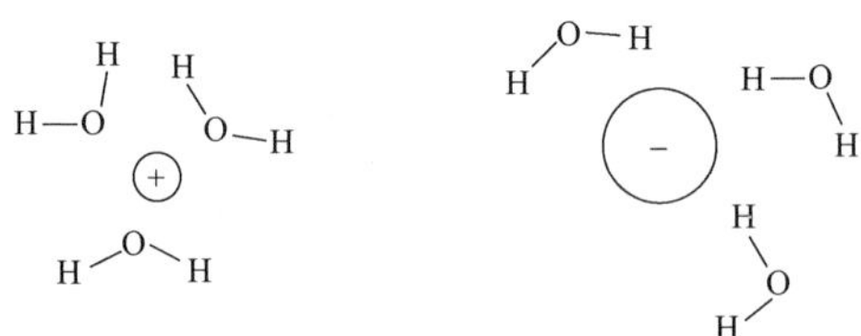

图 1-11　阳离子和阴离子的水化

对 Na^+离子而言，水化球中水分子平均寿命是最短的 10^{-9} s。半径小电荷多的 Na^+形成结构离子，使水分子极化，增大水溶液浓度。半径大且单价的 Cl^-破坏结构粒子，减小孔隙液黏度。土壤水在土壤颗粒间形成“水桥”，从而产生了因表面张力造成的附加压力，影响土壤的物理－力学性质。当其他条件相同时，土壤吸附阳离子对黏附有较大的影响。土壤吸附的金属阳离子可脱离进入水中或与土壤的负电中心（S^-）结合形成，发生如下平衡：$M^+ - S^- + H_2O \longleftrightarrow S^- + M^+(H_2O)_n$，其中 M^+表示金属阳离子。各金属离子中 Na^+最易进入水中，使土壤黏粒表面更易带负电。吸附 Na^+的土壤化学吸附力最大。但砂土中黏粒含量较少，对阳离子吸附作用较弱。

土壤中的水被保持在土壤颗粒表面（吸湿水和膜状水）和颗粒之间的孔隙中（毛管水和重力水）。当土壤含水量超过最大分子持水量后，就会出现毛细水。这部分水可在毛管中移动，溶解能力强。土壤中，土颗粒的润湿现象比较强，润湿角$\theta < 90°$，土壤水在土壤颗粒间的毛细管孔隙中，出现弯月面。

由不同尺寸和形状的土粒构成的砂土，因存在水而结合成一个整体。砂土是固、液和气相以不同比例配合组成的不连续、非均质的分散系。其中液相（水）和气相（空气）在孔隙中传输和保存，其组成随时间和空间而变化，对应的性质也随之而变化。砂土中黏粒含量较少，对阳离子吸附作用较弱，因而砂土中易溶钠盐离子在电化学过程中可能主要起到电荷转移或反应物的作用。颗粒之间通过孔隙水搭接形成导电通路，整体砂层电阻可以用一个电阻元件 R_s 表示；在电极界面垂直于电极的方向存在电位差，对应的砂土颗粒层可被视为一个电容元件，用 C_s 表示。

1.4.2 砂土的电化学特性及腐蚀应用研究现状

目前太原理工大学通过 EIS 对三电极体系下砂土、粉土以及多种污染土的电化学行为进行了研究，但仍处在基本规律和界面理论初步研究阶段。

砂土体系电化学特性研究，主要从基本模型和等效电路拟合两方面进行分析，其中等效电路的研究需进一步探索。张亚芬研究了不同颗粒尺寸、不同含水量砂土体系的电化学阻抗特性，砂土的电化学阻抗谱呈准 Randles 模型，分析了电路参数与颗粒尺寸、含水量的变化关系。许书强等分析了碳酸氢钠和氯化钠盐含量对盐渍砂土电化学特性影响。何斌通过室内电化学试验系统地研究了土壤颗粒尺寸对氯化钠砂土的腐蚀性的影响。

钢铁材料的腐蚀电化学应用研究，主要包括砂土中钢铁材料（Q235 和 X70）的腐蚀特性和界面理论的研究，其中界面理论的相关研究也有待进一步深入。黄涛等通过硅藻土模拟鹰潭土壤中的室内埋片法和灌砂砂土模拟北京地区土壤中电化学测试技术（极化）研究接地网材料 Q235 的腐蚀行为，含水量对其影响显著；土壤 pH 从 4.5～8.5 的升高使 Q235 的腐蚀速率持续下降。硅藻土模拟酸性土壤对 A1，A2 材料的腐蚀性弱于 Q235。刘朵等对含水率在 2.39%～17.73%的砂土模拟装置中的仿古铸铁的腐蚀规律进行了研究。刘焱等研究了 Q235 钢在贵州某砂土中的氧浓差宏电池腐蚀行为。何斌等对不同土壤颗粒尺寸变化条件下的氯化钠污染砂土中 X70 钢电化学腐蚀行为进行了系统分析研究，建立了腐蚀速率多元线性回归方程。硝酸锌污染砂土和硝酸铜污染砂土对 X70 钢的腐蚀类型均为低含量时的局部腐蚀和高含量时的不均匀全面腐蚀。任超等研究发现随着粒径、含水量、龄期、盐浓度和直流电的变化，砂土的电化学特征有不同的特点，且对 X70 钢和 Q235 钢的腐蚀具有一定的规律。

电化学界面理论研究。姜晶等研究了砂土中三相线界面区的长度、宽度及液膜浓度对氧还原阴极过程及腐蚀行为的影响，发现三相线界面区长度及宽度对金属腐蚀阴极过程及腐蚀行为有重要影响。

1.5 选题意义和研究内容

根据《岩土工程勘察规范》(GB 50021),第 12.1.1 条:若工程场地及其附近的土或水对建筑材料的腐蚀不属于微腐蚀时,应取样进行试验评定其对建筑材料的腐蚀性;《输气管道工程设计规范》(GB 50251)第 3.1.4 条:输气管道的外腐蚀控制和埋地管道的阴极保护技术均是其工程设计的考虑因素。除了采用相应的防腐性材料外,还对大、中型穿越管段一端设置阴极保护测试桩点,防止管段因腐蚀而损坏。目前相关规范中仍未提出普遍适用的土壤腐蚀性评价及腐蚀耐久性预测的标准。

多种土壤类别中盐渍土含盐量较高,与钢铁材料的腐蚀关系密切。土壤中颗粒特性、含水量、盐类和含盐量等都是影响地下结构耐久性的因素。目前,关于土壤的电化学特性及其腐蚀机理研究仍在初步探索阶段。基于山西省是全国沙化和盐渍/污染土壤重点省之一,考虑砂土性质和结构较简单,界面化学反应相对简单,易溶钠盐又是常见的盐渍/污染土的主要来源,本文开展含易溶钠盐砂土的电化学特性及其对 X80 管线钢的腐蚀机理研究。研究成果将扩展电化学在环境岩土工程中的应用范围,进而指导管道施工和盐碱地治理等工程应用,对提升区域经济发展和经济转型具有重要意义。

本文以砂土电化学理论、含易溶钠盐砂土电化学特性和砂土中 X80 钢电化学腐蚀应用为研究主线,基于电化学理论、土壤黏附机理及考虑时效机制进一步探索含易溶钠盐砂土黏附–电化学现象之间的关系,研究含易溶钠盐砂土的电化学特性及其腐蚀机理。主要研究内容如下(图 1-12)。

(1)砂土的电化学理论和等效电路模型研究。通过光学显微镜和 IPP 软件分析不同粒组砂土(4 组,包括标准砂,1 号粗砂,2 号中砂和 3 号细砂)的颗粒形貌,统计研究砂土颗粒的形貌特征和分布规律;通过基本物理和力学特性(水分特征曲线)的 Matlab 计算,研究不同含水量下砂土中孔隙液的状态;通过砂土颗粒基本物理、力学性质研究砂土–电极界面的电化学模型,结合孔隙液–电极界面双电层结构和电化学理论完善砂土–电极界面基本等效电路。

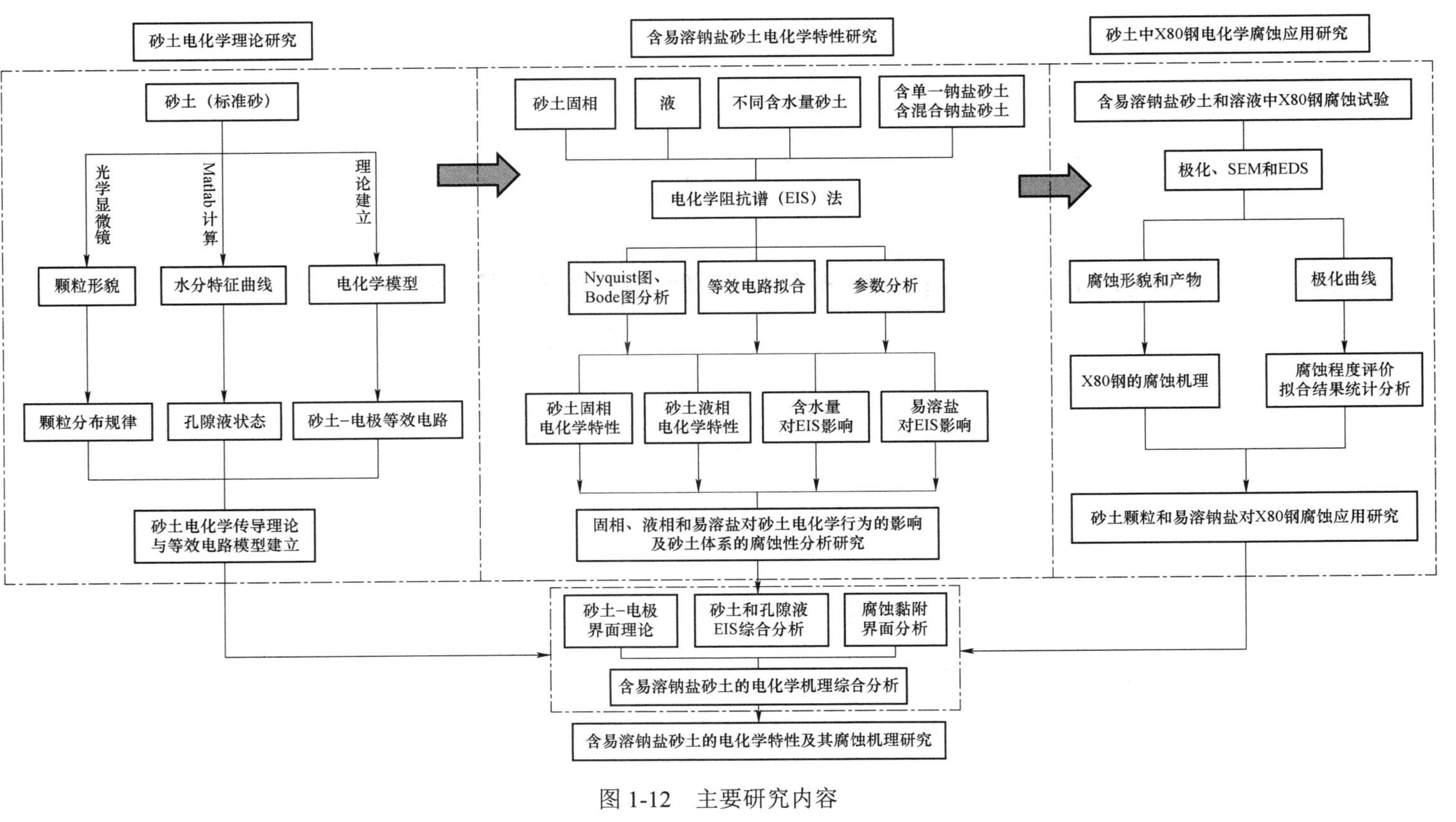

砂土电化学理论研究
砂土（标准砂）
光学显微镜
Matlab计算
理论建立
颗粒形貌
水分特征曲线
电化学模型
颗粒分布规律
孔隙液状态
砂土–电极等效电路
砂土电化学传导理论
与等效电路模型建立
含易溶钠盐砂土电化学特性研究
砂土固相
液
不同含水量砂土
含单一钠盐砂土
含混合钠盐砂土
电化学阻抗谱（EIS）法
Nyquist图、
Bode图分析
等效电路拟合
参数分析
砂土固相
电化学特性
砂土液相
电化学特性
含水量
对EIS影响
易溶盐
对EIS影响
固相、液相和易溶盐对砂土电化学行为的影响
及砂土体系的腐蚀性分析研究
砂土中X80钢电化学腐蚀应用研究
含易溶钠盐砂土和溶液中X80钢腐蚀试验
极化、SEM和EDS
腐蚀形貌和产物
极化曲线
X80钢的腐蚀机理
腐蚀程度评价
拟合结果统计分析
砂土颗粒和易溶钠盐对X80钢腐蚀应用研究
砂土–电极
界面理论
砂土和孔隙液
EIS综合分析
腐蚀黏附
界面分析
含易溶钠盐砂土的电化学机理综合分析
含易溶钠盐砂土的电化学特性及其腐蚀机理研究

图 1-12 主要研究内容

（2）固相（砂土颗粒）、液相（孔隙液）和易溶钠盐对砂土电化学行为影响规律研究。通过电化学阻抗谱（EIS）法测试砂土固相（标准砂、1 号粗砂，2 号中砂和 3 号细砂）、液相（水、不同浓度 NaCl、Na_2SO_4 和 $NaHCO_3$ 溶液）、不同含水量砂土（5%、10%和 15%）和含单一钠盐砂土的电化学特性。在 Nyquist 图、Bode 图、等效电路拟合以及参数分析的基础上，研究固相（砂土颗粒）、液相（孔隙液）、含水量和三种常见易溶钠盐 NaCl、Na_2SO_4 和 $NaHCO_3$ 对砂土电化学特性的影响。

（3）含混合易溶钠盐砂土的电化学特性及其腐蚀性评价研究。设计三因素三水平在正交表 L_9（3^4）下正交组 9 种含混合易溶钠盐砂土，进行阻抗谱测试、Nyquist 图和 Bode 图分析，以及等效电路拟合。通过对应拟合参数的统计学极差分析，研究 Cl^-、SO_4^{2-}和 HCO_3^-离子的影响分布排序规律，判断含混合易溶钠盐砂土的电化学特性及其腐蚀性。

（4）含易溶钠盐砂土对 X80 钢腐蚀机理应用研究。通过不同介质（含单一钠盐溶液和含单一钠盐砂土）中，X80 钢的极化曲线评价砂土对 X80 钢的腐蚀性；通过正交组极化曲线拟合结果的 SPSS 统计学极差和方差分析，进一步研究砂土中易溶钠盐对 X80 钢腐蚀的影响；通过宏观、微观形貌以及腐蚀产物分析研究 X80 钢的腐蚀机理。

（5）含易溶钠盐砂土的电化学机理综合分析研究。从砂土结构、孔隙液溶氧能力和参与电化学过程活性物质扩散到界面能力等几个方面，对比分析含易溶钠盐孔隙溶液和含易溶钠盐砂土的电化学行为及其对 X80 钢的阳极和阴极电化学反应机理，研究易溶钠盐和砂土颗粒对砂土电化学行为和等效电路的影响规律，探索含易溶钠盐砂土－电极界面电化学现象－腐蚀性－腐蚀黏附之间的关系。

第二章 砂土电化学理论模型研究

2.1 引　言

本章在砂土颗粒形貌特征和分布规律、水分特征曲线以及砂土中固－液界面结构特性研究的基础上进一步研究砂土电化学电路模型。研究内容如下：（1）通过光学显微镜和 IPP 软件分析不同粒组砂土（4 组，包括标准砂、1 号粗砂、2 号中砂和 3 号细砂）的颗粒形貌，统计研究砂土颗粒的形貌特征和分布规律；（2）通过基本物理和力学特性（砂土颗粒间极限液桥体积下的水分特征曲线）的 Matlab 计算，研究不同含水量砂土中孔隙液的状态即水分分布规律；（3）通过砂土颗粒基本物理、力学性质研究砂土－电极界面的电化学模型，结合孔隙液－电极界面双电层结构和电化学理论完善砂土－电极界面基本等效电路。

2.2 试验材料和方法

2.2.1 试验材料

为了减少砂土中无关变量的影响，本试验用砂土为厦门 ISO 标准砂，二氧化硅含量大于 98%。标准砂相对密度 $G_s = 2.66\ g/cm^3$，最大干密度 $\rho_{dmax} = 1.86\ g/cm^3$，最小干密度 $\rho_{dmin} = 1.56\ g/cm^3$，空气中和水中标准砂的自然休止角分别为 29.58° 和 35.79° 。从标准砂的级配曲线可以看出，试验用标准砂级配不连续，但同时满足 $C_u \geqslant 5$ 和 $C_c = 1 \sim 3$ 两个条件，为良好级配粗粒砂（图 2-1）。为了研究砂土颗粒分布规律，本章根据砂土的级配曲线，选取组成砂土的含量为 1:1:1 的三个粒径组［表 2-1：粗粒 1 号（2 000～1 000 μm）、中粒 2 号（1 000～250 μm）和细粒 3 号（<250 μm）］砂土颗粒进行砂土颗粒形貌的统计研究。

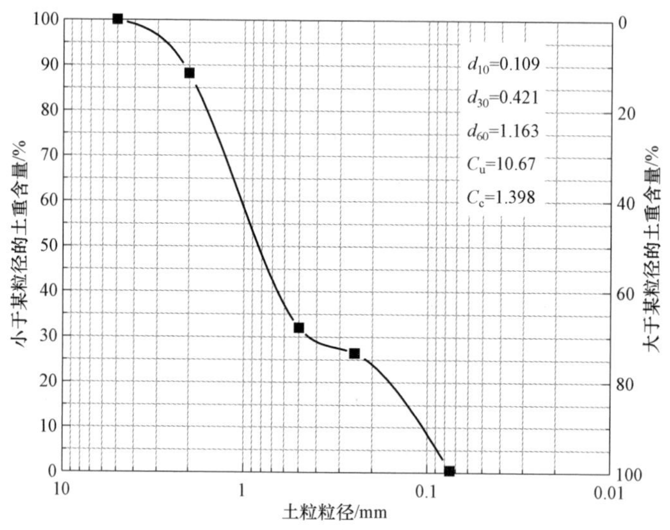

图 2-1　标准砂粒径累计曲线

表 2-1　不同粒径的砂土试样

编号	标准砂	1 号	2 号	3 号
粒径/mm	≥0.075	2～1	1～0.25	<0.25

2.2.2　试验方法

（1）颗粒形貌采集

试验中通过 Nikon 光学显微镜 OPTIPHOT-POL 联合 TP310 型摄像系统（图 2-2 和图 2-3）采集代表性不同粒径组砂土（1 号，2 号，3 号）颗粒形貌图像。

在背景亮度一致和砂土颗粒轮廓清晰的条件下随机进行图像采集，各粒径组各 50 张图像。在图像采集的过程中，砂土颗粒单层分散在载玻片上。显微镜操作过程如下：

1）旋转亮度控制转盘（包括电源开关）点亮灯。

2）将分析仪和伯特兰透镜带出光路。

3）将试样置于载物台上，用 10 倍物镜聚焦试样。

4）调整瞳距和屈光度环。

5）确定正确的照明。

6）将必要的过滤器放入过滤器容器中。

7）进行目标对中过程。

8）进行聚光透镜的对中过程。

9）将分析器放入光路。

10）通过摆动目标重新聚焦试样。

11）通过旋转亮度控制转盘调整亮度显示器显示为 6。

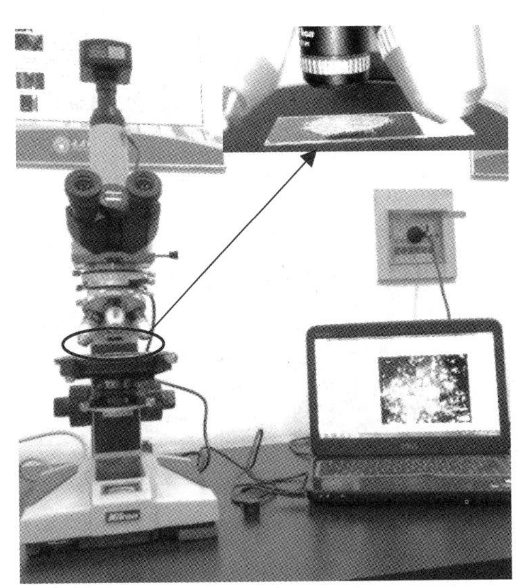

图 2-2　砂土颗粒形貌图像采集系统

后续图像处理软件计算中相互交叠或相连的砂土颗粒将会作为一个颗粒进行计算，从而导致计算结果错误。因此，在图像采集中，尽量使砂土颗粒分散，且后续不对相互交叠或相连的砂土颗粒进行计算。

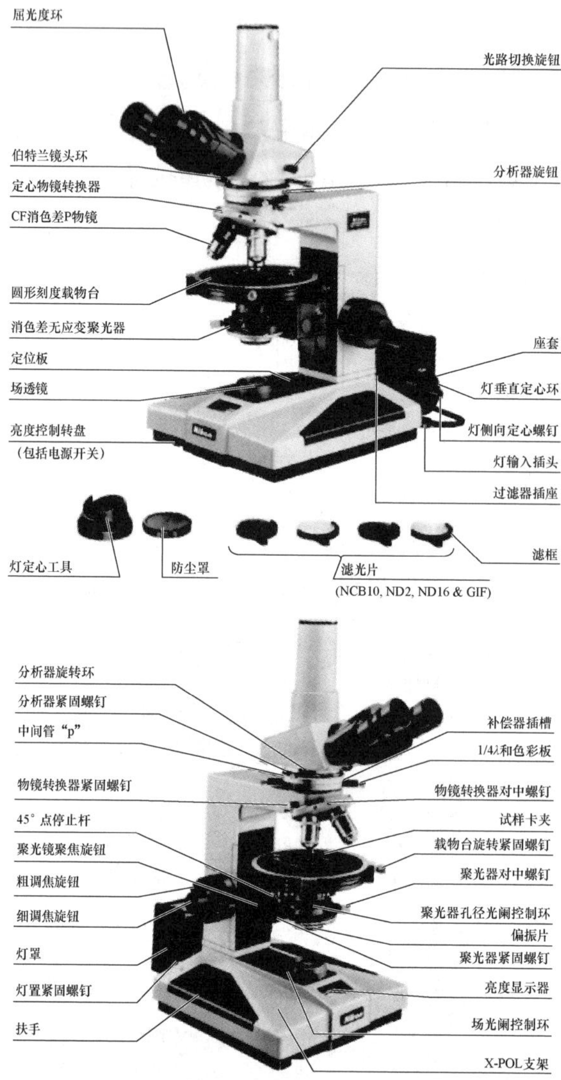

图 2-3　Nikon 光学显微镜（OPTIPHOT-POL）

（2）图像分析

图像分析在 IPP 6.0（Image-Pro Plus）图像分析软件上进行，软件使用及计算步骤参照土的微观结构中数字图像分析程序的应用。砂土颗粒形状计算所需的几何参数包括颗粒的最小内接圆半径、最大外接圆半径、最小定方向接线径、最大定方向接线径、面积、周长和分形维数（表 2-2）等。

表 2-2　砂土颗粒计算几何参数

名称	符号	示意图	备注
最小内接圆半径	Radius（min）	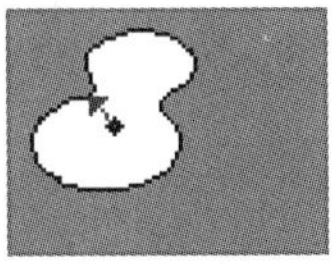	Minimum distance between object's centroid and outline
最大外接圆半径	Radius（max）	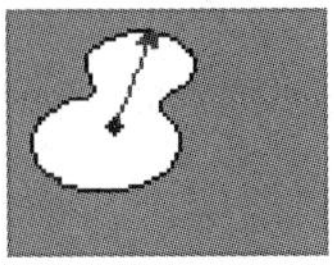	Maximum distance between object's centroid and outline
最小定方向接线径	Feret（min）	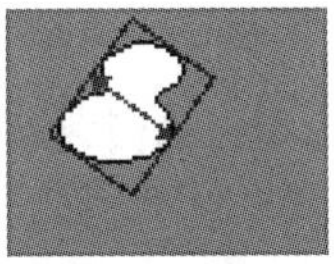	Smallest caliper（feret）length
最大定方向接线径	Feret（max）	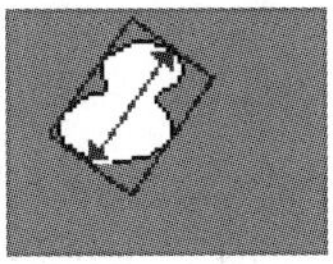	Longest caliper（feret）length
面积	Area（polygon）		Area included in the polygon defining the object's outline
周长	Perimeter		Length of the object's outline
分形维数	F_D, Fractal Dimension		Fractal dimension of the object's outline

（3）各参数的直方图分析

为了对试验用砂土颗粒形状各参数进行进一步分析，本章结合了 SPSS 软件的计算和 Origin 软件的绘图优点对砂土代表颗粒样本 IPP 参数计算和分析结果进行了 SPSS 描述统计分析和 Origin 直方图统计。方法如下：

1）将对应参数结果导入 SPSS 软件的数据视图中，然后在变量视图中将各参数的度量标准设置为度量。点击分析/描述统计/频率，在弹出的频率对话框中将所有参数均导入变量栏中。在统计量为最大值、最小值、标准差和均值情况下，可输出统计量。

2）将各参数 SPSS 描述统计结果频率表中的有效值导入 Origin 软件的 book 中，选中所研究的对应参数列，操作 Plot/Statistics/Histogram 即可生成直方图，然后双击直方图进入 Plot Detail 界面，操作 Curve/Type：Normal，利用原始曲线数据的平均值和标准差生成相应的正态分布曲线。

2.3 结果与讨论

2.3.1 砂土颗粒形貌

光学显微镜对组成砂土的三个不同粒径组［粗粒 1 号（2 000～1 000 μm）、中粒 2 号（1 000～250 μm）和细粒 3 号（＜250 μm）］砂土颗粒形貌的采集统计结果见附录一。结果显示，各粒径组颗粒边界光滑，无碎屑附着。颗粒均呈现不规则的边界，颗粒越小不规则程度越大。少数颗粒表面出现彩色区，颗粒较小的粒径中彩色出现较多，这是由于砂土颗粒中含有少量的矿物成分。

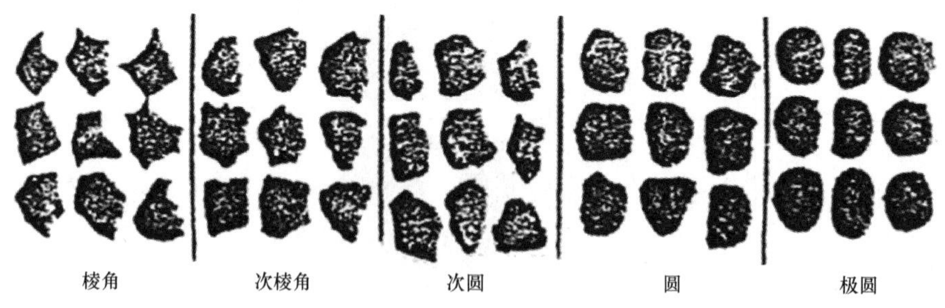

图 2-4　五种颗粒类型

卢赛尔等（1937 年）曾分出五种颗粒类型（图 2-4）：棱角状、次棱角状、次圆状、圆状、极圆状，并提出相应的圆度数值。据此各粒径组典型颗粒形貌结果（图 2-5）显示，试验用砂土颗粒多属次圆状、圆状和极圆状，少数小颗粒形状属于次棱。

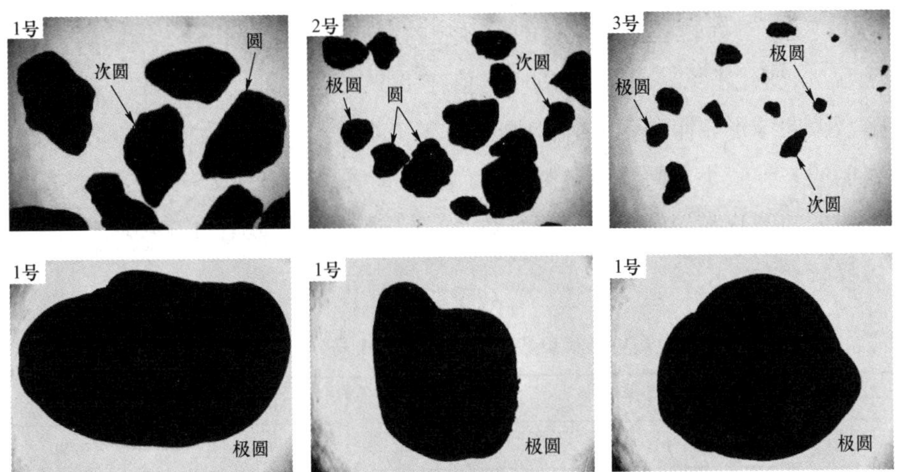

图 2-5　各粒径组典型颗粒形貌：1 号、2 号和 3 号

本节选取近球度 S_p、伸长率 E_l、圆度 R_o（又称磨圆度）、等效直径 ECD 和分形维数 F_D 5 个参数对砂土颗粒形貌进行定量描述。

近球度 S_p 为颗粒最小内接圆半径与最大外接圆半径之比（式 2.1），用来描述颗粒形状接近球形的程度，其数值小于 1。颗粒形状越接近球状，其值越接近 1。伸长率 E_l 与最小定方向接线径和最大定方向接线径相关（式 2.2）。圆度 R_o 为与颗粒等周长圆面积与颗粒平面投影面积的比（式 2.3），代表颗粒被磨圆的程度，又称磨圆角。颗粒棱角圆滑则圆度就好，反之颗粒棱角越多圆度越差。圆、正方形和无限狭长形对应圆度分别为 1、π/4 和 0。等效直径 ECD 为与颗粒投影面积相等圆的直径，表示颗粒尺寸（式 2.4）。分形维数 F_D 与颗粒边界光滑程度相关，边界较粗糙的颗粒对应分形维数较大。

$$S_p = \frac{\text{Radius (min)}}{\text{Radius (max)}} \tag{2.1}$$

$$E_l = 1 - \frac{\text{Feret(min)}}{\text{Feret(max)}} \tag{2.2}$$

$$R_o = \frac{(\text{Perimeter})^2}{4\pi \cdot \text{Area}} \tag{2.3}$$

$$\text{ECD} = 2\sqrt{\text{Area} / \pi} \tag{2.4}$$

各粒径组砂土颗粒 5 个基本参数计算结果分别如表 2-3～表 2-5 所示，其中近球度、伸长率、圆度和分形维数随等效直径的变化规律如图 2-6 所示。

结果显示，随粒径的变化，砂土颗粒的近球度 S_p、伸长率 E_l、圆度 R_o 和分形维数 F_D 变化不大。近球度 S_p 平均值在 0.5～0.7 之间，数值偏向 1，表明颗粒形状偏向球形。伸长率 E_l 平均值在 0.2～0.4 之间，表明颗粒最大、最小方向径之间的差异较小，颗粒偏向粗短形。圆度 R_o 平均值在 1.2～1.3 之间，表明颗粒形状偏向圆状和极圆状。分形维数 F_D 平均值较小，均在 1.06 以下，表明颗粒边界较光滑。

表 2-3　砂土颗粒形状参数统计量：粗粒 1 号（2 000～1 000 μm）

参数	最大值	最小值	平均值	标准差
近球度 S_p	0.813	0.406	0.616	0.090
伸长率 E_l	0.485	0.082	0.254	0.085
圆度 R_o	4.630	1.060	1.218	0.377
等效直径 ECD（μm）	1 581.297	603.602	989.578	275.586
分形维数 F_D	1.048	1.001	1.009	0.006

注：颗粒形貌图共 50 张（见附录一），颗粒样本共 86 个。

表 2-4　砂土颗粒形状参数统计量：中粒 2 号（1 000～250 μm）

参数	最大值	最小值	平均值	标准差
近球度 S_p	0.802	0.243	0.545	0.106
伸长率 E_l	0.646	0.073	0.293	0.104
圆度 R_o	1.945	1.089	1.296	0.131
等效直径 ECD（μm）	677.222	29.162	285.338	77.381
分形维数 F_D	1.141	1.010	1.028	0.011

注：颗粒形貌图共 50 张（见附录一），颗粒样本共 290 个。

表 2-5　砂土颗粒形状参数统计量：细粒 3 号（<250 μm）

参数	极大值	极小值	平均值	标准差
近球度 S_p	0.834	0.014	0.526	0.134
伸长率 E_l	0.794	0.066	0.321	0.126
圆度 R_o	5.338	1.037	1.274	0.283

续表

参数	极大值	极小值	平均值	标准差
等效直径 ECD（μm）	372.979	6.515	125.921	77.716
分形维数 F_D	1.316	1.019	1.056	0.022

注：颗粒形貌图共 50 张（见附录一），颗粒样本共 976 个。

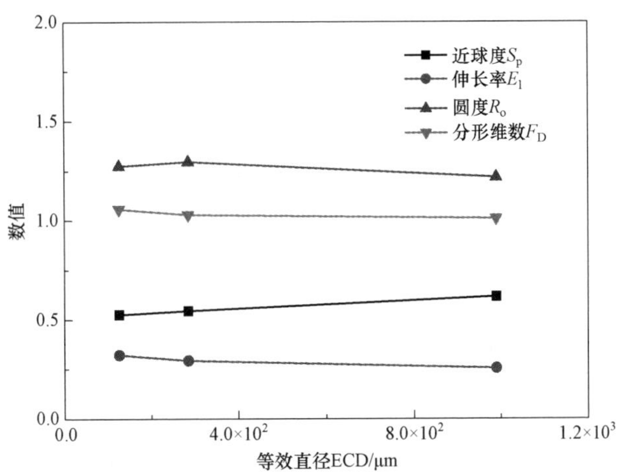

图 2-6　近球度（S_p）、伸长率（E_l）、圆度（R_o）和分形维数（F_D）随等效粒径（ECD）的变化趋势

2.3.2　砂土颗粒分布规律

根据砂土粒径累积曲线，三个粒径组：粗粒 1 号（2 000～1 000 μm）、中粒 2 号（1 000～250 μm）和细粒 3 号（＜250 μm）颗粒含量比例约为 1:1:1，因此在各粒径组的统计计算结果中，各随机挑选 80（共 240）个颗粒样本代表试验砂土（标准砂）。表 2-6 为砂土颗粒形状参数统计量。试验用标准砂近球度 S_p、伸长率 E_l、圆度 R_o、分形维数 F_D 和等效直径 ECD 平均值分别为 0.564、0.287、1.263、1.03 和 460.7 μm。

表 2-6　砂土颗粒形状参数统计量：标准砂

参数	极大值	极小值	平均值	标准差
近球度 S_p	0.81	0.01	0.564	0.118
伸长率 E_l	0.59	0.07	0.287	0.110

续表

参数	极大值	极小值	平均值	标准差
圆度 R_o	4.63	1.06	1.263	0.271
等效直径 ECD（μm）	1 581.3	13.62	460.7	423.9
分形维数 F_D	1.18	1.00	1.03	0.023

注：颗粒样本共 240 个，在粗 1 号、中 2 号、细 3 号粒径组统计结果中各随机选取 80 个，见附录二。

砂土颗粒参数统计量的频率直方图（图 2-7）显示，近球度 S_p 和伸长率 E_l 的频率直方图均呈中间高两头低的倒钟形，可粗略认为其分布服从正态分布，数学期望分别在 0.6 和 0.3 左右。圆度 R_o 和分形维数 F_D 分布均靠近 1，表明颗

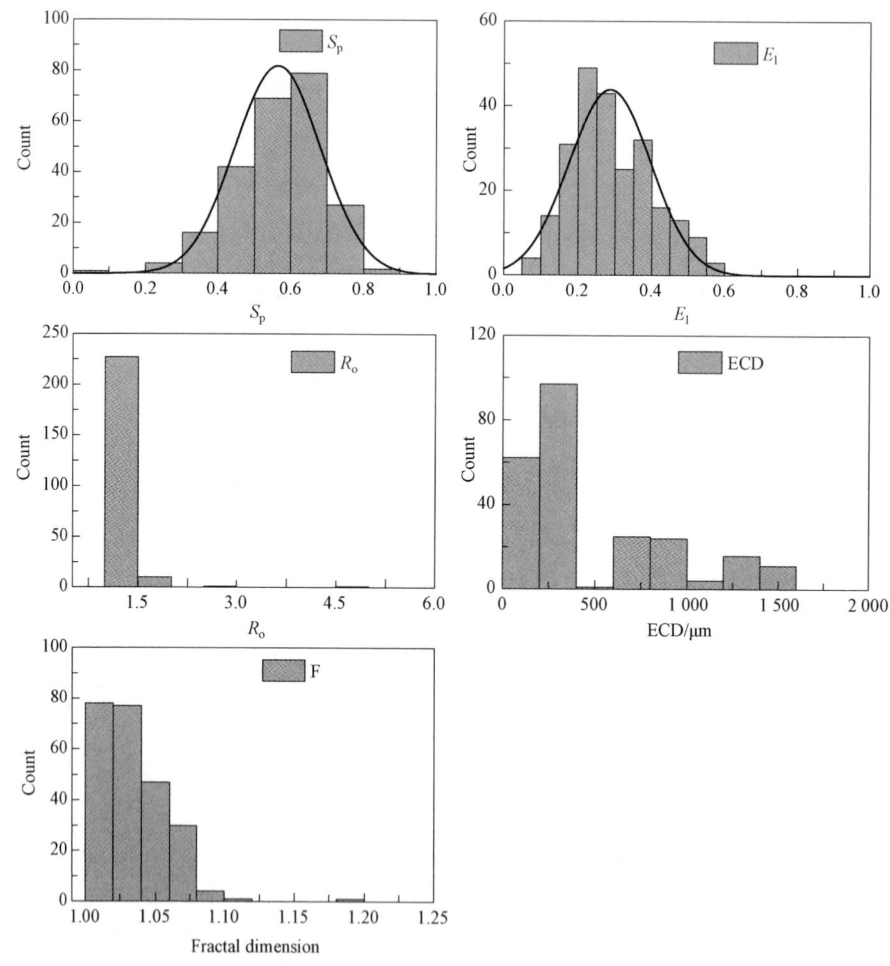

图 2-7　砂土（标准砂）颗粒参数的直方图

粒边界光滑，接近圆状。等效直径 ECD 频率直方图显示，各粒径组分布情况与颗粒级配曲线结果一致。

2.3.3　水分特征曲线模型

依靠土壤多相分散系中的土壤水这一介质，各相及同相的成员间产生与作用物质的非接触性物理、物理化学甚至化学作用。随着含水量的变化，土壤水呈现不同的状态，在颗粒间形成“水桥”。土壤颗粒表面主要靠范德华–色散力和氢键吸引液态水。范德华–色散力包括电性吸引和引力吸引两部分。因而砂土体系中颗粒周围电性吸引较弱，因而产生内聚力较小。为了进一步研究砂土体系中土壤水的状态，本节对接触球模型下试验砂土的水分特征曲线进行计算研究。

由于土体颗粒往往形式多样、大小不一，与相邻颗粒形成的复杂孔隙结构也控制着交界面的几何形状，在实际的土体中很少有球状交界面。因此，需对这些复杂的孔隙几何形态做必要的假设。气–水交界面可用两个相同的球状砂颗粒和一个“环形逼近”概念描述。对土壤颗粒和液桥做以下假设，

1）土壤颗粒为等尺寸球形颗粒，半径为 R；

2）水分均匀分布其间，且液体内不存在气泡；

3）土壤颗粒为刚性球体；

4）液桥形状为圆环。

如图 2-8 所示，环状弯月形液体像一个马鞍旋转了 90°。该自由体受到三个力的作用：

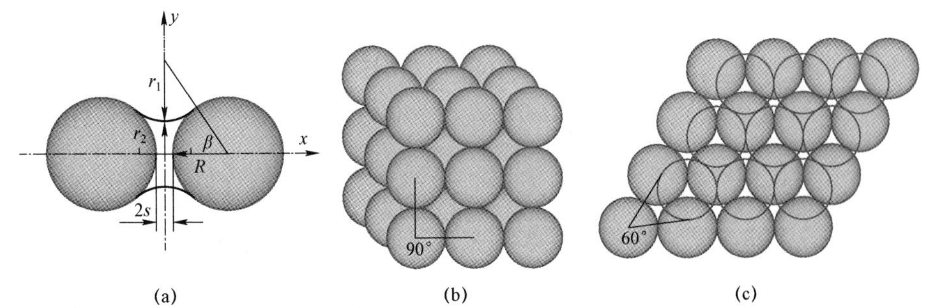

图 2-8　球状土颗粒间的弯月形水膜

（a）两颗粒间的透镜形水；（b）简单立方体排列；（c）紧凑四面体排列

（1）由 R_1 表示的交界面上的表面张力，产生正水平方向力；

（2）由 R_2 表示的交界面上的表面张力，产生负水平方向力；

（3）作用于交界面上的气压和水压。

液桥界面可认为由两个相互垂直的弧面组成，凹面半径 R_1（取正值），凸面半径 R_2（取负值），如下，

$$R_1 = \frac{R(1-\cos\beta)+s}{\cos(\beta+\theta)} \tag{2.5}$$

$$R_2 = R\sin\beta + r_1[\sin(\beta+\theta)-1] = \frac{(R+s)[\sin(\beta+\theta)-1]+R(\cos\beta-\sin\theta)}{\cos(\beta+\theta)} \tag{2.6}$$

式中：R_1 ——产生正水平方向力的凹面半径（取正值），mm；

R_2 ——产生负水平方向力的凸面半径（取负值），mm；

θ ——土壤颗粒表面润湿角，（°）；

β ——填充角，（°）；

σ ——表面张力，mN/m；

s——土壤颗粒半间距，mm。

弯液面子午线（meridian curvature）满足如下关系：

$$x^2+(y-R_1-R_2)^2 = R_1^2 \tag{2.7}$$

V_1 为液桥总体积，V_{mp} 为液桥表面的旋转体积，V_{ss} 为两液桥球冠所围部分的体积，可计算如下，

$$V_{mp} = 2\pi R_1 \int_0^{90-\beta-\theta} y_i^2 \cos\alpha_i \mathrm{d}\alpha_i \tag{2.8}$$

其中，

$$y_i = R[\sin\beta + R(\sin\beta-\cos\alpha_i)] \tag{2.9}$$

$$V_{ss} = \frac{2\pi}{3}R^3(2-\cos\beta-(\cos\beta)^2) \tag{2.10}$$

$$V_1 = V_{mp} - V_{ss} \tag{2.11}$$

根据 Laplace 公式，水膜内因表面张力造成的附加压力 Δp 为

$$\Delta p = u_a - u_w = \sigma\left(\frac{1}{r_1}+\frac{1}{r_2}\right) \tag{2.12}$$

式中，r_1 和 r_2 分别为液桥凹、凸液面无量纲半径，作用于液膜最窄部分圆形断

面，且表面张力平行于颗粒中心线分量$\sigma\sin(\beta+\theta)$土壤颗粒间作用F为：

$$F=\Delta p\pi r_2^2+2\pi R\sigma\sin(\beta+\theta)\sin\beta \tag{2.13}$$

本文试验砂土参数取：重度 G_s 为 2.66；表面张力σ取 20 ℃下的数值 72.75 mN/m；水完全润湿土壤，$\theta=0°$；土壤颗粒相互接触，$s=0°$。

Dallavalle 提出，Δp 与填充角之间存在关系：

$$\Delta p=u_a-u_w=\frac{\sigma}{R}\frac{\cos\theta(\sin\theta+2\cos\theta-2)}{(1-\cos\theta)(\sin\theta+\cos\theta-1)} \tag{2.14}$$

且土颗粒间的一个正交平面上透镜水的体积可近似为：

$$V_1=2\pi R^3\left(\frac{1}{\cos\beta}-1\right)^2\left[1-\left(\frac{\pi}{2}-\beta\right)\tan\beta\right] \tag{2.15}$$

最松散的简单立方体形式排列下，孔隙比e为 0.91，立方体单元体体积（$8R^3$）内，8 个球状颗粒靠 3 个透镜形水连接在一起。考虑土体比重G_s，三向垂直平面内单元体体积土体的质量含水量w_1为：

$$w_1=\frac{3V_1}{V_sG_s}=\frac{3V_1}{(4/3)\pi R^3G_s}=\frac{9V_1}{4\pi R^3G_s} \tag{2.16}$$

最紧凑的四面体堆积排列方式下，孔隙比e为 0.34，单元体积（$5.66R^3$）里，每个颗粒与周围 12 个颗粒接触，且存在 6 个完整的透镜形水，含水量w_2为：

$$w_2=\frac{6V_1}{V_sG_s}=\frac{6V_1}{(4/3)\pi R^3G_s}=\frac{18V_1}{4\pi R^3G_s} \tag{2.17}$$

简单立方体排列和紧凑四面体排列两种堆积方式对应的上限填充角分别 45° 和 30°。

由 Math Works 公司推出的 Matlab（R2016）软件是能够实现数值分析、优化偏微分方程数值解等领域计算和图形显示功能。其语言表达形式较为简单，几乎与数学表达式相同，直接调用函数并赋予参数便可快速而准确地解决问题。基于此，在 Matlab 中编写相关的函数文件（源程序见附录三，以 1 号粒径组砂土简单立方体排列为例），在相应参数条件下输出了各粒径组砂土统计量等效直径最大、最小和平均值对应上述两种排列形式下的水分特征曲线。非饱和砂土水分特征曲线计算结果如图 2-9 和图 2-10 所示。

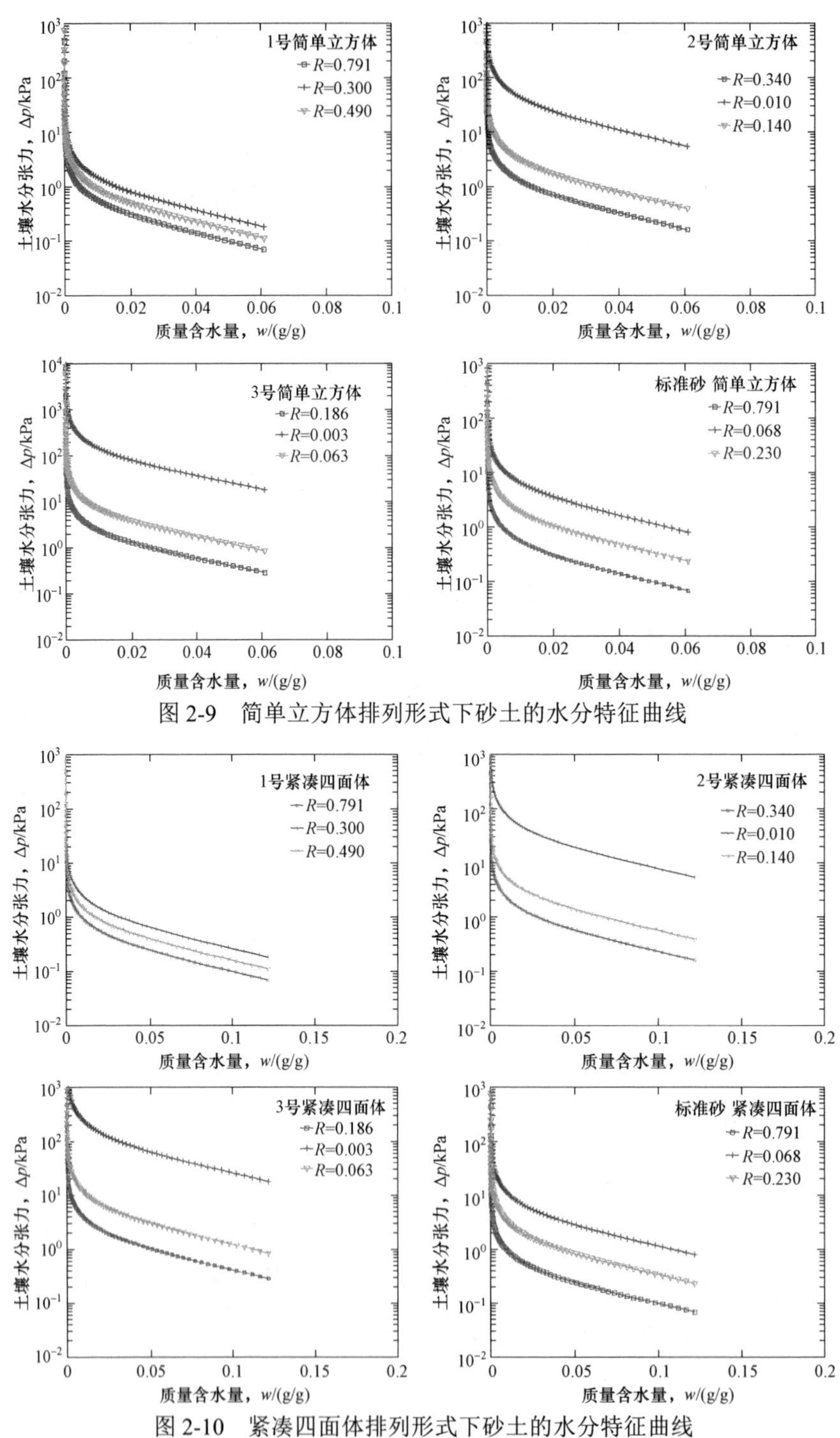

图 2-9　简单立方体排列形式下砂土的水分特征曲线

图 2-10　紧凑四面体排列形式下砂土的水分特征曲线

两种排列堆积方式下，整体水分张力均较小，均在 10^3 kPa 以下。随着粒径的增大砂土水分张力呈逐渐减小的趋势。当含水量较多时，水膜较厚，r_2 增大，r_1 减小。对松散简单立方体排列和紧凑四面体排列两种堆积方式，液桥极限体积下含水量分别约为 6%和 12%。当含水量继续增加，颗粒间液桥将出现搭接，形成网络组织。对于试验用标准砂在中等密实程度下，忽略粒径大小、形状的影响，对应液桥极限体积下含水量应在 6%～12%。

随着含水量的增加，水在砂土中有四个状态（图 2-11）：砂土颗粒接触点上存在相互不连接的透镜状或环状水膜；水环长大，水膜相互联结成网状组织；颗粒间所有孔隙被水充满；土壤颗粒群浸泡在水中。当含水量小于 6%时，水在砂土中为颗粒接触点上存在的相互不连接的透镜状或环状水膜。当含水量在 6%～12%时，土中含水量在液桥极限体积含量附近。当含水量继续增加，液桥将出现搭接，水环长大，水膜相互联结成网状组织；随后颗粒间孔隙被水填充或砂土颗粒群浸泡在水中。

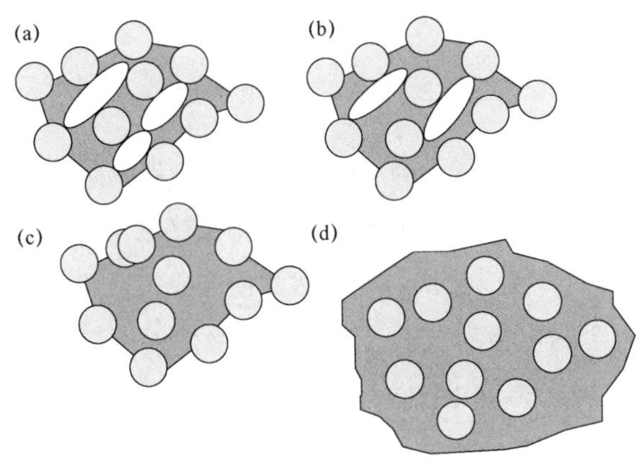

图 2-11　颗粒间水的存在状态

2.3.4　砂土–电极等效电路模型

2.3.4.1　砂土–电极界面结构

电极–孔隙液界面上的吸附是某种物质的分子或原子、离子在固体或孔隙液的界面富集的现象。包括非静电吸附和静电吸附两类，其中非静电吸附有分子间力作用下的物理吸附和某种化学力作用下的化学吸附。除了表面剩余电荷引起的离子静电吸附外，常出现各种表面活性粒子与电极表面出现在性质和强度上与化学键类似的相互作用，即特性吸附（图 2-12）。特性吸附靠库仑力以外的作用力，不管电极表面有无剩余电荷，特性吸附都可能发生。表面剩余电荷为零时，离子双层不存在，但吸附双层依然存在。仍然存在一定的电位差。

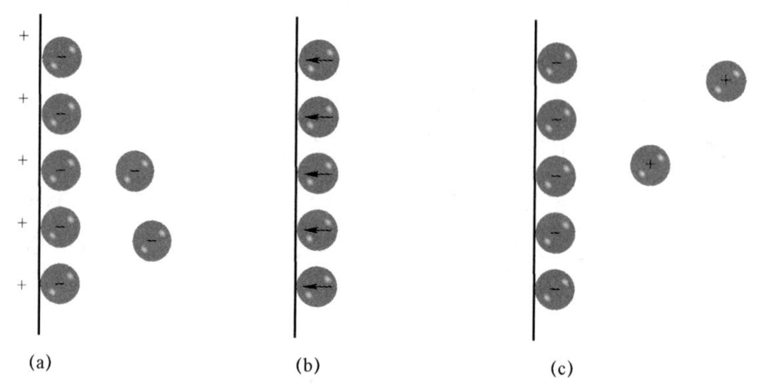

图 2-12　电极－孔隙液界面双层

电极－孔隙液界面双电层是离子静电吸附、物理吸附、化学吸附和特性吸附共同作用的结果。电子或离子等荷电粒子若在接触两相中电化学位不同，则其将在两相之间发生转移或交换，界面两侧便形成符号相反的两层电荷（即双电层，图 2-12）。金属电极和孔隙液界面上形成的双电层包括界面的离子双层和偶极双层［图 2-12（a）和图 2-12（b)］；以及电极表面活性粒子与电极之间性质和强度上与化学键类似的特性吸附导致的吸附双层［图 2-12（c)］。

本文电化学体系中工作电极均为极性固体，对应土体－极性固体界面层包括：固体表面、定向层、过渡无序层、自由水和土粒上的渗透水、吸附水和土粒基质。当土壤含水量达一定值时，土壤颗粒表面有土壤水存在，并呈现规律性分布。土体－电极系统界面结构如图 2-13 所示。砂土体系［图 2-13（a)］与黏土［图 2-13（b)］不同，砂土中黏粒含量少，颗粒对阳离子吸附作用较弱，即电吸引力较弱，颗粒表面无同样结构的双电层。但颗粒表面与水之间存在性质和强度上与化学键类似的相互作用，即特性吸附。

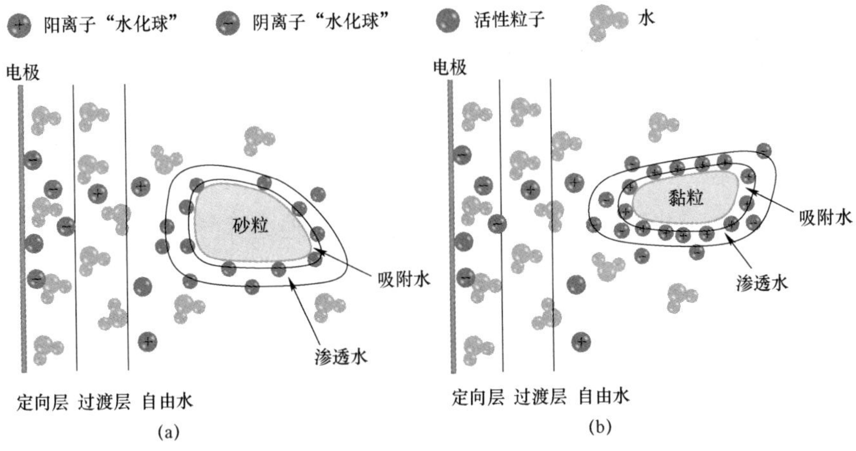

图 2-13　土体－电极系统界面结构

（a）砂土－电极；（b）黏土－电极

基于上述复杂的界面结构，对应于砂土－电极体系示意图如图 2-14 所示。三电极由工作电极 WE，参比电极 RE，辅助电极 CE（或对电极）组成。三电极体系含两个回路：一个回路由工作电极和参比电极组成，用来测试工作电极的电化学反应过程；另一个回路由工作电极和辅助电极组成，起传输电子形成回路的作用。也就是说，工作电极的电位是相对于参比电极，而辅助电极与工作电极是组成一个电路的闭合回路。导电路径主要包括：不连续固相砂土颗粒与孔隙液形成的固－液交替界面，路径 1；连续固相砂土颗粒与液桥形成的固－液交替界面，路径 2；砂土颗粒间连续的液相，路径 3。

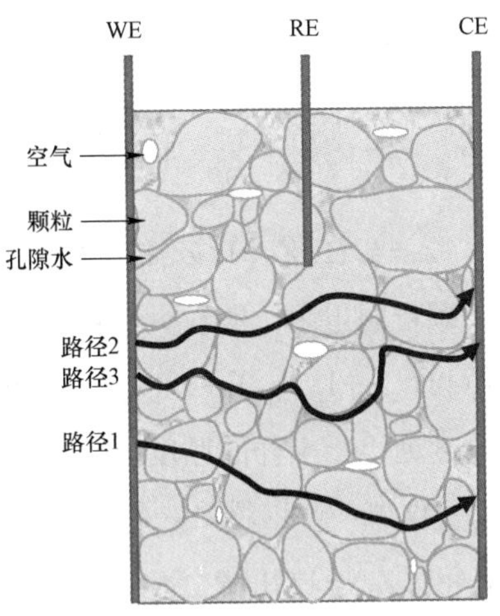

图 2-14　砂土三电极体系示意图

2.3.4.2 砂土–电极界面等效电路模型

砂土体系中的导电路径主要有三条（图 2-15）：路径 1，不连续的砂土颗粒–孔导电路径（DSPP），对应阻抗用 Z_1 表示；路径 2，连续的砂土颗粒导电路径（CSP），对应阻抗用 Z_2 表示；路径 3，连续孔导电路径，对应阻抗用 Z_3 表示。

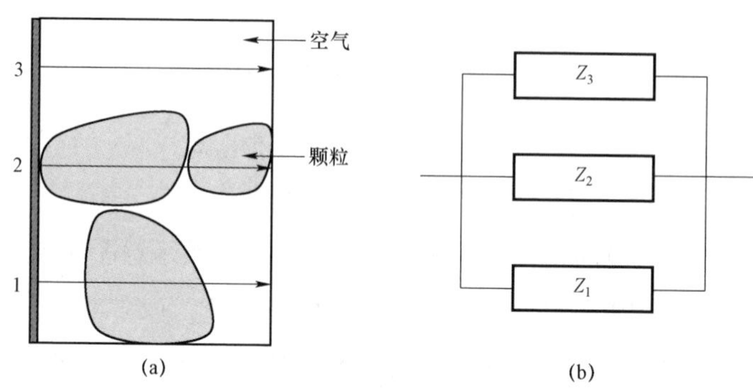

图 2-15 砂土–电极界面局部示意图（a）和等效电路（b）

在电极界面附近一定电位差下，R_{pp} 表示不连续的砂土颗粒–孔导电路径 1 中孔路径电阻，R_{sp} 和 C_{sp} 分别表示离散砂土颗粒对应的电阻和电容元件；R_{csp} 和 C_{csp} 为连续的砂土颗粒导电路径 2 对应的电阻和电容；R_{cpp} 为连续孔导电路径 3 对应的电阻。砂土总阻抗为

$$Z_1 = R_{PP} + 1/(1/R_{sp} + jwC_{sp}) \tag{2.18}$$

$$Z_2 = 1/(1/R_{csp} + jwC_{csp}) \tag{2.19}$$

$$Z_3 = R_{cpp} \tag{2.20}$$

$$Z = 1/(1/Z_1 + 1/Z_2 + 1/Z_3) \tag{2.21}$$

与其他导电路径相比砂土颗粒的电阻一般较大，被忽略，砂土阻抗可简化为

$$Z = 1/\{[(jwC_{csp} + 1/R_{cpp})] + 1/[R_{pp} + 1/(jwC_{sp})]\} \tag{2.22}$$

离散砂土颗粒等效累积厚度远小于土样的厚度，因此 $C_{csp} \ll C_{sp}$，即连续的砂土颗粒导电路径 2 对电容 C_{csp} 较小，可以忽略。砂土阻抗可进一步简化为

$$Z = 1/(1/Z_1 + 1/Z_3) = 1/\{1/R_{cpp} + 1/[R_{pp} + 1/(jwC_{sp})]\} \tag{2.23}$$

相应等效电路从图 2-16A 型简化为 B 型：

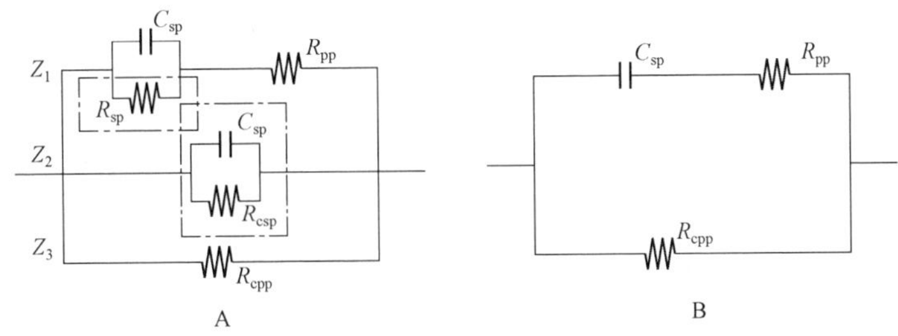

图 2-16　土壤等效电路模型

砂土孔隙中全部或部分被水填充，三种路径的导通情况与孔隙水密切相关。当砂土中含有一定量孔隙液时，不连续的砂土颗粒－孔导电路径 1 在高频下会呈现一定的电容性质（C_{sp}），路径为导通状态。此外路径 1 中孔路径电阻 R_{pp} 和连续孔路径 3 对应电阻 R_{cpp} 均有孔隙液中的自由荷电粒子迁移的贡献，将这部分电阻提取到主线路中，用溶液电阻 R_e 表示。除了液相溶液电阻贡献部分外，还有砂土颗粒、颗粒周围液桥及气相的贡献用 R_s 表示。

对于不连续的砂土颗粒－孔导电路径 1 中孔路径电阻 R_{pp} 主要由砂土颗粒、颗粒周围液桥及气相的贡献，即 $R_{e\text{-}pp}$ 远远小于 $R_{s\text{-}pp}$；对于连续孔路径 3 对应电阻 R_{cpp} 主要由孔隙液相中的自由荷电粒子迁移引起，即 $R_{e\text{-}cpp}$ 远远大于 $R_{s\text{-}cpp}$。因此，不连续的砂土颗粒－孔导电路径 1 呈现电容特性，可用等效电容元件 C_s 表示；连续的孔路径 3 呈现电阻特性，可用等效电阻元件 R_s 表示。砂土的等效电路可简化为 R(CR)型等价等效电路（图 2-17，同 1.4.1 节）。

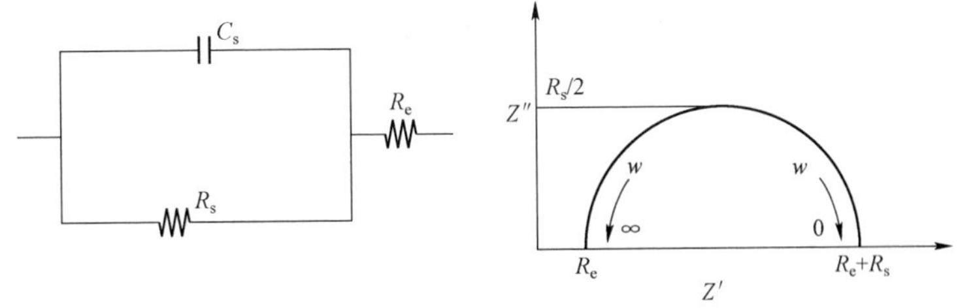

图 2-17　砂土等价等效电路 R(CR)

对应的阻抗为

$$Z = R_e + \frac{R_s}{1+(wR_sC_s)^2} - \mathrm{j}\frac{wR_s^2C_s}{1+(wR_sC_s)^2} = Z' + \mathrm{j}Z'' \tag{2.24}$$

实部和虚部满足

$$\left(Z'-\frac{R_s}{2}-R_e\right)^2+(Z'')^2=\left(\frac{R_s}{2}\right)^2 \tag{2.25}$$

当进行电化学阻抗谱测量时，工作电极与孔隙液接触界面进行双电层周期性的充、放电过程以及电极反应速度周期性变化的过程。前者为非法拉低过程，用 C_{dl} 表示；后者为法拉第过程，用元件 R_{ct} 表示。孔隙液–电极界面可以用复合元件（$R_{ct}C_{dl}$）表示，但孔隙液–电极界面多为不连续多相复杂状态，用（$R_{ct}Q_{dl}$）复合元件表示更符合实际。该复合元件阻抗为式（1.7）～（1.8）。

该过程在不连续的砂土颗粒–孔导电路径（DSPP）1 和连续孔导电路径 3 中均有可能发生，但不连续的砂土颗粒–孔导电路径（DSPP）1 下，孔隙液受砂土固相颗粒影响，易以液滴形式存在于电极表面。因而将复合元件($R_{ct}Q_{dl}$)串联在路径 3 中较为合适。在实测过程中常出现有扩散阻抗的情形，此时可加入扩散元件 W，形成复合元件(($R_{ct}W$)Q_{dl})；当实测未出现扩散阻抗时，可直接将扩散元件去掉。

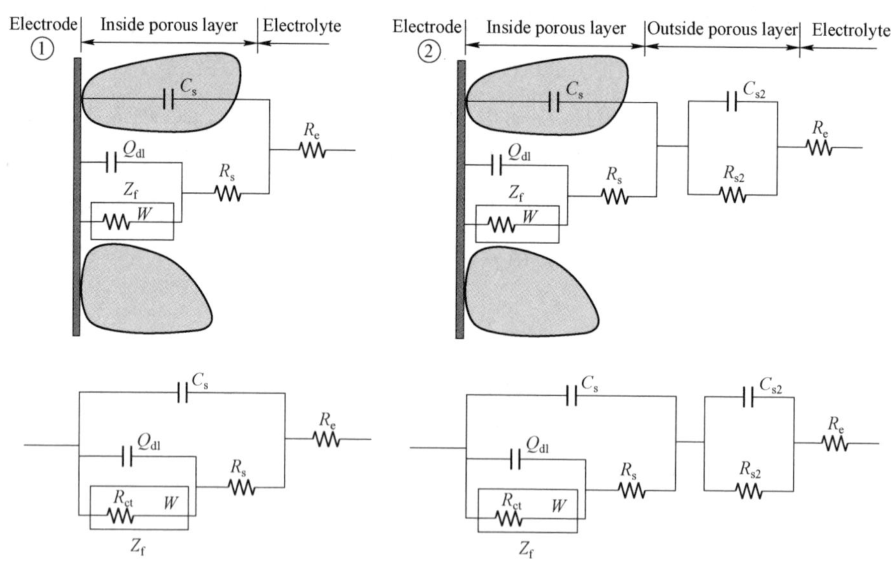

图 2-18　砂土体系基本等效电路①和②

基于以上，本文将扩散型等效电路① R(C(R(Q(RW))))，（图 2-18）作为砂土–电极基本等效电路。当砂层电荷存储能力较强时，可通过串联代表外层砂的电阻元件 R_{s2} 和电容元件 C_{s2} 并联复合元件（$C_{s2}R_{s2}$），形成等效电路②，调整体系的等效电路。各元件的连接方式也会因体系结构的变化而变化，具体等效电路的选择需根据相应体系的特点和电化学阻抗谱的测试结果进行调试（图 2-18②R(C(R(Q(RW))))(CR))。

两个等效电路阻抗 Z 表达式分别如下所示：

$$Z = R_e + \cfrac{1}{jwC_s + \cfrac{1}{R_s} + \cfrac{1}{jwQ_{dl} + \cfrac{1}{R_{ct}} + W}} \quad ①$$

$$Z = R_e + \cfrac{1}{jwC_{s2} + \cfrac{1}{R_{s2}}} + \cfrac{1}{jwC_s + \cfrac{1}{R_s} + \cfrac{1}{jwQ_{dl} + \cfrac{1}{R_{ct}} + W}} \quad ②$$

式中：R_e ——孔隙液电阻，$\Omega \cdot cm^2$；

j——虚数单位；

w——角频率；

$C_s(C_{s2})$ ——电极附近区域砂层电容，$F \cdot cm^{-2}$；

$R_s(R_{s2})$ ——电极附近区域砂层电阻，$\Omega \cdot cm^2$；

Q_{dl} ——常相位角元件［Y——常相位角元件中电容参数，$S \cdot s^{-n} \cdot cm^{-2}$；

n——电容偏离理想状态的程度，为无量纲，其数值范围为（0，1）］；

R_{ct} ——电化学过程电荷转移电阻，$\Omega \cdot cm^2$；

W——Warburg 扩散阻抗，$S \cdot s^{-0.5} \cdot cm^{-2}$。

三条路径的导通状况与加载交流信号的频率相关。当频率较高时，各路径均为导通状态，总阻抗相当于溶液（孔隙液）电阻 R_e；当频率较低时，部分不连续相路径将被阻断，主要是分散在砂土颗粒中的连续液相路径作用。容抗作用主要来自路径 1 和路径 3 中电极/孔隙液和砂土颗粒/孔隙液形成的固/液界面。砂土中孔隙液与工作电极接触，界面区形成了电化学微电池，电极表面局部会形成类似点蚀的不均匀的溶解，并形成微孔。砂土初期电化学过程类似于有机涂层浸泡中期，高频容抗弧可能由电极附近砂层的电阻和电容引起，低频段可能对应电荷转移电阻 R_{ct} 与双电层电容 Q_{dl} 引起的弛豫过程。

非饱和状态砂土呈现电阻和电容特性。含水量较少在液桥极限状态以下时，砂土孔隙中部分被水填充，呈现固–液–气三相共存的状态。孔隙水多以液桥的形式存在，自由状态水较少，砂土整体的阻抗较大；含水量在极限液桥状态和饱和状态之间时，砂土仍为固－液－气三相共存的状态；砂土中自由状态水增加，砂土整体阻抗也较小。当含水量达到饱和以后，砂土为固－液状态，砂土整体呈现电阻特性。

2.4 本章小结

本章从砂土颗粒形貌分布规律、水分特征曲线、砂土中砂土颗粒－孔隙液和电极－孔隙液之间的界面结构几个方面研究了试验用砂土的基本物理、力学性质和电化学理论模型。得出以下主要结论：

（1）试验用砂土各粒径组颗粒边界光滑，无碎屑附着。颗粒多属次圆状、圆状和极圆状，少数小颗粒形状属于次棱。近球度 S_p、伸长率 E_l、圆度 R_o 和分形维数 F_D 平均值分别为 0.5～0.7、1、0.2～0.4、1.2～1.3 和＜1.06。近球度 S_p 和伸长率 E_l 分布服从正态分布，数学期望分别在 0.6 和 0.3 左右。圆度 R_o 和分形维数 F_D 分布均靠近 1。

（2）松散简单立方体排列和紧凑四面体排列两种堆积方式下，砂土水分张力均较小，均在 10^3 kPa 以下。两种堆积方式，液桥极限体积下含水量分别约为 6%和 12%。当含水量继续增加，颗粒间液桥将出现搭接，形成网络组织。对于试验用砂土在中等密实程度下，忽略形状和不同粒径接触的影响，对应液桥极限体积下含水量应在 6%～12%。

（3）砂土颗粒与水分之间靠特性吸附可形成吸附双电层，其厚度相当于膜状水的水膜厚度。电极－孔隙液界面上主要存在离子双电层、表面偶极双电层和吸附双电层三种双电层。砂土－电极的基本等效电路为①型：R(C(R(Q(RW))))。

（4）当频率较高时，各路径均为导通状态，总阻抗相当于溶液电阻 R_e。低频时，部分不连续相路径将被阻断。非饱和状态砂土为固－液－气三相共存的状态，呈现电阻和电容特性；当含水量达到饱和以后，砂土为固－液状态，砂土整体呈现电阻特性。

第三章 不同含水量砂土的电化学行为研究

3.1 引　言

土壤介质是一个复杂的固、液、气三相共存的体系，且其腐蚀性已受到广泛关注。粒径、pH、含水量及可溶性离子 Cl^-、HCO_3^-和 SO_4^{2-}等因素对土壤的腐性影响显著。研究内容包括：（1）在三电极体系下测试孔隙水（液相）、砂土颗粒（固相）以及不同含水量砂土的电化学阻抗谱；（2）对 Nyquist 图、Bode 图、等效电路拟合测试结果以及拟合参数进行分析；（3）在 Nyquist 图、Bode 图分析、等效电路拟合和参数分析的基础上，研究砂土颗粒（固相）、孔隙溶液（液相）和含水量对砂土电化学特性的影响规律，通过电化学阻抗谱参数表征砂土的腐蚀性和渗流结构。

3.2 试验材料和方法

3.2.1 试验材料

试验用标准砂同上，相对密度 $G_s = 2.66$ g/cm³，$C_u \geqslant 5$ 和 $C_c = 1 \sim 3$ 的良好级配粗粒砂。电解槽也采用内部容积为 9.5 cm × 9.5 cm × 9.5 cm 的石英玻璃槽，液相为蒸馏水。

3.2.2 试验方法

本章对砂土颗粒（固相，表 2-1：标准砂、1 号、2 号和 3 号）、孔隙溶液（液相水，如 V1 代表体积为 50 cm^3 的水）和不同含水量的砂土（如 5%-S 代表含水量为 5%的砂土）分别进行电化学阻抗谱测试，试验方案如表 3-1 所示。标准砂质量为 1 000 g，密实程度选取中等。根据相对密实度与干密度的关系 $D_r = \dfrac{\rho_{dmax}(\rho_d - \rho_{dmin})}{\rho_d(\rho_{dmax} - \rho_{dmin})}$，可求得干密度 ρ_d，从而计算砂土的控制高度。中等密实程度下：$1/3 < D_r \leqslant 2/3$，G_s 为 2.66 g/cm^3，最小干密度 ρ_{dmin} 和最大干密度 ρ_{dmax} 分别为 1.56 g/cm^3 和 1.86 g/cm^3。则：

$$e_{max} = \frac{\rho_w \cdot G_s}{\rho_{min}} - 1 = \frac{1 \times 2.66}{1.56} - 1 = 0.705 \tag{3.1}$$

$$e_{min} = \frac{\rho_w \cdot G_s}{\rho_{max}} - 1 = \frac{1 \times 2.66}{1.86} - 1 = 0.430 \tag{3.2}$$

$$D_r = \frac{\rho_{dmax}(\rho_d - \rho_{dmin})}{\rho_d(\rho_{dmax} - \rho_{dmin})} = \frac{1.86(\rho_d - 1.56)}{\rho_d(1.86 - 1.56)} \tag{3.3}$$

$$\rho_d = 1.64 \sim 1.73\ g/cm^3 \tag{3.4}$$

$$\rho_d = \frac{m_s}{V} = \frac{m_s}{9.5 \times 9.5 \times H} \rightarrow H = 6.40 \sim 6.76\ cm \tag{3.5}$$

试验取 $D_r = 0.5$，ρ_d 为 1.70 g/cm^3，控制高度取 6.50 cm。在中等密实程度下，5%，10%，15%含水量的砂土孔隙比 $e = 0.56$，饱和度 S_r 分别为 23.8%、47.5% 和 71.3%。各粒径组干砂试样高度均取 1 000 g 砂土中等密实程度下的高度（约为 6.50 cm）。湿砂需在保鲜袋中静置 24 h 使水与砂土颗粒均匀混合。

表 3-1 不同含水量的砂土和孔隙溶液

试样	编号	$m_{砂}$ /g	$V_{水}$ /cm^3	密度 /（g/cm^3）	孔隙比 e	干密度 /（g/cm^3）	含水量 /%	饱和度 /%
砂土	5%-S	1 000	50	1.79	0.56	1.70	5	23.8
	10%-S	1 000	100	1.88	0.56	1.70	10	47.5
	15%-S	1 000	150	1.96	0.56	1.70	15	71.3
孔隙溶液	V_1	0	50	1.00	—	—	—	—
	V_2	0	100	1.00	—	—	—	—
	V_3	0	150	1.00	—	—	—	—

注：如 5%-S 代表含水量为 5%的砂土；V_1 代表水体积为 50 cm^3

本文试验砂土静置 24 h 混合均匀后直接进行电化学阻抗谱测试，测试装置如图 3-1 所示，石英玻璃槽的两个相对面分别粘贴尺寸为 1 mm × 95 mm × 120 mm 的铜片作工作电极 WE 和辅助电极 CE，参比电极 RE 为 1 mm × 10 mm × 60 mm 的铜片，置于电解槽中间部位。其中，工作电极和辅助电极的粘贴面通过蜡封来减少对测试的影响。电化学测试采用武汉科斯特 CS350 电化学工作站，且测试条件为交流电幅值 5 mV，扫描频率范围 10^{-2}～10^{5} Hz。测试时保鲜膜覆盖玻璃槽口，温度为室内温度 20 ℃。

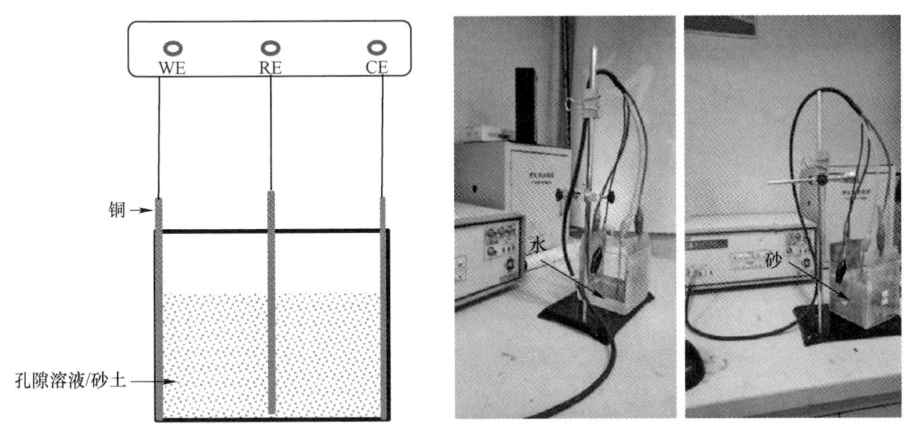

图 3-1 试验装置图

3.3 结果与讨论

3.3.1 孔隙溶液（水）电化学阻抗行为

为了研究砂土中孔隙液对电化学过程的影响，对不同体积（质量）的孔隙溶液（水）体系进行了电化学阻抗谱测试。面积归一化结果（图 3-2 和图 3-3）显示，水体系下阻抗谱呈现一个非半圆形容抗弧。高频区容抗弧半径基本相同，即腐蚀性基本相同。图 3-3 为 Bode 图，表明水体系的阻抗谱包含一个时间常数，低频段呈现扩散阻抗特征。

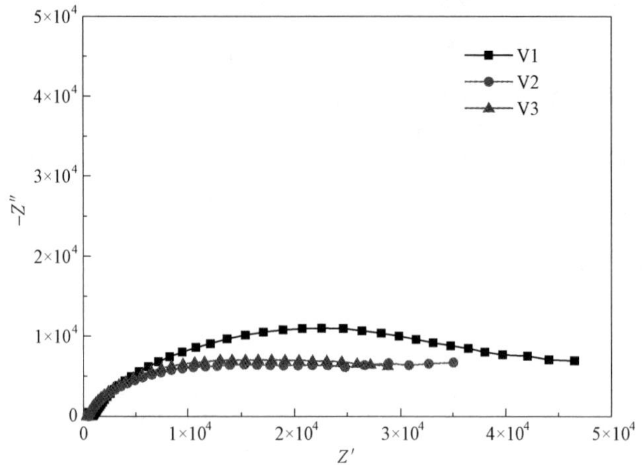

图 3-2　孔隙溶液的 Nyquist 图（水，单位面积）

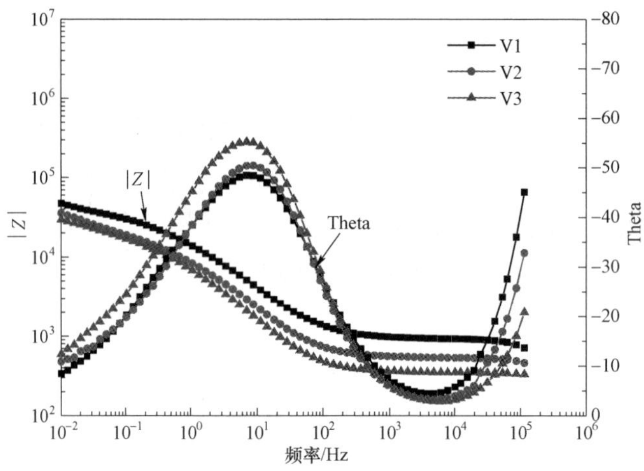

图 3-3　孔隙溶液的 Bode 图（水，单位面积）

选用图 3-4 所示等效电路③：*R*（QR）对水体系阻抗谱的高频端进行拟合。R_e 为溶液电阻，表示孔隙溶液介质电阻；Q_{dl} 为常相位角元件，用来表示电极界面的双电层电容；R_{ct} 为电极–孔隙溶液相界面电荷转移电阻。ZView 拟合结果如表 3-2 所示，各参数拟合误差均在 5%以内。

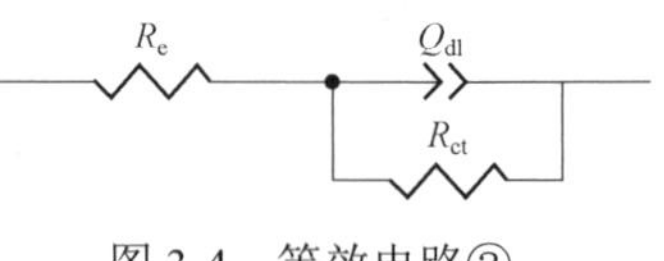

图 3-4　等效电路③

表 3-2　孔隙溶液的 EIS 拟合结果（水）

试样	R_e /（$\Omega \cdot cm^2$）	Q_{dl}		R_{ct} /（$\Omega \cdot cm^2$）
		Y_o（$S \cdot s^{-n} \cdot cm^{-2}$）	n	
V1	8.64×10^2	6.42×10^{-7}	0.67	4.16×10^4
V2	5.05×10^2	2.66×10^{-7}	0.68	2.94×10^4
V3	3.36×10^2	1.41×10^{-7}	0.72	2.63×10^4

结果显示，对应溶液电阻 R_e 的数量级为 1×10^2，显示腐蚀性 R_{ct} 的数量级为 1×10^4，略有波动。常相位角元件参数 n 的值越接近于 1，对应电容器越接近理想电容；相反，n 越偏离 1，弥散效应就越强。拟合结果中 n 为 0.6～0.8，界面电容呈偏离理想电容状态。这与电极－孔隙溶液界面粗糙度和电化学腐蚀过程电流密度分布不均匀有关。

该体系下，固相为二氧化硅含量大于 98%的标准砂和铜电极，液相为中性蒸馏水。水中的溶解氧参与电化学过程。工作电极铜片与水接触界面形成双电层，进行电荷传递反应。电化学反应通过电子和可溶性物质之间的电荷传递实现电流的流动。流过电池的电流受电池电阻欧姆降和驱动电子转移反应所需电位的影响。在幅值很小的正弦交流波扰动信号下，体系中可能发生的电化学反应包括：阳极铜电极氧化过程（式 3.6）和阴极吸氧过程（式 3.7）。

$$Cu \longrightarrow Cu^{2+} + 2e^- \tag{3.6}$$

$$O_2 + 2H_2O + 4e^- \longrightarrow 4OH^- \tag{3.7}$$

3.3.2　砂土颗粒电化学阻抗行为

为了研究固相砂土颗粒对砂土电化学过程的影响，本节对砂土（标准砂）和组成砂土的不同粒径组颗粒体系进行电化学阻抗谱测试。图 3-5 为良好级配砂土和组成砂土的粗粒 1 号、中粒 2 号和细粒 3 号三种不同粒径组砂土颗粒的 Bode 图。

结果显示，模值和相位角在频率约为 5 Hz 处均出现交叉。频率大于 5 Hz 时，相位角均为稳定值，在－90° 附近。而阻抗模值随着频率的增大而减小，且二者呈线性相关，斜率约为－1，呈现电容元件的特征。无液相回路的砂土体系呈电容性质，可等效为电容元件。当频率小于 5 Hz 时，模值和相角受孔隙几何影响波动较大，且随机性较大的标准砂砂土对应波动最大，这可能是电极–土体界面复杂的接触状态引起。

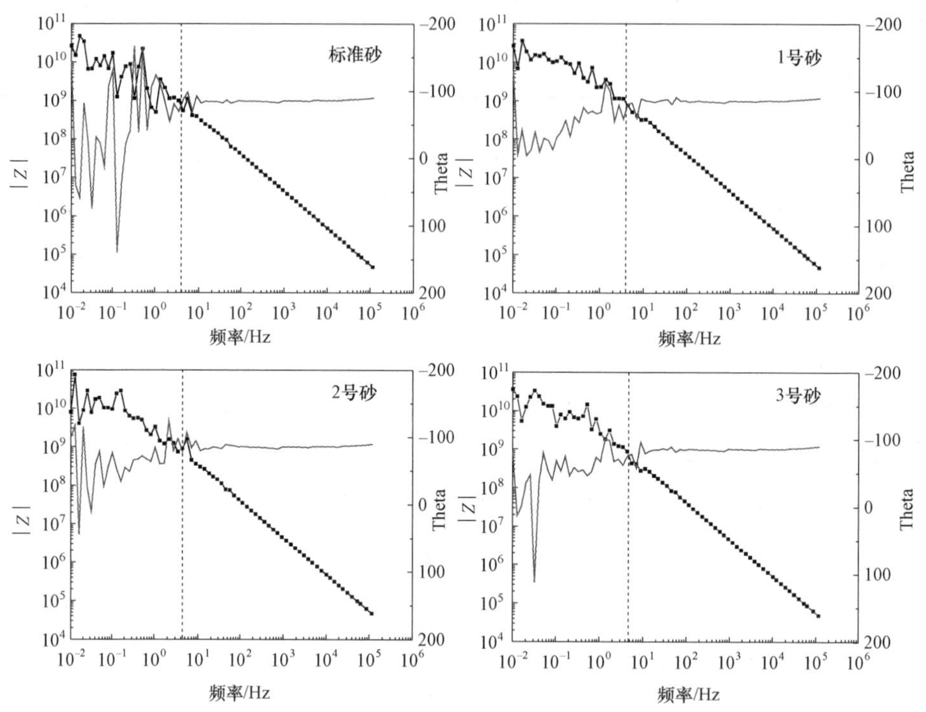

图 3-5　不同粒径砂土固相颗粒的 Bode 图

3.3.3　不同含水量砂土的电化学阻抗行为

孔隙溶液和固相砂土颗粒的电化学阻抗谱呈现各自的特点。为了进一步研究砂土颗粒和孔隙溶液相互作用下砂土的电化学阻抗谱特征，对不同含水量砂土（5%-S，10%-S 和 15%-S）的阻抗进行了电化学测试。Nyquist 图（图 3-6）显示，各阻抗谱均由高频区的平扁容抗弧圆弧和低频区的近 45° 斜线组成，有 Warburg 阻抗成分。随着含水量的增加，容抗弧和扩散弧半径都呈减小的趋势，砂土的腐蚀性增强。Bode 图也表明，阻抗谱不属于一个时间常数型，且含有 Warburg 阻抗特征。随着含水量的增加，砂土的模值也显著减小（图 3-7）。

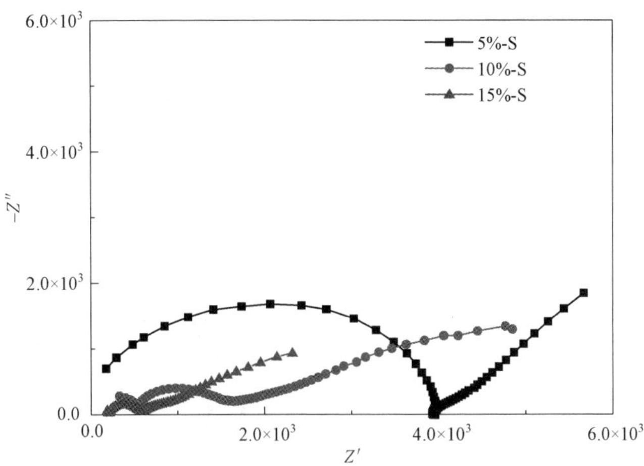

图 3-6 不同含水量砂土的 Nyquist 图

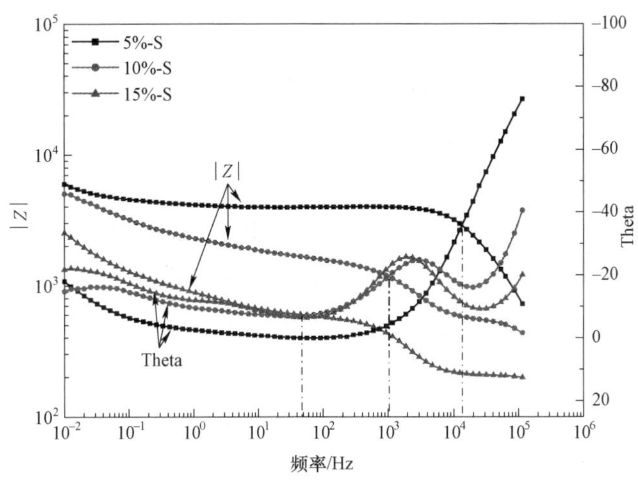

图 3-7 不同含水量砂土的 Bode 图

从高频区到低频区电化学过程由动力学控制过程转向物质传递控制过程。随着含水量的增加，阻抗谱从圆弧到斜线的转折频率增加，即动力学控制过程向物质传递过程控制转换频率提高。且高频圆弧和低频斜线的分界也越不明显。砂土体系下溶液电阻不可忽略，且电化学极化和浓度极化同时存在，即双电层电容充电或放电过程和相应的法拉第过程两个平行过程同时存在。

通过等效电路模型② R(C(R(Q(RW))))(CR)对三电极体系下不同含水量砂土的阻抗谱进行电路拟合，拟合软件为 ZSimDemo3.30，结果如附图 5-1（附录五）和表 3-3 所示。

表 3-3 不同含水量砂土的 EIS 拟合结果表

试样	R_e/（Ω·cm^2）	R_{ct}/（Ω·cm^2）	Q_{dl}		C_s/（F·cm^{-2}）	R_s/（Ω·cm^2）	W/（S·$s^{-0.5}$·cm^{-2}）	C_{s2}/（F·cm^{-2}）	R_{s2}/（Ω·cm^2）
			Y_o/（S·s^{-n}·cm^{-2}）	n					
5%-S	7.3×10^2	2.7×10^3	2.7×10^{-12}	0.98	4.8×10^{-13}	1.2×10^3	4.3×10^{-7}	3.7×10^{-5}	8.4×10^2
10%-S	4.4×10^2	6.9×10^2	1.4×10^{-7}	0.26	2.8×10^{-11}	2.3×10^9	7.6×10^{-7}	5.7×10^{-13}	5.4×10^2
15%-S	1.9×10^2	2.9×10^2	3.0×10^{-7}	0.33	9.6×10^{-11}	3.0×10^3	7.3×10^{-8}	6.0×10^{-13}	2.1×10^2
等效电路（同图 2-18）		② R(C(R(Q(RW))))(CR)			R_e C_s R_s Q_{dl} R_{ct} W C_{s2} R_{s2}				

结果显示，该体系下固相砂土颗粒使溶液电阻 R_e 增加了一个数量级，且含水量较少时，R_e 增加较明显，这与砂土颗粒对水的分散作用相关。而砂土颗粒使电荷转移电阻 R_{ct} 减小，这可能是由于孔隙的毛细作用引起。此外，R_{ct} 随着含水量的增加而减小。

常相位角元件 Q_{dl} 在含水量较少时，n 为 0.98，界面电容较接近理想电容。随着含水量的增加界面电容偏离理想电容程度显著增加，这与电极界面孔隙液状态相关。砂层电容和电阻波动较大，这是由于砂层的多孔结构和毛细结构导致。随着含水量的增加，靠近工作电极砂层电容 C_s 和外多孔层电容 C_{s2} 趋于稳定，外层砂电阻 R_{s2} 逐渐减小，这可能与砂土颗粒周围水膜结构的逐渐完整化相关。内层砂电阻 R_s 拟合结果存在一定波动，可能是由靠近工作电极活跃的电化学过程、物质传递以及砂土颗粒表面的吸附脱附引起。

附图 5-1（附录五）显示，不同含水量砂土阻抗谱拟合效果良好。为了检验试验数据的可靠性，进一步进行了实部和虚部的 K-K（Kramers-Kronig）转化探讨。如图 3-8 所示，不同含水量砂土的 K-K 转化曲线与测量曲线相比，实部 90%以上的拟合偏差均在±10%以下；虚部中、低频区拟合偏差整体在±10%以下，高频端整体拟合偏差较大，这与砂土－电极界面的复杂状态相关。这表明阻抗谱中、低频区虚部数据和实部数据，即对应的电阻和电容元件参数是可靠合理的。

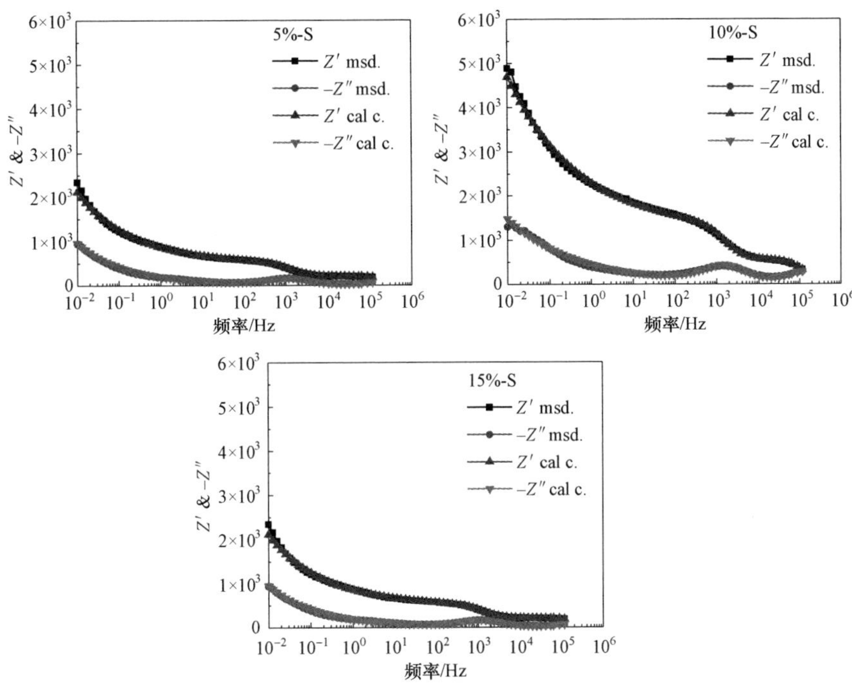

图 3-8　不同含水量砂土阻抗谱（EIS）的 K-K 验证

3.3.4　不同含水量砂土的渗流结构表征

类似于混凝土材料，砂土是一种多孔介质，内部存在不同孔径的连通孔和孤立孔，进而形成不同直径的毛细网络。将砂土体系视为一个连通的毛细网络，通过对其网络特征的描述能够了解其毛细结构。多孔介质中流体运输或扩散性质的测量，能够统一描述其毛细结构，这种描述方法即为渗流结构。

孔总体积与孔总表面积之比具有长度的量纲，为水力半径 r_h。毛细管有效长度与毛细管有效截面积之比为多孔介质的迂曲度 L。土壤水中的分离自由电荷（包括多种离子和水化电子）可用电容 C 表示，水化程度和水化能力的动力学参数可用电荷转移电阻 R_{ct} 表示。上述四个参数可用来表征砂土体系的渗流结构。水力半径 r_h 正比于 nR_e^{-1}，n 为常相角指数，R_e 为溶液电阻。迂曲度 L 正比于扩散阻抗系数。因此通过阻抗谱参数能够表征砂土体系的渗流结构。

简单起见，nR_e^{-1} 代表水力半径 r_h。如表 3-4 所示，该体系单位面积的水力半径值在 2 mS 以下波动，这可能是由于砂土颗粒分布差异引起的。阻抗谱拟

合结果中的 W 满足如下关系：

$$\frac{1}{W}=\frac{RT}{\sqrt{2}n_0^2F^2c^0\sqrt{D^0}} \tag{3.8}$$

式中：W——Warburg 扩散阻抗，$S\cdot s^{0.5}\cdot cm^{-2}$；

R——气体常数，8.314 J/（mol・K）；

T——温度，K；

F——法拉第常数，9.65×10^4 C/mol；

n_0——反应电子数；

c^0——反应粒子的孔隙液本体浓度；

D^0——反应粒子的扩散系数。

试验中温度 T 为 293.15 K，R、T 和 F 均为常数。由于本体系下孔隙液为蒸馏水，参与反应的物质有 Cu、水和水中的溶解氧。电化学过程反应电子数 n_0 与反应粒子的孔隙液本体浓度 c^0 随孔隙液成分、电极材料以及参与电化学过程的反应物的变化而变化。二者数值计算复杂，但在试验环境下可视为定值。因此 W 测试值与扩散系数 D^0 成正比，也能表示迂曲度 L 的大小。简单起见，用扩散阻抗 W 代表迂曲度 L，该体系单位面积对应 W 数量级在 10^{-7}～10^{-8} 之间波动。

表 3-4　不同含水量砂土的水力半径

试样	5%-S	10%-S	15%-S
R_e/（$\Omega\cdot cm^2$）	7.3×10^2	4.4×10^2	1.9×10^2
n	0.98	0.26	0.33
r_h/mS	1.34	0.59	1.74
W/（$S\cdot s^{0.5}\cdot cm^{-2}$）	4.3×10^{-7}	7.6×10^{-7}	7.3×10^{-8}

3.4　本章小结

通过三电极体系测试了液相（孔隙水）、固相（砂土颗粒：标准砂，1 号，2 号和 3 号）以及不同含水量砂土（5%、10%和 15%）的电化学阻抗谱行为。不同含水量砂土的电化学行为特征及其腐蚀性和渗流结构研究结果如下：

（1）不同粒径组干砂体系 Bode 图显示，无液相回路的砂土体系，模值随频率的对数变化整体呈现斜率约为 −1 的斜线，呈电容性质，可等效为电容元件。当频率小于 5 Hz 时，阻抗模值受界面接触状态的影响波动较大，且随机性较大的砂土多孔层结构波动最大。

（2）不同含水量砂土体系 Nyquist 图和 Bode 图显示，不同含水量砂土阻抗谱由高频区的扁平容抗弧半圆和低频区的近 45° 斜线组成。随着含水量的增加，容抗弧和扩散弧半径以及阻抗模值都呈减小的趋势，砂土的腐蚀性增强。阳极为铜电极氧化过程，阴极为吸氧过程，高频区为动力学控制过程，低频区为扩散控制过程。

（3）阻抗等效电路拟合结果显示，不同含水量砂土体系在基本等效电路①的扩展型等效电路② R(C(R(Q(RW))))(CR)下拟合良好。在前述基本电路① R(C(R(Q(RW))))的基础上串联了代表外层砂的电阻元件 R_{s2} 和电容元件 C_{s2} 并联元件($C_{s2}R_{s2}$)，形成等效电路②。但对应拟合数据波动较大，此处仅作优化拟合效果的电路元件。

（4）固相砂土颗粒对孔隙水有分散作用，砂土颗粒使溶液电阻 R_e 增加了一个数量级，且含水量较少时，R_e 增加较明显。电荷转移电阻 R_{ct} 随着含水量的增加而减小。砂土单位面积对应水力半径值在 2 mS 以下波动，而一定程度代表迂曲度 L 的 W 数值在 10^{-7}～10^{-8} 之间波动。

第四章

含易溶钠盐砂土的电化学阻抗行为研究

4.1 引　言

盐渍土是盐土和碱土以及各种盐化、碱化土壤的总称。根据《岩土工程勘察规范》（GB 50021），盐渍土按其含盐化学成分和含盐量的分类如表 4-1 和表 4-2 所示。正交试验设计（Orthogonal experimental design）利用正交表科学地安排与分析多因素试验，是研究多因素多水平的又一种设计方法。它是根据正交性从全面试验中挑选出部分有代表性的点进行试验，这些有代表性的点具备了“均匀分散，整齐可比”的特点，是一种高效率、快速、经济的实验设计方法。

表 4-1　盐渍土按含盐化学成分分类

盐渍土名称	$\dfrac{c(Cl^-)}{2c(SO_4^{2-})}$	$\dfrac{2c(CO_3^{2-})+c(HCO_3^-)}{c(Cl^-)+2c(SO_4^{2-})}$
氯盐渍土	＞2	—
亚氯盐渍土	2～1	—
亚硫酸盐渍土	1～0.3	—
硫酸盐渍土	＜0.3	—
碱性盐渍土	—	＞0.3

注：c 为 100 g 土中离子的毫摩尔数。

表 4-2 盐渍土按含盐量分类

盐渍土名称	平均含盐量/%		
	氯及亚氯盐	硫酸及亚硫酸盐	碱性盐
弱盐渍土	0.3～1.0	—	—
中盐渍土	1～5	0.3～2.0	0.3～1.0
强盐渍土	5～8	2～5	1～2
超盐渍土	>8	>5	>2

可溶性离子 Cl^-、HCO_3^-和 SO_4^{2-}对土体腐蚀性影响也较大。为了进一步研究盐渍土中常见阴离子 Cl^-、HCO_3^-和 SO_4^{2-}对砂土电化学特性的影响，本章对含 NaCl、Na_2SO_4 和 $NaHCO_3$ 孔隙溶液和砂土以及正交组含易溶盐砂土的电化学特性进行了试验研究。研究内容如下：

（1）含单一易溶钠盐：① 根据相关规范标准，设计不同的单一钠盐浓度梯度，通过电化学阻抗谱（EIS）法在三电极体系下测试含 NaCl、Na_2SO_4 和 $NaHCO_3$ 孔隙溶液和砂土的电化学阻抗谱；② 通过 Nyquist 图和 Bode 图分析、等效电路拟合以及参数分析，研究砂土颗粒（固相）、孔隙溶液（液相）和 NaCl、Na_2SO_4 和 $NaHCO_3$ 对砂土电化学特性的影响规律。

（2）含混合易溶钠盐：① 根据规范标准和前面方案中变量对砂土电化学特征影响规律，通过正交试验设计规则设计三因素三水平在正交表 $L_9(3^4)$ 下正交组 9 种含混合易溶钠盐砂土，测试其电化学阻抗谱；② 通过 Nyquist 图和 Bode 图分析、等效电路拟合以及对应拟合参数的统计学极差分析，研究 Cl^-、SO_4^{2-} 和 HCO_3^-离子的影响分布排序规律；③ 分析判断含混合易溶钠盐砂土的电化学特性及其腐蚀性。

4.2 试验材料和方法

4.2.1 试验材料

试验用砂土和水同上，含水量取饱和度 S_r 为 71.3%下的 15%。易溶盐阴离子为土壤中常见易溶盐离子 Cl^-、SO_4^{2-}、HCO_3^-，阳离子为最易溶于水的 Na^+，整体介质为中性或弱碱性体系。蒸馏水中 NaCl、Na_2SO_4 和 $NaHCO_3$ 易溶盐的溶解度分别略大于 36.8%、16.1%和 9.6%（20 ℃），各盐均为分析纯试剂。

对于含单一钠盐砂土每组试样标准砂取 1 000 g；电解槽采用石英玻璃缸，内部容积为 9.5 cm×9.5 cm×9.5 cm。同理控制高度为中等密实程度下的约 6.5 cm。含单一钠盐孔隙溶液浓度和质量与对应含单一钠盐砂土相同。

含混合易溶钠盐砂土，单次试验数量较多。因此电解槽采用橡胶盒，内部容积为 7.07 cm×7.07 cm×7.07 cm。标准砂取 500 g，高度控制在相应中等密实程度下的 6.0 cm 附近。称重在精度 0.01 的电子天平上进行。

4.2.2 试验方法

电化学阻抗谱测试在 CS350 电化学工作站上进行，试验装置为三电极体系图 3-1（见第三章）。电解槽的两个相对面分别粘贴适当尺寸的铜片作工作电极 WE 和辅助电极 CE；考虑测试结果的稳定性，参比电极 RE 选取甘汞电极。其中，工作电极和辅助电极的粘贴面通过蜡封来减少接触面积对测试的影响。对于含单一钠盐的孔隙溶液及砂土，测试条件为交流电幅值 5 mV，扫描频率范围 10^{-2}～10^5 Hz。试验温度为室内温度（20 ℃）。

根据《岩土工程勘察规范》（GB 50021）中各易溶盐对盐渍土分类的影响和试验温度下各易溶钠盐在水中的溶解度，取下面表 4-3 和表 4-4 中溶解度以下各浓度组的含易溶钠盐孔隙溶液和砂土为研究对象。试验以土中水的含盐量（%）命名，如 0.3%和 0.3%-S 分别指盐浓度为 0.3%的孔隙溶液及孔隙液盐浓度为 0.3%的砂土。

表 4-3　含单一易溶钠盐砂土的成分

编号		$m_{砂土}$/g	$m_{水}$/g	盐含量/g	含液量/%	含盐量/%
NaCl（NaCl 58.44 g/mol）	0.3%-S	1 000	150	0.45	15.05	0.045
	1.0%-S	1 000	150	1.50	15.15	0.150
	3.5%-S	1 000	150	5.25	15.53	0.525
	5.0%-S	1 000	150	7.50	15.75	0.750

续表

编号		$m_{砂土}$/g	$m_{水}$/g	盐含量/g	含液量/%	含盐量/%
Na_2SO_4（Na_2SO_4 142.04 g/mol）	0.3%-S	1 000	150	0.45	15.05	0.045
	1.0%-S	1 000	150	1.50	15.15	0.150
	2.0%-S	1 000	150	3.00	15.30	0.300
	3.0%-S	1 000	150	4.50	15.45	0.450
$NaHCO_3$（$NaHCO_3$ 84.007 g/mol）	0.3%-S	1 000	150	0.45	15.05	0.045
	0.5%-S	1 000	150	0.75	15.08	0.075
	1.0%-S	1 000	150	1.50	15.15	0.150
	1.5%-S	1 000	150	2.25	15.23	0.225

注：如 0.3%-S 指孔隙液盐浓度为 0.3%的砂土。

表 4-4　单一可溶盐孔隙溶液成分

NaCl	$m_{水}$/g	m_{NaCl}/g	Na_2SO_4	$m_{水}$/g	$m_{Na_2SO_4}$/g	$NaHCO_3$	$m_{水}$/g	m_{NaHCO_3}
0.3%	150	0.45	0.3%	150	0.45	0.3%	150	0.45
1.0%	150	1.50	1.0%	150	1.50	0.5%	150	0.75
3.5%	150	5.25	2.0%	150	3.00	1.0%	150	1.50
5.0%	150	7.50	3.0%	150	4.50	1.5%	150	2.25

注：如 0.3%指盐浓度为 0.3%的孔隙溶液。

为了进一步研究三种易溶盐对盐渍土电化学行为的相互影响，本章根据《岩土工程勘察规范》（GB 50021）中盐渍土分类表设计了正交组含混合易溶钠盐砂土。表 4-5 为三因素 Cl^-、SO_4^{2-}、HCO_3^-下的正交试验水平表，每个因素选取 3 个含盐量水平。选用正交表 $L_9(3^4)$ 来安排试验，表头如表 4-6 所示。

表 4-5　含混合易溶钠盐砂土的因素水平表

水平	C（Cl^-）	C（SO_4^{2-}）	C（HCO_3^-）
1	1.00	0.30	0.30
2	5.00	1.00	1.00
3	8.00	2.00	2.00

注：C 为 100 g 标准砂中离子的毫摩尔数，下同。

表 4-6　含混合易溶钠盐砂土的正交试验表头设计

因素	C（Cl^-）	C（SO_4^{2-}）	C（HCO_3^-）	空白
列号	1	2	3	4

为了消除试验顺序对试验结果的影响，本试验顺序根据 IBM SPSS Statistics 软件设计（表 4-7）。根据《岩土工程勘察规范》（GB 50021）按含盐量进行盐渍土分类判别，本次试验所用砂土均为砂土弱盐渍土，是工程中分布较为常见的砂土盐渍土类别。各组含易溶钠盐砂土中含盐量按顺序依次减小，No.9＜No.4＜No.8＜No.2＜No.7＝No.5＜No.1＜No.3＜No.6。各组含易溶钠盐砂土在保鲜袋中静置 24 h，从而获得混合均匀的砂土试样。电化学阻抗谱测试条件为交流电幅值 10 mV，扫描频率范围 10^{-2}～10^5 Hz。试验温度为室内温度 20 ℃。

表 4-7　含混合易溶钠盐砂土的正交试验组

试样	C（Cl^-）	C（SO_4^{2-}）	C（HCO_3^-）	M/g	密度/（g·cm^{-3}）	含液量/%	含盐量/%
No.1	3	2	1	3.17	1.928	15.63	0.63
No.2	1	3	3	2.55	1.926	15.51	0.51
No.3	3	1	3	3.39	1.929	15.68	0.68
No.4	1	2	2	1.42	1.922	15.28	0.28
No.5	2	2	3	3.01	1.927	15.60	0.60
No.6	3	3	2	4.18	1.931	15.84	0.84
No.7	2	3	1	3.01	1.927	15.60	0.60
No.8	2	1	2	2.09	1.924	15.42	0.42
No.9	1	1	1	0.63	1.919	15.13	0.13

注：取 500 g 标准砂，75 g 蒸馏水。M 为总含盐量（g）。

4.3　结果与讨论

4.3.1　含 NaCl 砂土的电化学阻抗行为

4.3.1.1　含不同浓度 NaCl 砂土

图 4-1 和图 4-2 为三电极体系下含不同浓度 NaCl 砂土的 Nyquist 图和 Bode

图。Nyquist 图显示，含不同浓度 NaCl 砂土的阻抗谱曲线呈现相同的形状和走向。各个阻抗谱均由高频区扁平的容抗弧和低频区的扩散阻抗（近 45°斜线）组成。随着 NaCl 浓度的增加，砂土的阻抗谱整体向左移动，容抗弧半径也逐渐减小，这表明相应砂土的腐蚀性增大。此外，砂土扩散阻抗近 45°斜线长度也随着 NaCl 浓度的增加而减小。

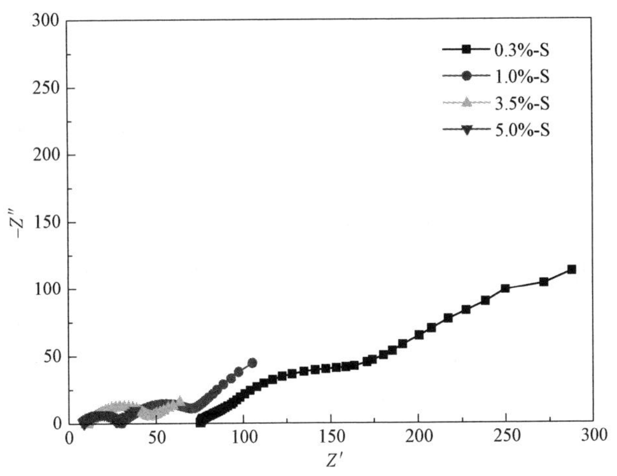

图 4-1　含不同浓度 NaCl 砂土的 Nyquist 图

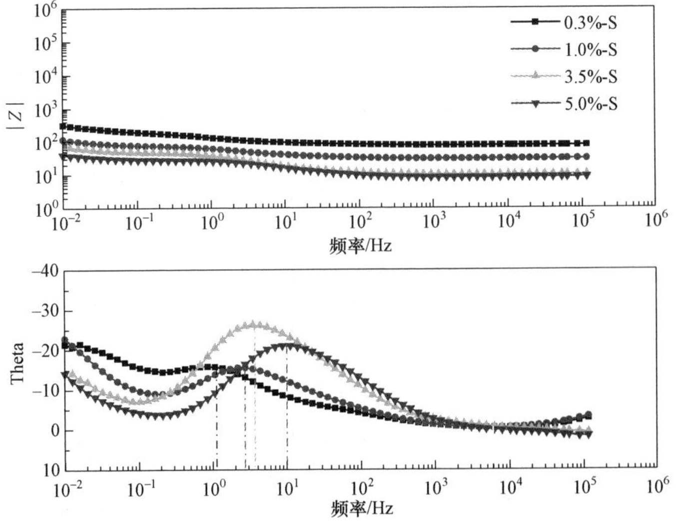

图 4-2　含不同浓度 NaCl 砂土的 Bode 图

Bode 图显示，各阻抗谱不属于简单的一个时间常数型。含 NaCl 砂土体系的电化学过程是一个电化学极化和浓度极化同时存在的过程。砂土模值随着 NaCl 浓度的增大呈逐渐减小的趋势，再次表明砂土的腐蚀性随着 NaCl 浓度的增大而增强。相位角图显示，在 $10^0 \sim 10^2$ Hz 频域内，相位角形状呈现一个显著的峰，峰值在 $-25° \sim -15°$ 之间，呈现一定的电容性质。随着 NaCl 浓度的增大峰谷更加明显，且峰位置发生了变化，这与对应频率下体系中导电路径和颗粒周围孔隙液的状态相关。砂土中 Cl^- 的迁移性和攻击性较大，能够较大程度地参与电极界面过程。

为了进一步研究含 NaCl 砂土的电化学行为，本章通过 ZSimDemo3.30 软件对上述测试结果进行了等效电路拟合。砂土中 NaCl 浓度为 0.3%和 1.0%时，等效电路符合并联型①R(C(R(Q(RW))))；NaCl 浓度为 3.5%和 5.0%时，等效电路符合串联型④R(Q(RW))(CR)（表 4-8）。随着 NaCl 浓度的增大，等效电路有从并联转为串联的趋势，这可能与较大迁移性和攻击性的 Cl^- 一定数量下引起体系导电路径的改变相关。Cl^- 半径较小，能够穿过砂层参与砂土－电极界面的电化学过程。

表 4-8　含不同浓度 NaCl 砂土的 EIS 的拟合结果

试样	R_e/（Ω·cm²）	R_{ct}/（Ω·cm²）	Q_{dl}		C_s/（F·cm⁻²）	R_s/（Ω·cm²）	W/（S·s^0.5·cm⁻²）
			Y_o/（S·s⁻ⁿ·cm⁻²）	n			
0.3%-S	76.56	92.22	3.29×10^{-3}	0.71	1.37×10^{-4}	11.20	0.023
1.0%-S	30.25	26.61	2.81×10^{-3}	0.88	3.58×10^{-4}	7.79	0.073
3.5%-S	9.891	17.50	5.03×10^{-3}	0.69	7.46×10^{-4}	16.01	0.188
5.0%-S	8.406	13.10	6.65×10^{-3}	0.73	7.26×10^{-4}	4.18	0.310
等效电路		① R(C(R(Q(RW))))（同图 2-18） ④ R(Q(RW))(CR)	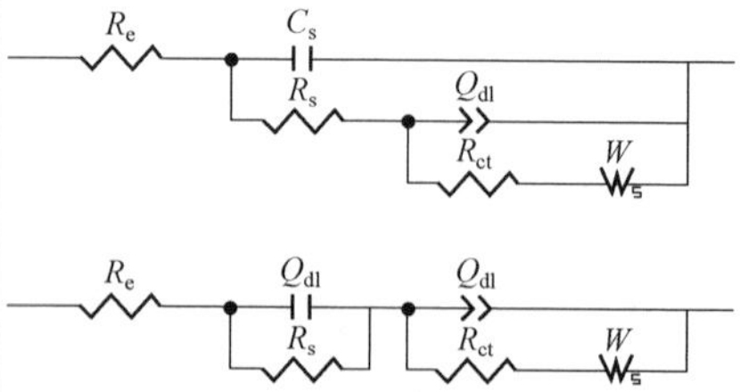				

拟合结果（表 4-8）显示，溶液电阻 R_e 和电荷转移电阻 R_{ct} 均随 NaCl 浓度的增大而减小。法拉第过程双电层电容 Q_{dl} 数量级均为 10^{-3}，n 值较大，数值在

0.6～0.9 之间，一定程度的偏离理想电容。扩散阻抗随着 NaCl 浓度的增大逐渐增大，即 NaCl 的增加改变了砂土体系的迂曲度 L。

与含水量为 15%砂土体系（R_e，$1.9\times10^2\ \Omega\cdot cm^2$；$R_{ct}$，$2.9\times10^2\ \Omega\cdot cm^2$；$R_s$，$3.0\times10^3\ \Omega\cdot cm^2$；$C_s$，$9.6\times10^{-11}\ F\cdot cm^{-2}$）相比，含 NaCl 砂土对应电荷转移电阻 R_{ct} 和溶液电阻 R_e 数值均较小，表明 NaCl 加速了电化学过程；砂层电阻 R_s 的数值也较小，这与孔隙液中较多的自由离子相关；而砂层电容 C_s（数量级为 1.0×10^{-4}）较大，可能是砂土颗粒对 NaCl 孔隙液作用较弱，导致孔隙液状态变化引起的。

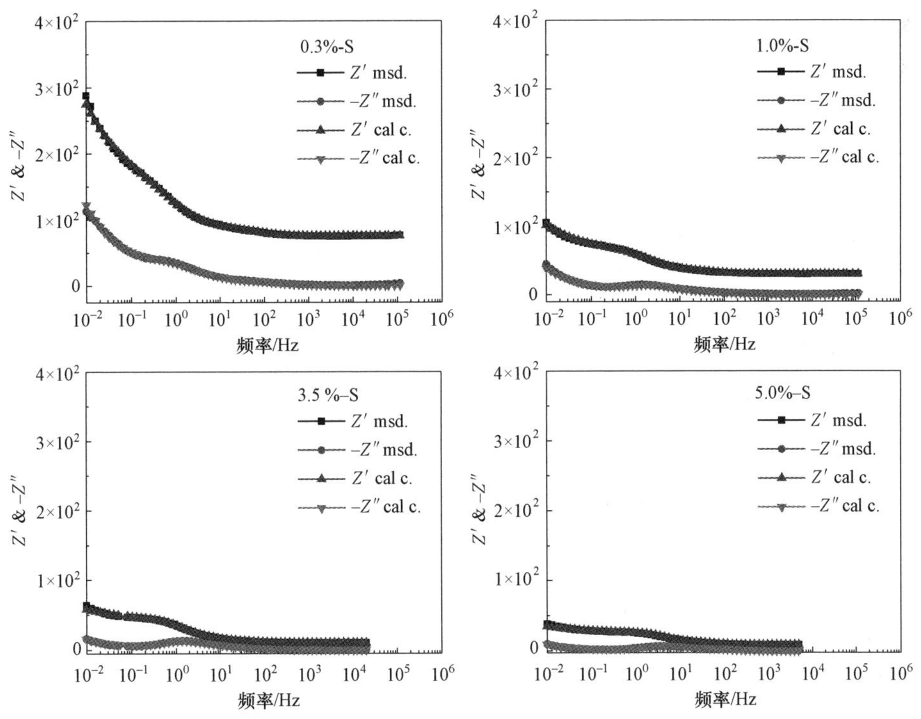

图 4-3　含不同浓度 NaCl 砂土阻抗谱 EIS 的 K-K 验证

此外，附图 5-2（附录五）显示，含不同浓度 NaCl 砂土阻抗谱拟合效果良好。为了检验试验数据的可靠性，进一步进行了实部和虚部的 K-K（Kramers-Kronig）转化探讨。含不同浓度 NaCl 砂土的测量值和 K-K 转换值如图 4-3 所示。K-K 转化曲线与测量曲线吻合良好，这表明阻抗谱数据是可靠合理的。

4.3.1.2 不同浓度 NaCl 孔隙溶液

图 4-4 和图 4-5 为对应不同浓度 NaCl 孔隙溶液的 Nyquist 图和 Bode 图。Nyquist 图显示，不同浓度 NaCl 孔隙溶液的阻抗谱呈现高频区容抗弧和低频区的扩散阻抗（近 45° 斜线），但其高频容抗弧比含 NaCl 砂土的更加靠近半圆。

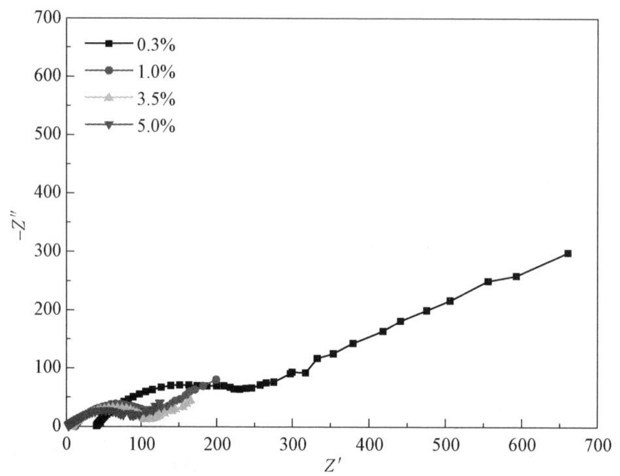

图 4-4 不同浓度 NaCl 孔隙溶液的 Nyquist 图

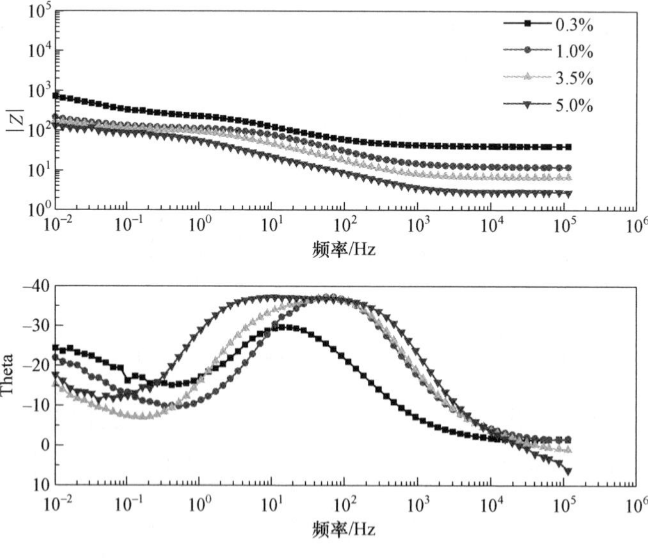

图 4-5 不同浓度 NaCl 孔隙溶液的 Bode 图

随着浓度的增大，NaCl 孔隙溶液的阻抗谱整体上向左移动，且容抗弧半径也呈逐渐减小的趋势，表明 NaCl 孔隙溶液的腐蚀性随着浓度的增大而增强。此外，NaCl 孔隙溶液扩散阻抗近 45° 斜线长度也随着 NaCl 浓度的增加而减小。

Bode 图显示，NaCl 孔隙溶液的电化学过程主要是一个电化学过程，同时伴随较小的浓度极化。随着浓度的增大，NaCl 孔隙溶液的模值逐渐减小，进一步表明孔隙溶液腐蚀性的增强，且低频区模值有趋于稳定的趋势。相位图中 10^1～10^2 Hz 频域内，相角形状呈现一个显著的峰，峰值在 −40° ～ −20° 之间，呈现一定的电容性质。相位角峰值随着 NaCl 浓度的增大而增大，略向高频区移动，且出现峰值平台，这可能与电极界面连续的溶液介质相关。

为了进一步研究 NaCl 孔隙溶液的电化学行为，本节通过 Zview2 软件分段拟合测试结果的高频区，等效电路为③（3.3.2 节）。拟合结果表 4-9 显示，各参数拟合误差均在 5%以内。NaCl 孔隙溶液对应的溶液电阻 R_e 和电荷转移电阻 R_{ct} 随浓度的增大呈现逐渐减小的趋势。其中 R_e 最大达到 39.89 Ω • cm^2，R_{ct} 最大达到 259.9 Ω • cm^2，均小于水中相应参数值。Y_o 随着 NaCl 浓度的增大降低了 1 个数量级，n 约为 0.6～0.7，较稳定，与理想电容之间也存在偏离。

表 4-9　不同浓度 NaCl 孔隙溶液阻抗谱 EIS 拟合结果

试样	R_e/（Ω • cm^2）	误差/%	Q_{dl}				R_{ct}/（Ω • cm^2）	误差/%
			Y_o/（S • s^{-n} • cm^{-2}）	误差/%	n	误差/%		
0.3%	39.89	0.33	5.75×10^{-4}	2.18	0.64	0.65	259.9	1.22
1.0%	11.23	1.75	5.38×10^{-4}	4.38	0.67	1.14	122.9	1.82
3.5%	5.503	1.78	1.32×10^{-3}	2.08	0.61	0.66	117.5	1.01
5.0%	2.560	1.45	3.79×10^{-3}	3.75	0.58	1.15	103.0	2.96
等效电路（同图 3-4）	③ $R(Q_{dl}R)$	R_e　Q_{dl}　R_{ct}						

铜片在工作电极的 NaCl 孔隙溶液中，电极表面可能有 Cu 与 Cl^-生成的 CuCl 覆盖层。非惰性电极铜在中性的氯化钠孔隙溶液中能够形成致密的 CuCls 晶体覆盖表面从而达到钝化：

$$Cu + Cl^- \longrightarrow CuCl^-_{ads} \quad (4.1)$$

$$CuCl^-_{ads} \longrightarrow CuCl_{ads} + e \quad (4.2)$$

下标 ads 表示吸附状态。Cl^-浓度影响保护膜的生成和溶解，随着 Cl^-浓度的增大，铜的溶解更容易发生。

4.3.2 含 Na_2SO_4 砂土的电化学阻抗行为

4.3.2.1 含不同浓度 Na_2SO_4 的砂土

图 4-6 和图 4-7 分别为含不同浓度 Na_2SO_4 砂土的 Nyquist 图和 Bode 图。含 Na_2SO_4 砂土的 Nyquist 图显示，阻抗谱呈现扁平的容抗弧特征。整体而言，Na_2SO_4 浓度的变化对含 Na_2SO_4 砂土的容抗弧的影响不大，容抗弧与实轴的交点，逐渐向左移动。

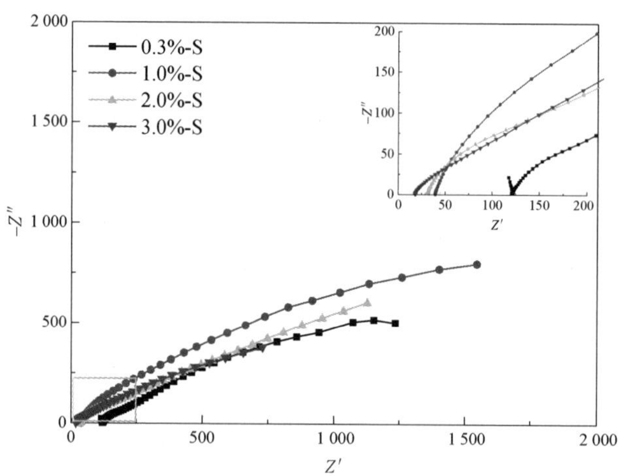

图 4-6　含不同浓度 Na_2SO_4 砂土的 Nyquist 图

Bode 图模值显示，随着 Na_2SO_4 浓度的增大，砂土的模值在高频区逐渐降低，低频出现波动降低现象。相角呈现两个峰值，阻抗谱含有 2 个时间常数。频率 10^{-2}～10^0 Hz 时，相角峰值在 $-35°$～$-25°$ 之间，受 Na_2SO_4 浓度变化的影响小；频率 10^0～10^2 Hz 时，相角峰值在 $-45°$～$-15°$ 之间，受 Na_2SO_4 浓度变

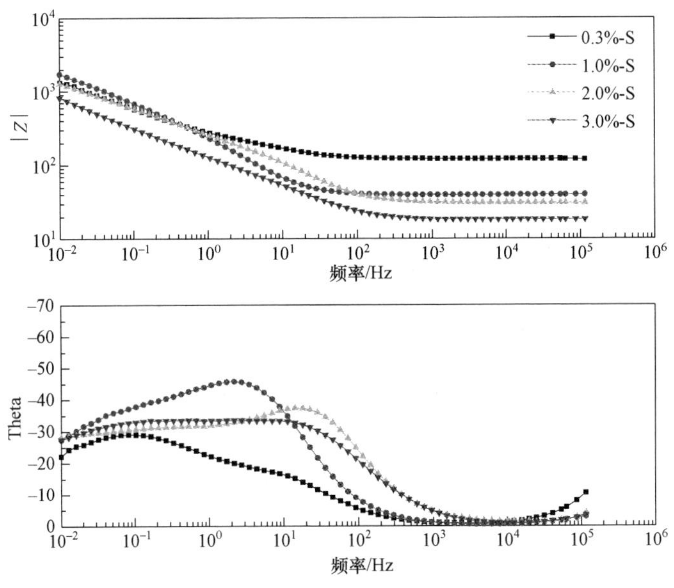

图 4-7　含不同浓度 Na_2SO_4 砂土的 Bode 图

化的影响较大，这与对应频率下体系中导电路径和颗粒周围孔隙液的状态相关。

与含低浓度 Na_2SO_4 砂土体系（0.3%-S）相比，含高浓度 Na_2SO_4 砂土体系对应部分的相位角较大。与含 NaCl 砂土相比，含 Na_2SO_4 砂土对应相位角平缓，这可能与砂土中 Na_2SO_4 孔隙液对应离子的迁移、吸附脱附特性和电化学活性物质的传输相关。Na_2SO_4 孔隙液中 SO_4^{2-} 离子的迁移性和攻击性较小，较高浓度 SO_4^{2-} 离子的有激活砂土中电化学过程的倾向，但其临界摩尔浓度比 Cl^- 离子高。

为了进一步研究含 Na_2SO_4 砂土的电化学特性，此处通过 ZSimDemo3.30 软件对上述电化学阻抗谱试验结果进行了等效电路拟合。等效电路②下的拟合结果如表 4-10 所示。砂土中 SO_4^{2-}离子的迁移性和攻击性较小，较多的 SO_4^{2-}分散于砂土颗粒周围孔隙水中，以“液桥”的形式存在。因此选用等效电路②对含 Na_2SO_4 砂土体系进行拟合。

表 4-10　含不同浓度 Na_2SO_4 砂土的阻抗谱 EIS 拟合结果

试样	R_e/（Ω・cm²）	R_{ct}/（Ω・cm²）	Q_{dl}		C_s/（F・cm⁻²）	R_s/（Ω・cm²）	W/（S・s^0.5・cm⁻²）	C_{s2}/（F・cm⁻²）	R_{s2}/（Ω・cm²）
			Y_o/（S・s⁻ⁿ・cm⁻²）	n					
0.3%-S	122.7	1.22×10^{3}	2.40×10^{-3}	0.52	1.2×10^{-4}	48.86	2.3×10^{10}	2.4×10^{-2}	443.8
1.0%-S	39.77	2.10×10^{3}	1.47×10^{-3}	0.48	2.3×10^{-4}	1.5×10^{-3}	1.5×10^{5}	2.2×10^{-2}	678.6
2.0%-S	31.37	5.31×10^{3}	2.02×10^{-3}	0.40	6.6×10^{-5}	5.4×10^{-5}	3.3×10^{-2}	9.5×10^{-4}	19.87
3.0%-S	18.29	1.06×10^{3}	3.49×10^{-3}	0.44	9.6×10^{-5}	1.433	1.3×10^{5}	4.2×10^{-2}	295.8
等效电路（同图 2-18）		② R(C(R(Q(RW))))(CR)							

拟合结果显示，溶液电阻 R_e 随着 Na_2SO_4 浓度的增大呈现逐渐减小的趋势。与含水量为 15%砂土体系（R_e，1.9×10^{2} Ω・cm²；R_{ct}，2.9×10^{2} Ω・cm²；R_s，3.0×10^{3} Ω・cm²；C_s，9.6×10^{-11} F・cm⁻²）相比，含 Na_2SO_4 砂土中电荷转移电阻 R_{ct} 较大，数量级为 1×10^{3}，这可能是由于水中盐的溶解降低了水中氧的溶解度，减慢了电化学过程；溶液电阻 R_e 和砂层电阻 R_s 也较小，而砂层电容 C_s 较大，这与孔隙液中较多的自由离子相关；砂层电阻 R_s 和砂层电容 C_s 数值波动较大，可能是砂土颗粒对孔隙液作用较弱，导致周围孔隙液状态变化引起的扰动。常相位角元件 n 值在 0.4～0.5 附近波动，砂土体系偏电阻特性，这可能是由于砂土孔隙间较多自由离子的存在形成了连续的导电路径。

此外，附图 5-3（附录五）显示，含不同浓度 Na_2SO_4 砂土阻抗谱拟合效果良好。为了检验试验数据的可靠性，进一步进行了实部和虚部的 K-K（Kramers-Kronig）转化探讨。含不同浓度 Na_2SO_4 砂土的测量值和 K-K 转换值如图 4－8 所示。K-K 转化曲线与测量曲线吻合良好，这表明阻抗谱数据是可靠合理的。

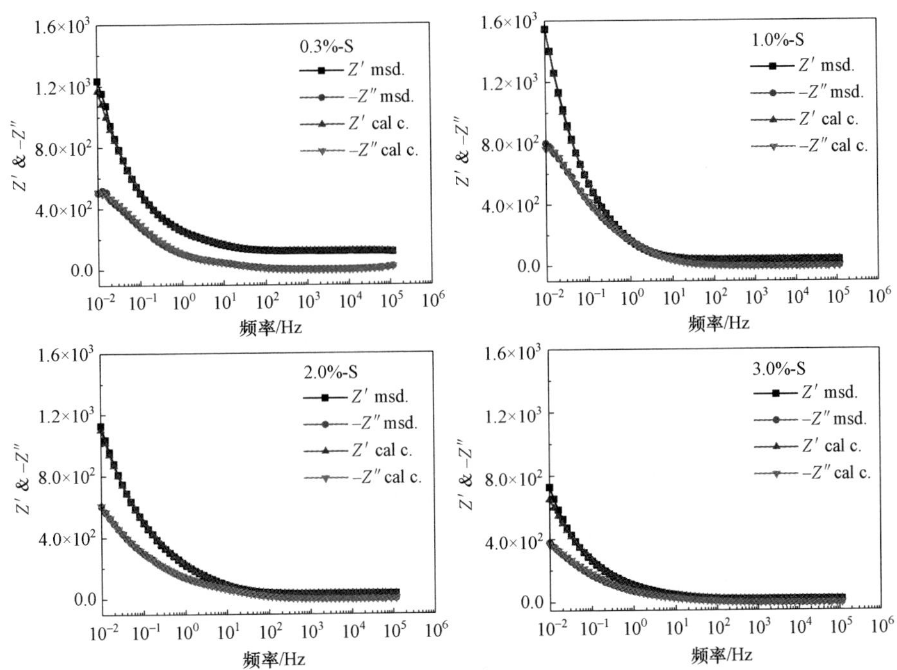

图 4-8　含不同浓度 Na_2SO_4 砂土的阻抗谱（EIS）K-K 验证

4.3.2.2　不同浓度 Na_2SO_4 孔隙溶液

图 4-9 和图 4-10 分别为不同浓度 Na_2SO_4 孔隙溶液的 Nyquist 图和 Bode 图。Nyquist 图显示，与含 Na_2SO_4 砂土相同，Na_2SO_4 孔隙溶液阻抗谱呈现容抗弧特征，但高频端更加接近半圆，低频区波动较大，进一步说明 SO_4^{2-} 离子迁移性较小的特性。整体而言，Na_2SO_4 浓度的变化对 Na_2SO_4 孔隙溶液的容抗弧的影响不大，容抗弧与实轴的交点，逐渐向左移动。

Bode 图模值显示，Na_2SO_4 孔隙溶液的电化学过程主要也是一个电化学过程，同时伴随较小的浓度极化。随着 Na_2SO_4 浓度的增大，Na_2SO_4 孔隙溶液体系的模值在高频区逐渐降低，低频区模值有趋于稳定的趋势。相角图中各曲线均为类开口向下抛物线形状，阻抗谱含有 1 个时间常数。频率 10^0～10^2 Hz 时，相角峰值在 $-60°$～$-45°$，有向高频区移动的趋势；频率 10^{-2}～10^0 Hz 时，相角无峰。

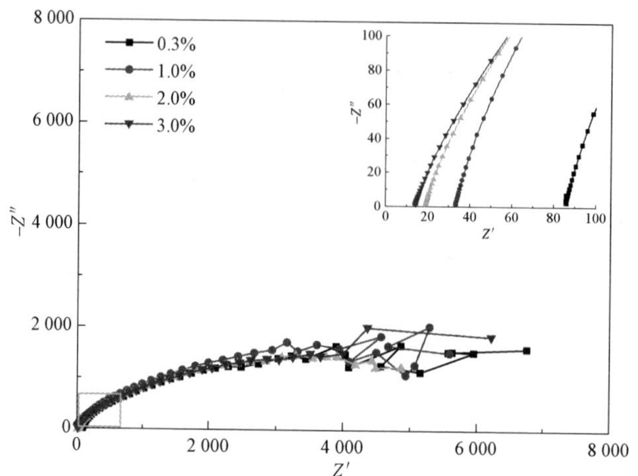

图 4-9　不同浓度 Na_2SO_4 孔隙溶液的 Nyquist 图

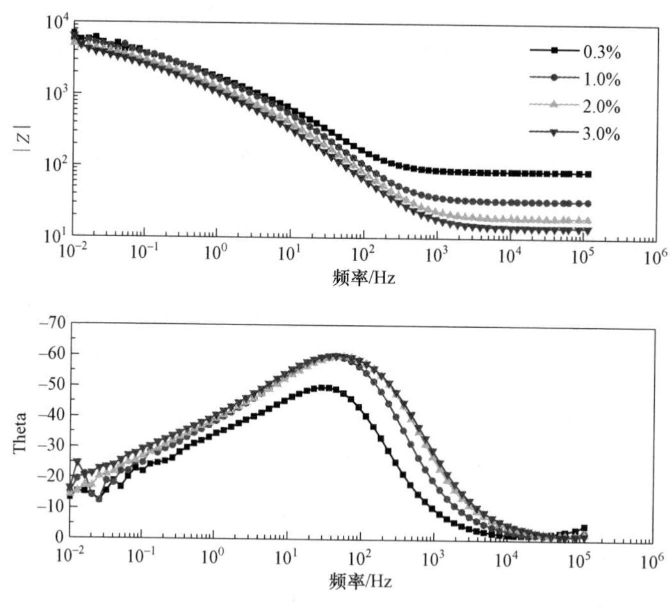

图 4-10　不同浓度 Na_2SO_4 孔隙溶液的 Bode 图

为了进一步研究 Na_2SO_4 孔隙溶液的电化学行为，本节通过 Zview2 软件分段拟合测试结果的高频区，等效电路为③（同图 3-4）。拟合结果如表 4-11 所示，各参数拟合误差均在 5%以内。Na_2SO_4 孔隙溶液的溶液电阻 R_e 和电荷转移电阻 R_{ct} 均随着浓度的增大呈现逐渐减小的趋势，其中 R_e 的数量级为 1×10，R_{ct} 的

数量级为 1×10^3，均小于水中相应数值。该体系下除了发生阳极铜电极氧化过程（式 3.6）和阴极吸氧过程（式 3.7）外，孔隙溶液中较多的自由离子也会参与小幅正弦信号作用下电极界面电化学过程。Y_0 数量级稳定在 10^{-5}，n 约为 0.7～0.8，较稳定，与理想电容之间也存在偏离。

表 4-11　不同浓度 Na_2SO_4 孔隙溶液阻抗谱 EIS 拟合结果

试样	R_e/（Ω·cm²）	误差/%	Q_{dl}				R_{ct}/（Ω·cm²）	误差/%
			Y_0/（$S\cdot s^{-n}\cdot cm^{-2}$）	误差/%	n	误差/%		
0.3%	67.58	3.64	6.82×10^{-5}	4.80	0.74	1.29	2 106	4.79
1.0%	24.93	5.34	6.76×10^{-5}	3.75	0.78	0.92	2 038	4.34
2.0%	14.86	4.13	9.19×10^{-5}	3.27	0.77	0.76	1 564	4.13
3.0%	11.43	3.15	11.79×10^{-5}	2.35	0.76	0.55	1 468	3.47
等效电路（同图 3-4）	③ R(Q_{dl} R)	R_e　Q_{dl}　R_{ct}						

4.3.3　含 $NaHCO_3$ 砂土的电化学阻抗行为

4.3.3.1　含不同浓度 $NaHCO_3$ 的砂土

图 4-11 和图 4-12 分别为含不同浓度 $NaHCO_3$ 砂土的 Nyquist 图和 Bode 图。Nyquist 图显示，阻抗谱呈现高频区小容抗弧和中低频区大容抗弧特征。整体而言，随浓度的增大，含 $NaHCO_3$ 砂土的腐蚀性略有增强。容抗弧与实轴的交点，逐渐向左移动。0.3%-S 和 0.5%-S 砂土体系的阻抗谱半径较大，1.0%-S 和 1.5%-S 砂土体系的阻抗谱半径较小。

Bode 图模值显示，随着 $NaHCO_3$ 浓度的增大，砂土的模值在逐渐降低，高频区变化比低频区变化明显。Bode 图相位角呈现两个峰值，阻抗谱含有 2 个时间常数。频率为 10^{-2}～10^0 Hz 时，相角峰值在 −30°～−20°，受 $NaHCO_3$ 浓度变化的影响小；频率为 10^0～10^2 Hz 时，相角峰值在 −20°～−5°，受 $NaHCO_3$ 浓度变化的影响较大，这与对应频率下体系中导电路径和颗粒周围孔隙液的状态相关。与低浓度含 $NaHCO_3$ 砂土（0.3%-S）相比，高浓度含 $NaHCO_3$ 砂土对

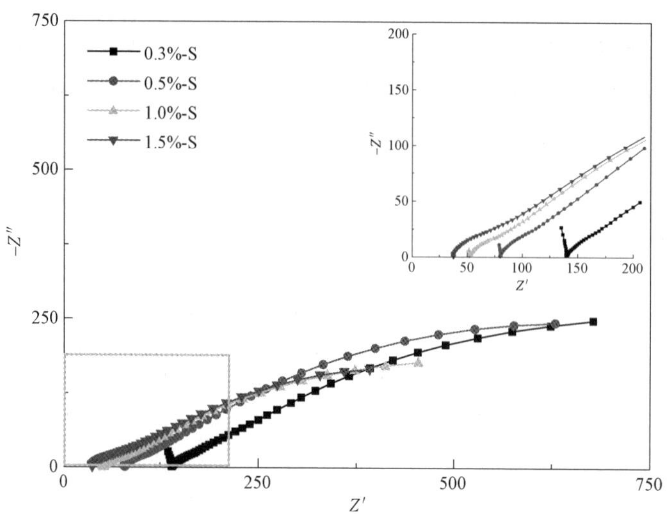

图 4-11　含不同浓度 $NaHCO_3$ 砂土的 Nyquist 图

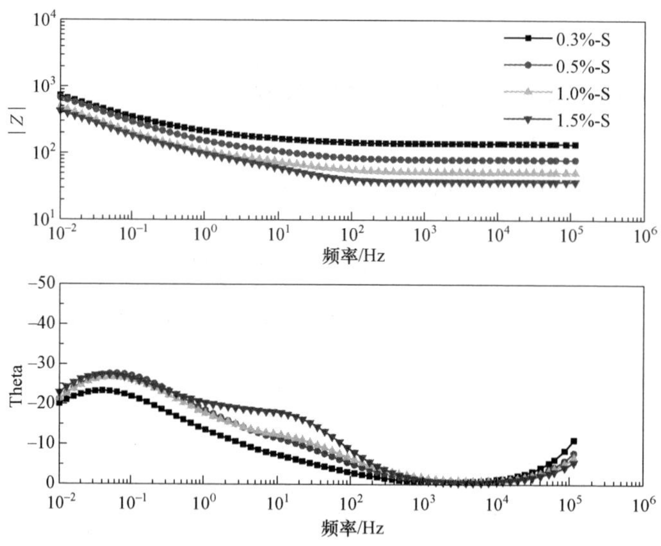

图 4-12　含不同浓度 $NaHCO_3$ 砂土的 Bode 图

应相位角较大，峰值频率位置基本保持不变。这可能是碱性环境下部分砂土–电极界面活性区域受氧化产物的覆盖，而未被氧化产物覆盖区域便作阳极进行溶解。高浓度含 $NaHCO_3$ 砂土体系因更容易发生此过程，因而容抗弧半径和模值较小。

为了进一步研究含 $NaHCO_3$ 砂土的电化学特性，本节通过 ZSimDemo3.30 软件对上述电化学阻抗谱试验结果进行了等效电路拟合，等效电路为基本等效电路①，拟合结果如表 4-12 所示。

表 4-12　含不同浓度 $NaHCO_3$ 砂土的 EIS 拟合结果

试样	R_e/（Ω • cm²）	R_{ct}/（Ω • cm²）	Q_{dl}		C_s/（F • cm⁻²）	R_s/（Ω • cm²）	W/（S • s^0.5 • cm⁻²）
			Y_o/（S • s⁻ⁿ • cm⁻²）	n			
0.3%-S	135.3	1 516	4.59×10^{-3}	0.46	1.93×10^{-9}	138.8	1.12×10^{11}
0.5%-S	79.03	1 071	5.04×10^{-3}	0.55	1.63×10^{-4}	23.42	2.81×10^{5}
1.0%-S	51.29	771.6	7.38×10^{-3}	0.55	1.89×10^{-4}	19.86	9.99×10^{8}
1.5%-S	37.44	912.5	7.73×10^{-3}	0.49	2.43×10^{-4}	21.91	3.74×10^{6}
等效电路（同图 2-18）	① R(C(R(Q(RW))))						

结果显示，含 $NaHCO_3$ 砂土中电荷转移电阻 R_{ct} 和溶液电阻 R_e 随 $NaHCO_3$ 浓度的增大呈逐渐减小的趋势。与含水量为 15%砂土体系（R_e，1.9×10^2 Ω • cm²；R_{ct}，2.9×10^2 Ω • cm²；R_s，3.0×10^3 Ω • cm²；C_s，9.6×10^{-11} F • cm⁻²）相比，含 $NaHCO_3$ 砂土中电荷转移电阻 R_{ct} 数值较大，这可能是由于孔隙液中较少的溶解氧或电极表面活性区域 Cu 的氧化产物覆盖引起，减慢了电化学过程。含 $NaHCO_3$ 砂土中溶液电阻 R_e、砂层电阻 R_s 也较小，而砂层电容 C_s 较大，这与孔隙液中较多的自由离子相关。砂层电阻 R_s 和砂层电容 C_s 数值波动较大，可能是砂土颗粒对孔隙液作用较弱，导致孔隙液状态变化引起的扰动。常相位角元件 n 值在 0.4～0.5 附近波动。

此外，附图 5-4（附录五）显示，含不同浓度 $NaHCO_3$ 砂土阻抗谱拟合效果良好。为了检验试验数据的可靠性，进一步进行了实部和虚部的 K-K（Kramers-Kronig）转化探讨。含不同浓度 $NaHCO_3$ 砂土的测量值和 K-K 转换值如图 4－13 所示。K-K 转化曲线与测量曲线吻合良好，这表明阻抗谱数据是可靠合理的。

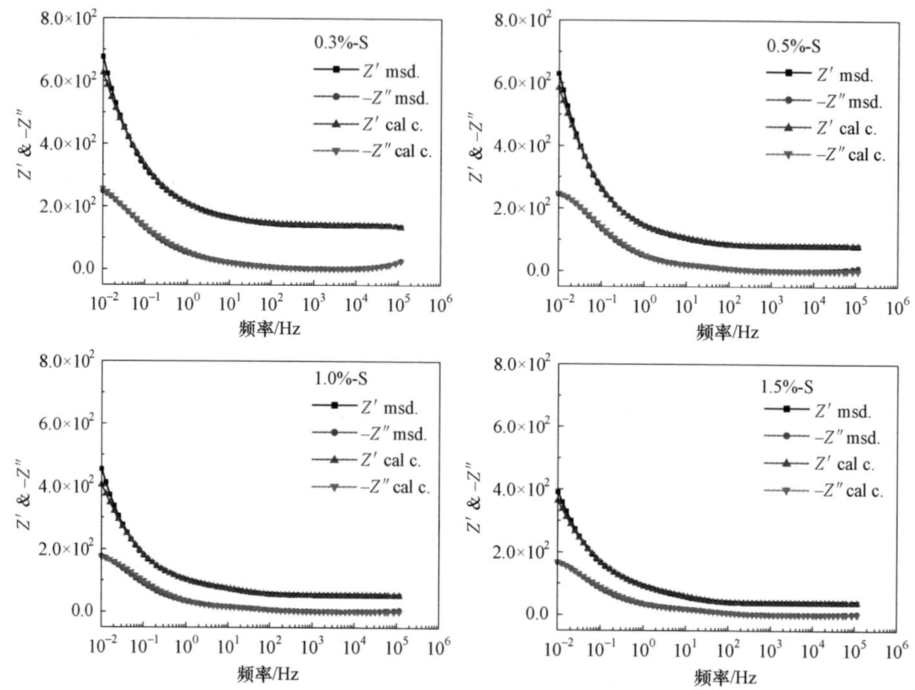

图 4-13　含不同浓度 $NaHCO_3$ 砂土的阻抗谱 EIS 的 K-K 验证

4.3.3.2　不同浓度 $NaHCO_3$ 孔隙溶液

图 4-14 和图 4-15 为含不同浓度 $NaHCO_3$ 孔隙溶液的 Nyquist 图和 Bode 图。Nyquist 图显示，$NaHCO_3$ 孔隙溶液阻抗谱呈现容抗弧特征，但其高频端容抗弧更接近圆弧。0.3%孔隙溶液对应阻抗谱半径最大，电化学过程最慢。0.5%、1.0%和 1.5%孔隙溶液对应阻抗谱半径随浓度的增加略有变化，这可能是由于在较高浓度 $NaHCO_3$ 环境下非惰性电极表面生成连续氧化产物覆盖层的电化学过程导致。随着 $NaHCO_3$ 浓度的增大，容抗弧与实轴的交点，逐渐向左移动，表明溶液电阻减小。

Bode 图模值显示，随着 $NaHCO_3$ 浓度的增大，$NaHCO_3$ 孔隙溶液体系的模值逐渐降低，低频区模值变化较小，有趋于稳定的趋势。Bode 图相位角呈现两个峰值，阻抗谱含有 2 个时间常数。频率为 10^{-2}～10^{0} Hz 时，相角峰值在 $-20°$ 附近，受 $NaHCO_3$ 浓度变化的影响小；频率为 10^{0}～10^{2} Hz 时，相位角峰值在

$-50^\circ \sim -30^\circ$，受 $NaHCO_3$ 浓度变化的影响较大。峰值频率位置基本保持不变，这与初期非惰性电极表面连续氧化产物覆盖层相关。

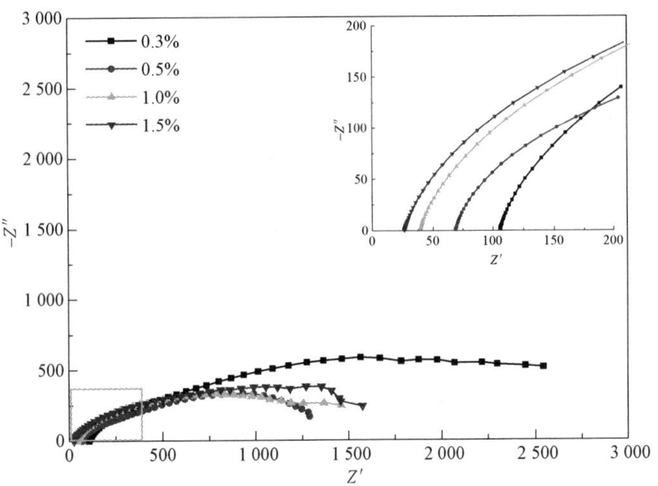

图 4-14　不同浓度 $NaHCO_3$ 孔隙溶液的 Nyquist 图

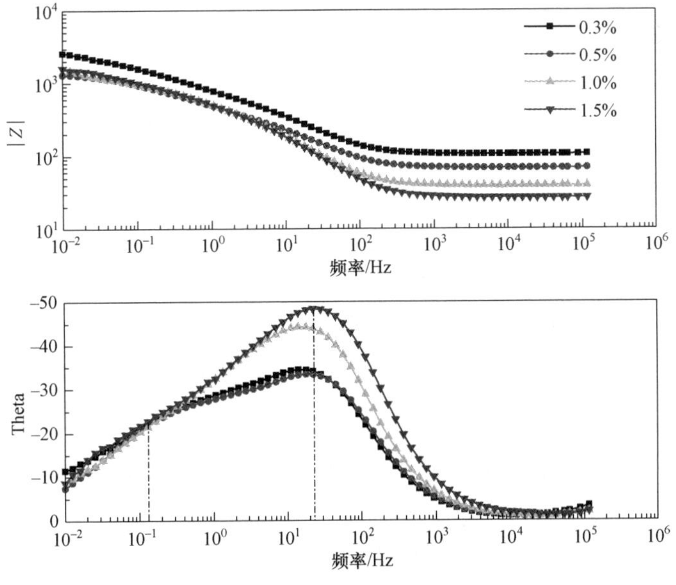

图 4-15　不同浓度 $NaHCO_3$ 孔隙溶液的 Bode 图

为了进一步研究 $NaHCO_3$ 孔隙溶液的电化学行为，本节通过 ZSimDemo3.30 软件对上述电化学阻抗谱试验结果进行了等效电路拟合，等效电路为无扩散阻抗型等效电路⑤ R(C(R(QR)))，拟合结果如表 4-13 和附图 5-5（附录五）所示。这里 $NaHCO_3$ 孔隙溶液体系对应等效电路中 C_o 和 R_o 分别代表电极表面氧化膜电容和电阻。

表 4-13　不同浓度 $NaHCO_3$ 孔隙溶液的阻抗谱的拟合结果

试样	R_e/（Ω·cm²）	R_{ct}/（Ω·cm²）	Q_{dl}		C_o/（F·cm⁻²）	R_o/（Ω·cm²）
			Y_o/（$S\cdot s^{-n}\cdot cm^{-2}$）	n		
0.3%	107.4	39.83	5.65×10^{-4}	0.42	1.875×10^{-5}	3 434
0.5%	69.48	56.83	8.41×10^{-4}	0.47	2.897×10^{-5}	1 571
1.0%	39.54	1.36×10^{-3}	6.87×10^{-4}	0.44	3.625×10^{-5}	1 739
1.5%	26.94	1.58×10^{-4}	6.72×10^{-4}	0.43	3.486×10^{-5}	2 073
等效电路	⑤ R(C(R(QR)))		R_e C_o R_o Q_{dl} R_{ct}			

结果显示，溶液电阻 R_e 和电荷转移电阻 R_{ct} 均随着 $NaHCO_3$ 浓度的增大呈现逐渐减小的趋势。在 $NaHCO_3$ 浓度 1.0%和 1.5%时电荷转移电阻 R_{ct} 数值比 0.3%和 0.5%时小 4～5 个数量级，这可能与 $NaHCO_3$ 孔隙溶液中电极表面氧化产物的覆盖有关。Y_o 数量级均在 10^{-4}；n 约为 0.4～0.5，较稳定，与理想电容之间存在较大偏离。电极表面氧化膜电容 C_o 和电阻 R_o 数量级分别为 10^{-5} 和 10^3，均在稳定状态。

此外，附图 5-5（附录五）显示，含不同浓度 $NaHCO_3$ 孔隙溶液阻抗谱拟合效果良好。含不同浓度 $NaHCO_3$ 孔隙溶液的测量值和 K-K 转换值如图 4-16 所示。K-K 转化曲线与测量曲线吻合良好，这表明阻抗谱数据是可靠合理的。

同理在幅值很小的正弦交流波扰动信号下，可能发生的电化学反应（式 4.3～式 4.4）包括：阳极铜电极溶解过程和阴极吸氧过程。在碱性的 $NaHCO_3$ 孔隙溶液中，阴极吸氧过程受到抑制，阳极附近会有 $Cu(OH)_2$（aq）覆盖，进而被氧化为 Cu_2O（s）层，当形成致密的氧化层之后电化学过程将减弱。与中性水中相比，表面氧化层形成过程较强。

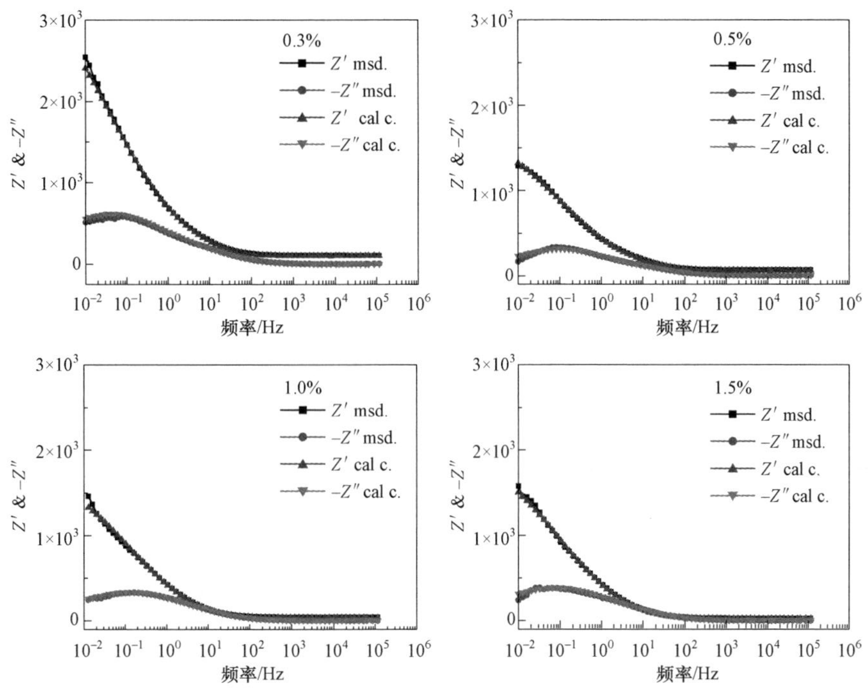

图 4-16　不同浓度 $NaHCO_3$ 孔隙溶液的 EIS 的 K-K 验证

$$Cu + 2H_2O \longrightarrow Cu(OH)_2(aq) + 2H^+ + 2e^- \tag{4.3}$$

$$Cu(OH)_2(aq) \longrightarrow Cu_2O(s) + H_2O \tag{4.4}$$

4.3.4　含混合易溶钠盐砂土的电化学阻抗行为

含混合易溶钠盐砂土的电化学测试结果如图 4-17 所示。显然各组含混合易溶钠盐砂土的 Nyquist 图均呈现高频区容抗弧和低频区不同程度的扩散斜线。No.3、No.4 和 No.8 含混合易溶钠盐砂土的 Nyquist 图中容抗弧半径较大。No.1、No.7 含混合易溶钠盐砂土的 Nyquist 图中容抗弧半径较小，扩散斜线较明显，这可能是对应含混合易溶钠盐砂土中 Cl^-/HCO_3^- 比值较高引起的。其余含混合易溶钠盐砂土的电化学阻抗谱在三种离子协同作用下呈现各自的特点。

一般而言，阻抗谱图中容抗弧半径越大，表明砂土中盐参与的电化学反应过程钝性越大，宏观表现出对金属的腐蚀性越弱。No.9 含混合易溶钠盐砂土的容抗弧与实轴的交点最靠右，这可能与该砂土中含盐量最低相关，其腐蚀性较弱。Bode 图中模值的大小和相位角峰值的位置也呈现一致的规律。此外，相位角随频率变化的曲线表明该体系的溶液电阻不可忽略。

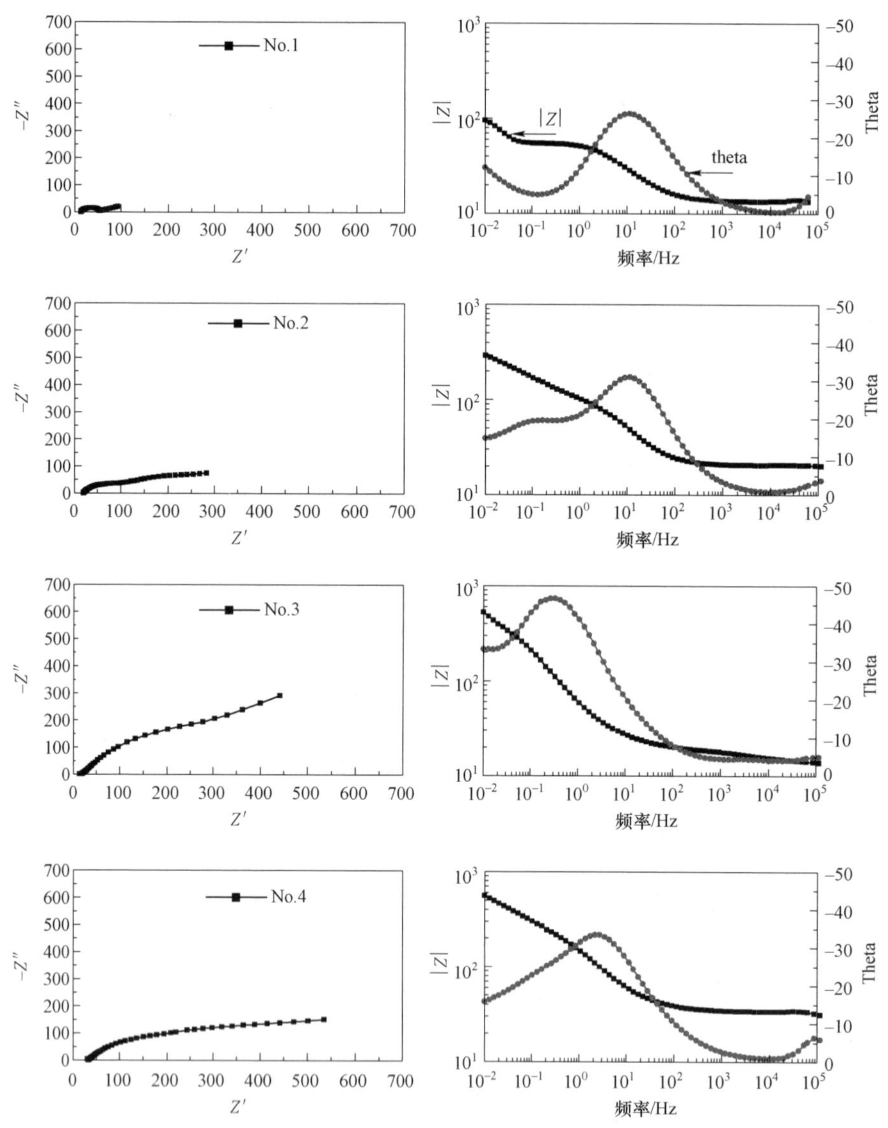

图 4-17 含混合易溶钠盐砂土的 EIS 特征：Nyquist 图和 Bode 图

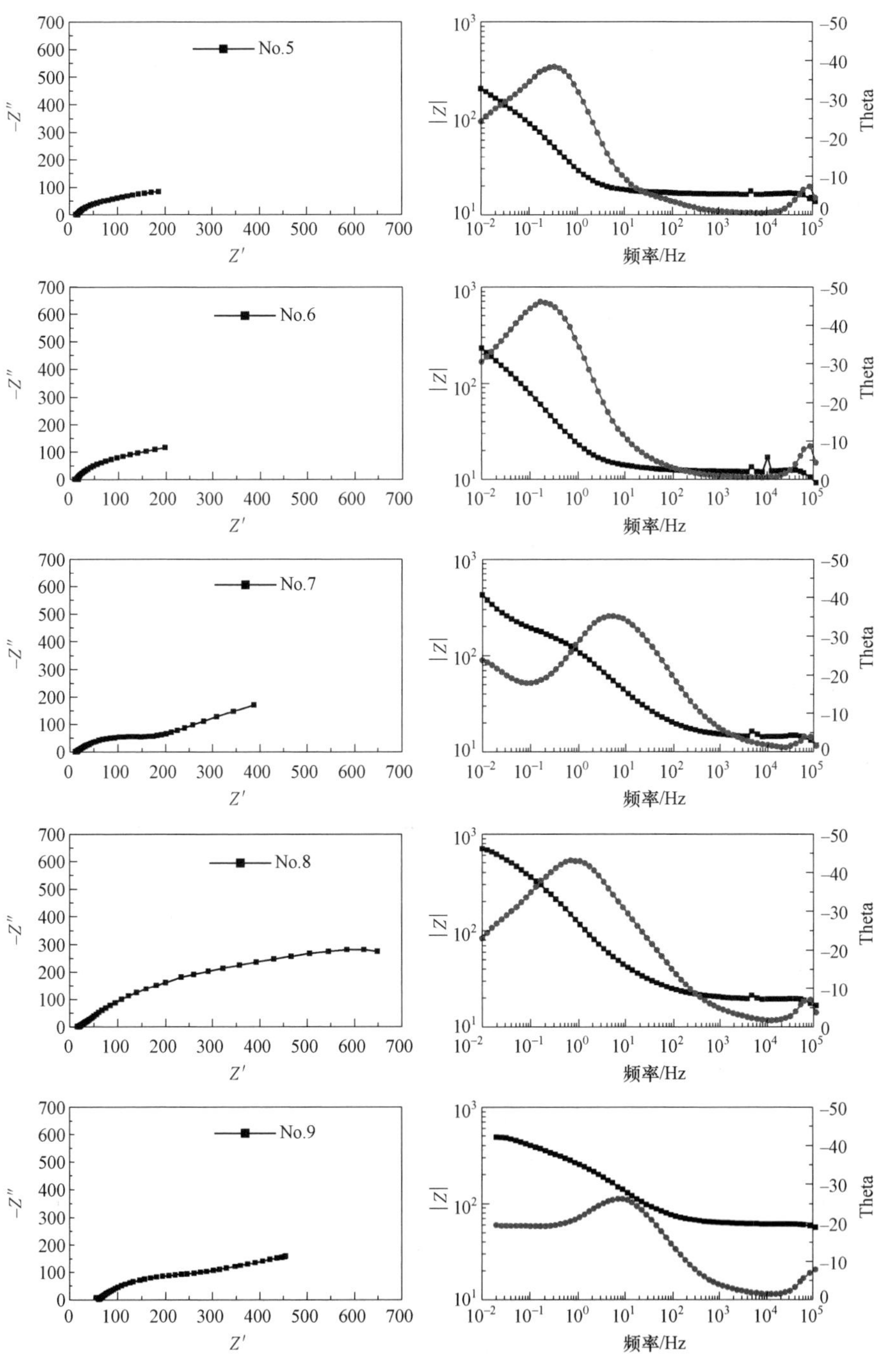

图 4-17　含混合易溶钠盐砂土的 EIS 特征：Nyquist 图和 Bode 图（续）

为了进一步研究各组含混合易溶钠盐砂土的电化学特性，本节采用基本型等效电路① R(C(R(Q(RW))))对含混合易溶钠盐砂土电化学测试结果进行拟合。拟合均采用 ZSimDemo3.30 软件，结果如表 4-14 和附图 5-6（附录五）所示。

表 4-14　含混合易溶钠盐砂土阻抗谱 EIS 拟合结果

试样	R_e/（Ω·cm²）	Q_{dl}		R_{ct}/（Ω·cm²）	W/（S·$s^{0.5}$·cm⁻²）	C_s/（F·cm⁻²）	R_s/（Ω·cm²）
		Y_o/（S·s^{-n}·cm⁻²）	n				
No.1	12.19	1.65×10^{-3}	0.76	4.13×10^{1}	1.55×10^{-6}	1.55×10^{-6}	1.21
No.2	20.68	5.91×10^{-3}	0.18	5.77×10^{-1}	1.59×10^{-4}	1.59×10^{-4}	6.72×10^{-3}
No.3	14.58	5.76×10^{-3}	0.65	6.64×10^{2}	1.79×10^{-2}	1.05×10^{-5}	3.92
No.4	22.60	2.10×10^{-3}	0.62	4.01×10^{2}	2.06×10^{-2}	5.34×10^{-8}	10.7
No.5	13.02	1.31×10^{-2}	0.75	1.59×10^{2}	4.60×10^{-7}	4.60×10^{-7}	3.34
No.6	9.533	1.67×10^{-2}	0.74	2.46×10^{2}	6.46×10^{-7}	6.46×10^{-7}	2.91
No.7	12.58	1.91×10^{-3}	0.65	1.78×10^{2}	9.28×10^{-7}	9.28×10^{-7}	1.79
No.8	15.77	2.87×10^{-3}	0.60	8.92×10^{2}	2.38×10^{-2}	4.35×10^{-7}	3.67
No.9	62.84	3.30×10^{-3}	0.24	1.33×10^{-4}	2.28×10^{-18}	7.28×10^{-5}	7.37×10^{-5}
等效电路（同图 2-18）	① R(C(R(Q(RW))))			R_e C_s R_s Q_{dl} R_{ct} W			

结果显示，砂土颗粒和易溶钠盐孔隙液组成的复杂环境使常相位角元件电容参数 Y 以及扩散阻抗 W 数值波动较大，但其数值能够一定程度地体现含混合易溶钠盐砂土的电化学过程速度。常相位角元件参数 n 值整体上都在 0.6～0.8 之间波动，均一定程度地偏离理想电容，这与电极界面砂土颗粒形成的多孔结构相关。含混合易溶钠盐砂土中的电化学过程比较复杂，本试验中砂土－电极界面结构、水膜状态、盐离子种类等共同作用。一般而言，砂土中 Cl^- 的迁移性和攻击性较大，HCO_3^- 有助于表面钝化膜的形成，而 SO_4^{2-} 电荷量较多，阻抗谱结果显示各因素综合作用下的电化学特性。

此外，附图 5-6（附录五）显示，含混合易溶钠盐砂土阻抗谱拟合效果良好。为了检验试验数据的可靠性，进一步进行了实部和虚部的 K-K（Kramers-Kronig）转化探讨。各组含混合易溶钠盐砂土的阻抗谱测量值和 K-K 转换值如图 4-18 所示。K-K 转化曲线与测量曲线吻合良好，这表明阻抗谱数据是可靠合理的。

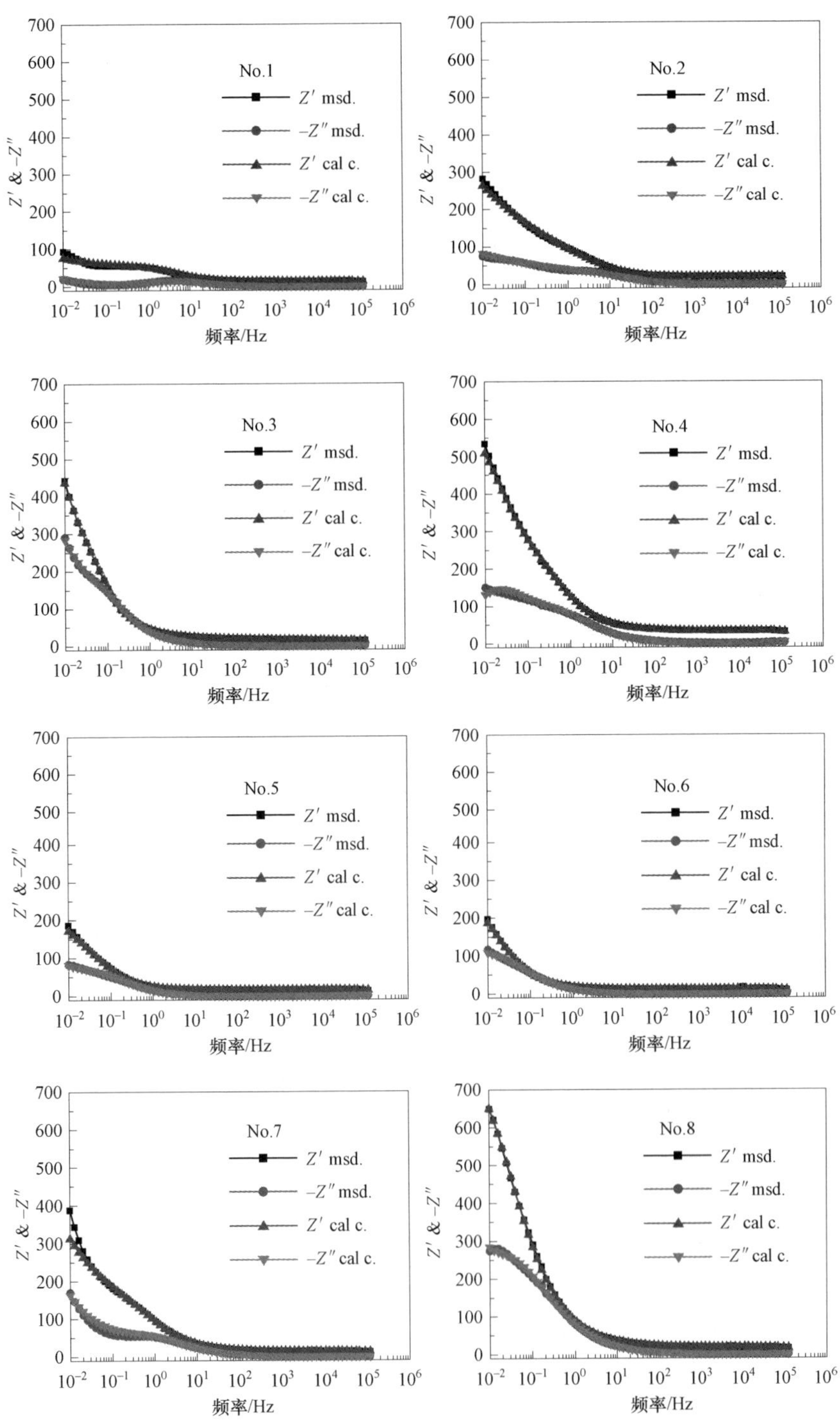

图 4-18　各组含混合易溶钠盐砂土 EIS 的 K-K 验证

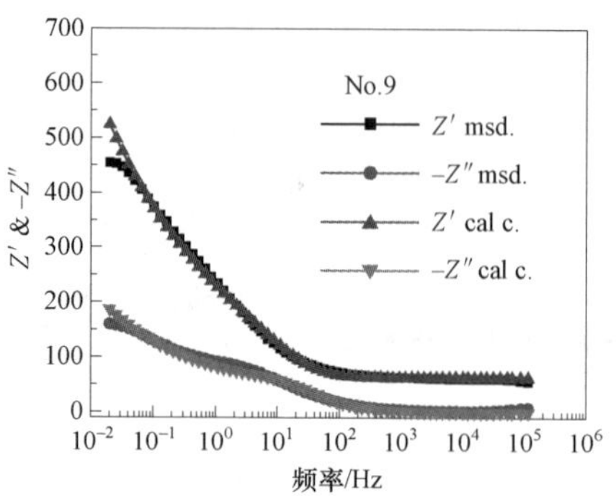

图 4-18　各组含混合易溶钠盐砂土 EIS 的 K-K 验证（续）

4.3.5　含混合易溶钠盐砂土 EIS 拟合结果的极差分析

为了进一步分析三种离子对含混合易溶钠盐砂土阻抗行为的影响，本节对阻抗谱拟合结果中代表参数进行了极差分析。极差分析采用了正交设计助手为辅助软件。Ⅰ，Ⅱ，Ⅲ为三个水平号，$\text{I}_{i,j,k}$，$\text{II}_{i,j,k}$，$\text{III}_{i,j,k}$为任一列相应因素水平下所得试验结果的算术平均值，$\text{R}_{i,j,k}$为极差，在任一列上 $\text{R}=\max\{\text{I}_{i,j,k}, \text{II}_{i,j,k}, \text{III}_{i,j,k}\}-\min\{\text{I}_{i,j,k}, \text{II}_{i,j,k}, \text{III}_{i,j,k}\}$。表 4-15 中 i，j，k 分别代表含混合易溶钠盐砂土对应电化学阻抗参数：溶液电阻 R_e、电荷转移电阻 R_{ct} 和砂层电阻 R_s。

表 4-15 为含混合易溶钠盐砂土阻抗拟合结果的极差分析。结果显示，对电荷转移电阻 R_{ct} 和砂层电阻 R_s，特别是砂层电阻 R_s，存在空白列的极差比其他因素的极差还大的现象，表明因素之间可能存在不可忽略的交互作用。此外，阴离子对电荷转移电阻 R_{ct} 影响大小顺序为：HCO_3^-＞SO_4^{2-}＞Cl^-；对砂层电阻 R_s 影响大小顺序为：HCO_3^-＞SO_4^{2-}＞Cl^-；对溶液电阻 R_e 影响大小顺序为：Cl^-＞SO_4^{2-}＞HCO_3^-。

表 4-15　正交试验含混合易溶钠盐砂土 EIS 拟合结果的极差分析

试验	C（Cl^-）	C（SO_4^{2-}）	C（HCO_3^-）	空白列	R_e/（Ω·cm²）	R_{ct}/（Ω·cm²）	R_s/（Ω·cm²）
No.9	1	1	1	1	62.84	1.33×10^{-4}	7.37×10^{-5}
No.4	1	2	2	2	22.60	4.01×10^{2}	10.7
No.2	1	3	3	3	20.68	5.77×10^{-1}	6.72×10^{-3}

续表

试验	C（Cl^-）	C（SO_4^{2-}）	C（HCO_3^-）	空白列	R_e/（Ω·cm^2）	R_{ct}/（Ω·cm^2）	R_s/（Ω·cm^2）
No.8	2	1	2	3	15.77	8.92×10^2	3.67
No.5	2	2	3	1	13.02	1.59×10^2	3.34
No.7	2	3	1	2	12.58	1.78×10^2	1.79
No.3	3	1	3	2	14.58	6.64×10^2	3.92
No.1	3	2	1	3	12.19	4.13×10^1	1.21
No.6	3	3	2	1	9.533	2.46×10^2	2.91
$Ⅰ_i$	35.37	31.06	29.20	28.46			
$Ⅱ_i$	13.79	15.94	15.97	16.59			
$Ⅲ_i$	12.10	14.26	16.09	16.21			
R_i	23.27	16.80	13.24	12.25			
$Ⅰ_j$	113.9	518.7	73.10	135.0			
$Ⅱ_j$	409.7	200.4	513.0	414.3			
$Ⅲ_j$	317.1	141.5	274.5	311.3			
R_j	275.8	377.1	439.9	279.3			
$Ⅰ_k$	3.569	2.530	1.000	2.083			
$Ⅱ_k$	2.933	5.083	5.760	5.470			
$Ⅲ_k$	2.680	1.569	2.422	1.629			
R_k	0.889	3.514	4.760	3.841			

注：i、j、k 分别代表含混合易溶钠盐砂土对应电化学阻抗参数：溶液电阻 R_e、电荷转移电阻 R_{ct} 和砂层电阻 R_s。

趋势图（因素指标关系图，图 4-19）表明，三种阴离子浓度的增加均有助于溶液电阻 R_e 的减小。在三种阴离子共存的砂土中，电荷转移电阻 R_{ct} 直接反应砂土中电化学过程的快慢。HCO_3^-对含混合易溶钠盐砂土的电化学过程影响较大。溶液电阻 R_e 和砂层电阻 R_s 与三种离子协同作用下砂土–电极界面多孔结构和砂土颗粒周围孔隙液的状态相关。该体系下对电荷转移电阻最小，即电化学反应过程最慢砂土方案为：100 g 砂土中 Cl^-、SO_4^{2-}、HCO_3^-各离子的毫摩尔数分别为 1，2，0.3，此方案不在本次正交试验中，通过阻抗结果的极差分析可找出电化学反应过程的最慢方案。本次试验 No.9 含混合易溶钠盐砂土对应电化学过程最慢。

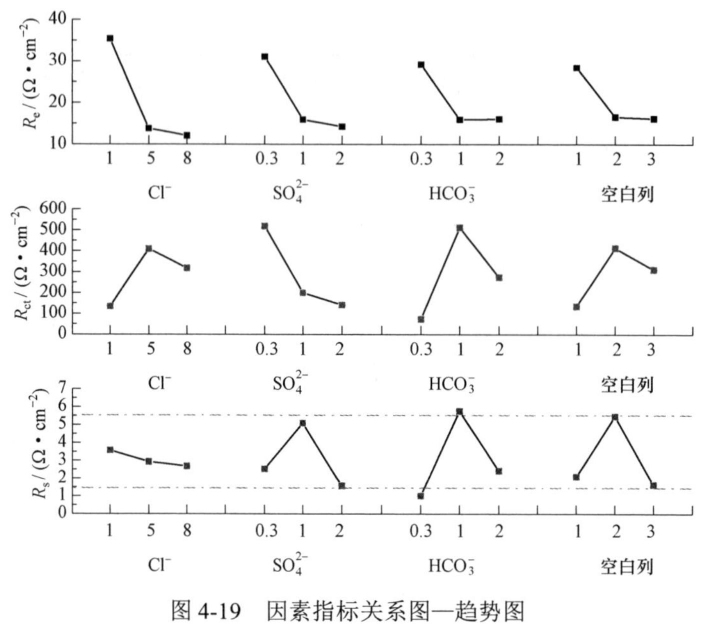

图 4-19　因素指标关系图—趋势图

4.4　本章小结

通过含 NaCl 砂土、含 Na_2SO_4 砂土、含 $NaHCO_3$ 砂土、相应孔隙盐溶液以及正交组含混合易溶钠盐砂土的电化学试验结果分析得出：

（1）含 NaCl、Na_2SO_4 和 $NaHCO_3$ 砂土中，含 NaCl 砂土的腐蚀性最大。Nyquist 图显示，含 NaCl 砂土的阻抗谱也由高频区容抗弧和低频区的扩散阻抗（近 45° 斜线）组成；含 Na_2SO_4 砂土和含 $NaHCO_3$ 砂土阻抗谱呈现扁平的容抗弧特征。NaCl、Na_2SO_4 和 $NaHCO_3$ 孔隙溶液的阻抗谱特征与对应砂土类型一致，但其高频端形状更接近半圆状。

（2）Bode 图显示，砂土对应模值随着其中盐浓度的增大呈逐渐减小的趋势。随着钠盐浓度的增大砂土对应相角（Theta）峰谷更加明显，且钠盐浓度和砂土颗粒对 10^0～10^2 Hz 频域内相位角影响较大，有激活电化学过程的倾向，这与对应频率下体系中导电路径和颗粒周围孔隙液的状态相关。

（3）含 NaCl、Na_2SO_4 和 $NaHCO_3$ 砂土和孔隙溶液中的电化学过程相同，阳极均为铜的溶解，阴极为吸氧过程。NaCl 体系中电极表面能够形成 CuCl 覆盖层，但其在高浓度 Cl^-环境中容易发生溶解；Na_2SO_4 体系离子不参与电化学过程，影响导电路径；$NaHCO_3$ 体系中，碱性环境易于生成 Cu_2O（s）氧化层。与 15%含水量砂土相比，NaCl 有加快电化学过程的作用，Na_2SO_4 和 $NaHCO_3$ 有减慢电化学过程的作用。

（4）含混合易溶钠盐砂土的 Nyquist 图均呈现高频区容抗弧和低频区不同程度的扩散斜线。Cl^-的迁移性和攻击性较大，HCO_3^-有助于钝化膜形成，SO_4^{2-}电荷量较多。溶液电阻 R_e 和砂层电阻 R_s 与三种离子协同作用下砂土－电极界面多孔结构和砂土颗粒周围孔隙液的状态相关。阻抗极差分析得出，三种阴离子浓度的增加均有助于溶液电阻 R_e 的减小；电荷转移电阻 R_{ct} 直接反应砂土初期电化学过程的快慢，其因素影响大小顺序为：$HCO_3^- > SO_4^{2-} > Cl^-$。根据砂土电化学阻抗谱能够初步判断砂土的腐蚀性。

第五章 含易溶钠盐砂土中 X80 钢的腐蚀机理研究

5.1 引 言

在含易溶钠盐砂土的电化学阻抗特征和腐蚀性研究的基础上，本章进一步进行了含易溶钠盐砂土对国产高级管线钢 X80 的腐蚀机理应用研究。通过极化曲线的拟合分析参数自腐蚀电位 E_{corr} 能够判断腐蚀的倾向，腐蚀电流密度 I_{corr} 和极化电阻 R_p 能够判断腐蚀速率以及腐蚀程度。腐蚀电位 E_{corr} 越负越易腐蚀，腐蚀电流密度越大腐蚀越快 I_{corr}，理论上极化电阻 R_p 与腐蚀电流密度 I_{corr} 之间是反比的关系。

本文试验用 X80 钢属于低合金钢，即活性溶解材料，其耐蚀性能评价标准：首先要看腐蚀电流 I_{corr} 的大小，腐蚀电流越小，材料的耐蚀性能越好；当材料的腐蚀电流相差不大时，腐蚀电位 E_{corr} 越高，材料的耐蚀性能越好。此外，根据表 5-1 所示的电化学评价标准可评价砂土中 X80 钢的腐蚀程度。

表 5-1 钢铁在土壤中的电化学评价标准

参数 I_{corr} 范围（μA/cm²）	腐蚀程度	腐蚀等级
＜3	轻微	第一等级
3～10	中等	第二等级
10～20	严重	第三等级
＞20	极严重	第四等级

本章拟对水、不同含水量砂土、含单一钠盐孔隙溶液和砂土以及正交组含混合易溶钠盐砂土中的 X80 钢进行电化学极化测试分析，主要内容包括：（1）测试分析不同含水量砂土、含单一易溶钠盐溶液和砂土以及正交组含混合易溶钠盐砂土中 X80 钢材的极化曲线，评价 X80 钢的腐蚀速率；（2）通过正交助手和 IBM SPSS Statistics 21 软件对含混合易溶钠盐砂土中 X80 钢极化曲线拟合结果进行极差分析和方差分析，进一步研究易溶钠盐对砂土中 X80 钢腐蚀的影响；（3）通过宏观、微观形貌以及腐蚀产物分析研究正交组含混合易溶钠盐砂土（弱盐渍土）中 X80 钢的电化学腐蚀机理。

5.2　试验材料和方法

5.2.1　试验材料

本章水为蒸馏水，砂土含水量浓度梯度为 5%、10%和 15%，同 3.2 节。NaCl、Na_2SO_4 和 $NaHCO_3$ 孔隙溶液和含 NaCl、Na_2SO_4 和 $NaHCO_3$ 砂土成分如表 5-2 所示，盐含量选取含 Na_2SO_4 砂土浓度梯度（表 4-2，0.3%、1.0%、2.0%、3.0%）。含混合易溶钠盐砂土成分和电解槽同 4.2 节。

表 5-2　含单一易溶钠盐砂土和溶液的成分

编号		$m_{砂土}$/g	$m_{水}$/g	盐含量/g	含液量/%	含盐量/%
砂土（NaCl/Na_2SO_4/$NaHCO_3$）	0.3%-S	1 000	150	0.45	15.05	0.045
	1.0%-S	1 000	150	1.50	15.15	0.150
	2.0%-S	1 000	150	3.00	15.30	0.300
	3.0%-S	1 000	150	4.50	15.45	0.450
孔隙盐溶液	0.3%	0	150	0.45	—	—
	1.0%	0	150	1.50	—	—
	2.0%	0	150	3.00	—	—
	3.0%	0	150	4.50	—	—

注：如 0.3%-S 指孔隙液盐浓度为 0.3%的砂土，0.3%-S 指浓度为 0.3%的孔隙盐溶液。

工作电极选取代表性管线钢 X80，其特点为碳含量低，合金元素含量低，C:Si:Mn:Fe = 0.063:0.28:1.83:97.4。X80 试样为$\phi 15 \times 2$ mm 的钢片，工作电极试验前依次经过目数为 360、800 和 1500 的 SiC 砂纸逐级打磨，然后在丙酮溶液中超声清洗 10 min 后吹干。之后通过蜡封使工作电极余留 1 cm^2 的工作面积。

5.2.2 试验方法

采用电化学工作站 CS350 进行了砂土中 X80 钢的电化学测试。三电极为工作电极 WE（X80 钢），参比电极 RE（甘汞电极）和辅助电极 CE（铜片），如图 5-1 所示。动电位极化测试在电位区间 −0.3～1 V，扫描速率 2 mV/s 条件下进行。腐蚀微观形貌测试在 TM 3000 扫描电子显微镜（SEM，Hitachi—TM 3000）下进行，同时通过联合能谱 EDS（Energy Dispersive Spectrometer，EDS）进行腐蚀产物分析。宏观形貌采用 Canon 6D SLR 相机获得。

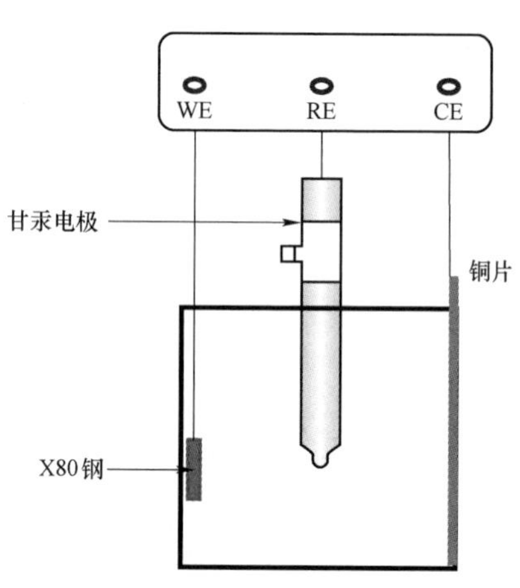

图 5-1 试验装置示意图

5.3 结果与讨论

5.3.1 不同含水量砂土中 X80 钢的极化

图 5-2 为水和不同含水量砂土中 X80 钢的极化曲线。结果显示，与水中 X80 钢的极化曲线相比，不同含水量砂土中 X80 钢的极化曲线整体向左下方移动，即砂土颗粒增加了 X80 钢的腐蚀热力学趋势，对于活性溶解材料 X80 钢不同含水量砂土对其腐蚀较弱。且随着砂土中含水量的增加，X80 钢的极化曲线在电流方向有向水中 X80 钢的极化曲线靠近的趋势，腐蚀性逐渐增强。

为了进一步研究不同含水量砂土中 X80 的腐蚀行为，对相关极化曲线进行了 R_p 弱极化拟合，拟合区间为开路电位附近 ±50 mV，结果如表 5-3 所示。从

腐蚀电流密度 I_{corr} 数量级看，数值远小于 3 μA/cm²，水和不同含水量砂土中 X80 钢的腐蚀均属于轻微腐蚀。

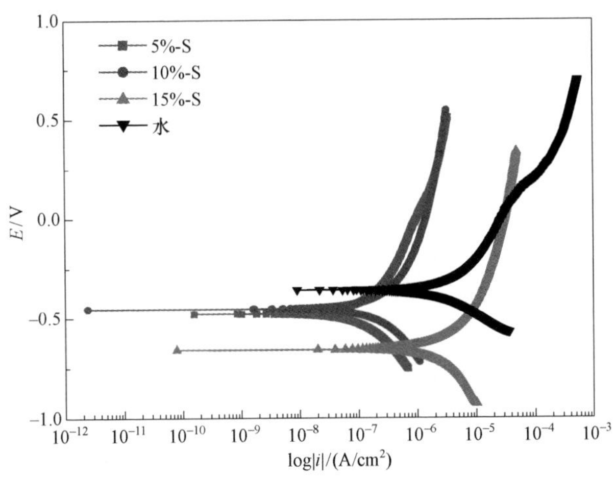

图 5-2　孔隙水和不同含水量砂土中 X80 钢的极化曲线

表 5-3　孔隙水和不同含水量砂土中 X80 钢极化曲线 R_p 拟合结果

试样		E_{corr}/V	I_{corr}/（A/cm²）	R_p/（Ω/cm²）	腐蚀速率/（mm/a）	腐蚀等级
水		−0.358	1.62×10^{-6}	1.61×10^{4}	1.89×10^{-2}	轻微
砂土	5%-S	−0.478	4.97×10^{-8}	5.25×10^{5}	5.80×10^{-4}	轻微
	10%-S	−0.453	9.08×10^{-8}	2.87×10^{5}	1.06×10^{-3}	轻微
	15%-S	−0.659	1.04×10^{-6}	2.51×10^{4}	1.21×10^{-2}	轻微

与水中相比，不同含水量砂土中 X80 的自腐蚀电位（E_{corr}，−0.4～−0.7 V）较负，腐蚀热力学趋势较大；对应腐蚀电流密度（I_{corr}，数量级 10^{-8}～10^{-6} A/cm²）和腐蚀速率（数量级 10^{-4}～10^{-2} mm/a）均较小，而极化电阻（R_p，数量级 10^{-4}～10^{-2} A/cm²）较大，砂土中 X80 钢的腐蚀动力学趋势较小，对应腐蚀较弱。随着砂土中含水量的增加，X80 钢的腐蚀速率逐渐增加了 2 个数量级；含水量为 15%的砂土中 X80 钢的腐蚀速率与水中的达到一个数量级。自腐蚀电位为金属在介质中未通过电流时所产生的电位，砂土中杂散电流的存在会使腐蚀电位发生变化。

5.3.2 含易溶钠盐砂土中 X80 钢的极化

5.3.2.1 含单一钠盐砂土中 X80 钢的极化

图 5-3 为含不同浓度 NaCl、Na_2SO_4 和 $NaHCO_3$ 孔隙溶液（左）及砂土（右）中 X80 钢的极化曲线。显然，含易溶钠盐溶液和砂土中 X80 钢的极化曲线未出

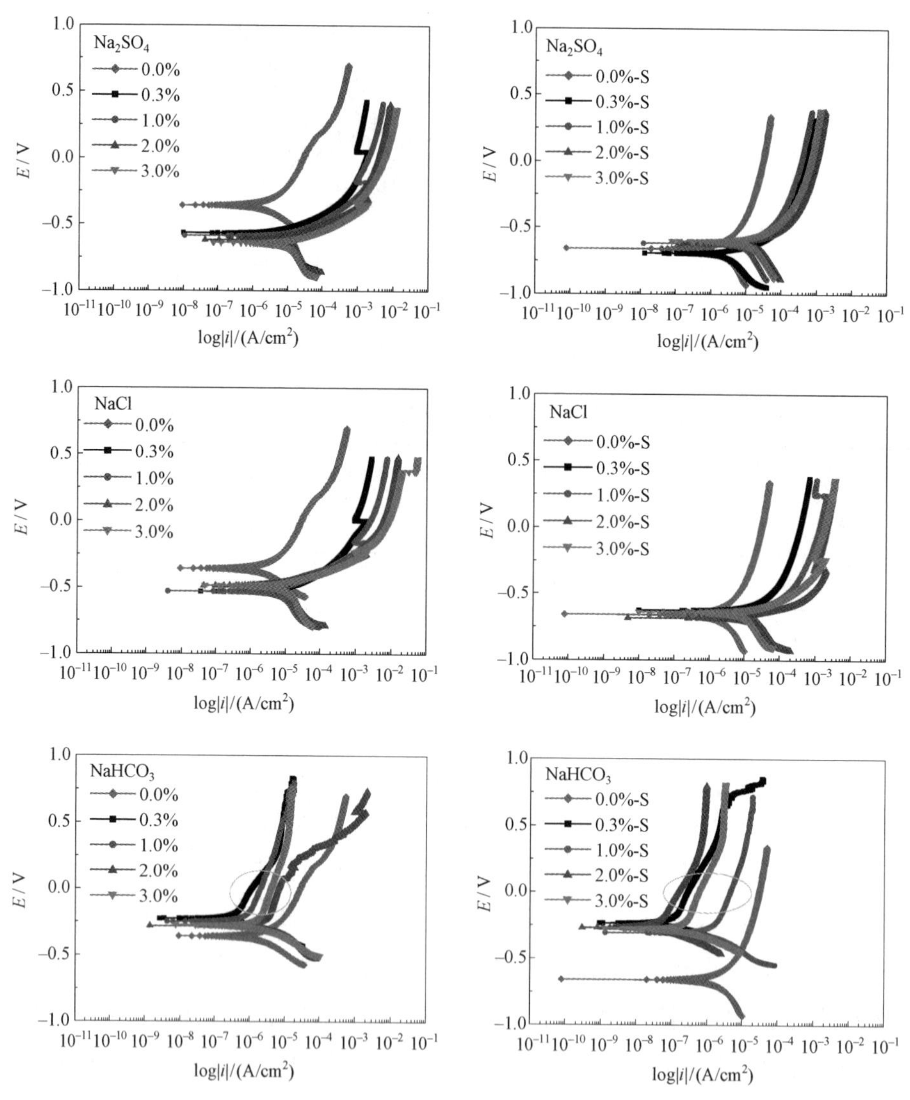

图 5-3 含单一钠盐孔隙溶液和砂土中 X80 钢的极化曲线

现明显的钝化区，部分侵蚀性较强的环境（如含 NaCl 孔隙溶液和砂土）中 X80 钢极化曲线的阳极支出现电极溶解台阶。侵蚀性较强的 NaCl 环境下，砂土颗粒的加入使 X80 钢的腐蚀电位偏向负方向，增加了 X80 钢的腐蚀热力学趋势。

砂土中，NaCl 和 $NaHCO_3$ 浓度的变化对 X80 钢的电化学阳极过程影响较大，Na_2SO_4 浓度的变化对 X80 钢的电化学阴极过程影响较大；溶液中 NaCl、Na_2SO_4 和 $NaHCO_3$ 浓度的变化均对 X80 钢的电化学阳极过程影响较大。

与水和含水量为 15%砂土中 X80 钢的极化曲线相比，含 NaCl 和 Na_2SO_4 孔隙溶液和砂土中 X80 钢的极化曲线整体向右偏移，NaCl 和 Na_2SO_4 两种盐起到加速 X80 钢腐蚀的作用，NaCl 作用更显著。在含单一钠盐孔隙溶液和砂土中，X80 钢极化曲线的阳极支随着盐浓度的增大整体向右偏移，表明高浓度钠盐体系中 X80 钢的腐蚀电化学过程较快。孔隙溶液中，易溶钠盐的加入对 X80 钢的极化曲线的电流和电位均有一定程度的影响，即易溶盐对相应 X80 钢的腐蚀热力学和动力学趋势均有影响；砂土中 NaCl 和 Na_2SO_4 对 X80 钢腐蚀电流（腐蚀动力学趋势）影响较大，$NaHCO_3$ 对 X80 钢自腐蚀电位（腐蚀热力学趋势）影响较大。

同理对不同孔隙溶液和砂土介质中 X80 的极化曲线进行了 R_p 弱极化拟合，拟合区间为开路电位附近±50 mV，结果如表 5-4 所示。结果表明，与含水量为 15%的砂土中相比，含 NaCl 和高浓度的 Na_2SO_4（2.0%和 3.0%）中 X80 钢的腐蚀速率大了近 1 个数量级，含低浓度 Na_2SO_4 砂土中 X80 钢的腐蚀速率略有增大；含 $NaHCO_3$ 砂土中 X80 钢的腐蚀速率减小了 1～2 个数量级，即 $NaHCO_3$ 起到减慢 X80 钢腐蚀的作用。

表 5-4　含单一钠盐孔隙溶液和砂土中 X80 钢极化曲线 R_p 拟合结果

试样		E_o/V	I_{corr}/（A/cm²）	R_p/（Ω/cm²）	腐蚀速率/（mm/a）	腐蚀等级
砂土 NaCl	0.3%-S	−0.627	9.78×10^{-6}	2.67×10^{3}	1.14×10^{-1}	中等
	1.0%-S	−0.641	1.69×10^{-5}	1.55×10^{3}	1.97×10^{-1}	严重
	2.0%-S	−0.690	1.77×10^{-5}	1.48×10^{3}	2.06×10^{-1}	严重
	3.0%-S	−0.649	1.40×10^{-5}	1.86×10^{3}	1.64×10^{-1}	严重

续表

试样		E_o/V	I_{corr}/（A/cm^2）	R_p/（Ω/cm^2）	腐蚀速率/（mm/a）	腐蚀等级
孔隙溶液	0.3%	−0.537	8.15×10^{-6}	3.20×10^{3}	9.52×10^{-2}	中等
	1.0%	−0.536	5.78×10^{-6}	4.52×10^{3}	6.75×10^{-2}	中等
	2.0%	−0.491	8.36×10^{-6}	3.12×10^{3}	9.75×10^{-2}	中等
	3.0%	−0.492	9.69×10^{-6}	2.70×10^{3}	1.13×10^{-1}	中等
砂土 Na_2SO_4	0.3%-S	−0.700	3.78×10^{-6}	6.90×10^{3}	4.42×10^{-2}	中等
	1.0%-S	−0.621	7.89×10^{-6}	3.31×10^{3}	9.21×10^{-2}	中等
	2.0%-S	−0.619	1.82×10^{-5}	1.43×10^{3}	2.12×10^{-1}	严重
	3.0%-S	−0.604	1.12×10^{-5}	2.32×10^{3}	1.31×10^{-1}	严重
孔隙溶液	0.3%	−0.570	5.33×10^{-6}	4.90×10^{3}	6.22×10^{-2}	中等
	1.0%	−0.590	1.07×10^{-5}	2.44×10^{3}	1.25×10^{-1}	严重
	2.0%	−0.623	9.36×10^{-6}	2.79×10^{3}	1.09×10^{-1}	中等
	3.0%	−0.645	1.24×10^{-5}	2.10×10^{3}	1.45×10^{-1}	严重
砂土 $NaHCO_3$	0.3%-S	−0.228	1.11×10^{-7}	2.36×10^{5}	1.29×10^{-3}	轻微
	1.0%-S	−0.302	1.02×10^{-6}	2.55×10^{4}	1.19×10^{-2}	轻微
	2.0%-S	−0.261	4.41×10^{-8}	5.92×10^{5}	5.14×10^{-4}	轻微
	3.0%-S	−0.267	2.36×10^{-7}	1.11×10^{5}	2.75×10^{-3}	轻微
孔隙溶液	0.3%	−0.218	4.30×10^{-7}	6.06×10^{4}	5.02×10^{-3}	轻微
	1.0%	−0.243	7.08×10^{-7}	3.68×10^{4}	8.27×10^{-3}	轻微
	2.0%	−0.276	2.50×10^{-6}	1.05×10^{4}	2.91×10^{-2}	轻微
	3.0%	−0.268	1.67×10^{-6}	1.56×10^{4}	1.95×10^{-2}	轻微

NaCl、Na_2SO_4孔隙溶液和含 NaCl、Na_2SO_4砂土中 X80 钢的腐蚀电流密度数量级在 10^{-5}～10^{-6} A/cm^2，腐蚀程度均在中等以上。其中，含 NaCl 砂土中腐蚀电流密度比 NaCl 孔隙溶液中大近一个数量级，腐蚀较严重；Na_2SO_4孔隙溶液和含 Na_2SO_4 砂土中腐蚀电流密度数量级相近。$NaHCO_3$ 孔隙溶液和含 $NaHCO_3$砂土中 X80 钢的腐蚀电流密度数量级在 10^{-6}～10^{-8} A/cm^2，腐蚀均为轻微腐蚀，且砂土中数量级波动较大，这可能与砂土－电极界面的不连续、复杂的结构相关。

5.3.2.2　含混合易溶钠盐砂土中 X80 钢的极化

图 5-4 为含混合易溶钠盐砂土中 X80 钢的极化测试结果，各组含混合易溶钠盐砂土中 X80 极化曲线阳极支均未出现明显的钝化区，只有少数 Cl^-离子较多的含混合易溶钠盐砂土（No.1 和 No.6）中的 X80 钢极化曲线阳极支出现溶解台阶。整体而言，各组含混合易溶钠盐砂土中 X80 钢的腐蚀电位 E_{corr} 在 −0.5 V 附近。对 X80 钢腐蚀性较强的 No.1，No.2 和 No.7 含混合易溶钠盐砂土中的 Cl^-和 SO_4^{2-}含量均较多。含 HCO_3^-较少的 No.1，No.7 和 No.9 砂土中 X80 钢的腐蚀电位在 −0.5～−1.0 V 之间。

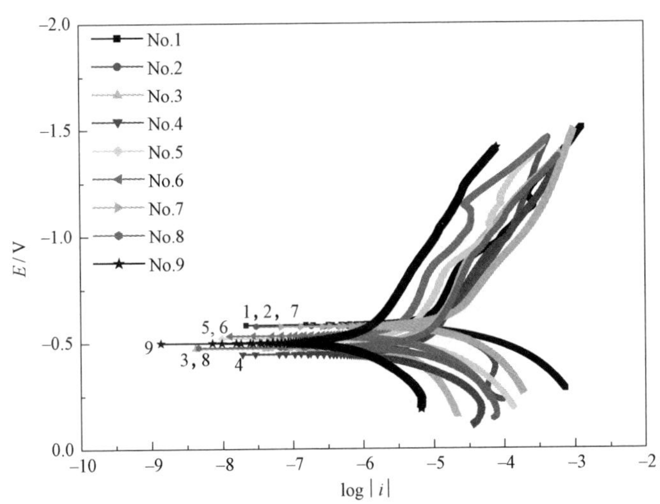

图 5-4　含混合易溶钠盐砂土中 X80 钢的极化曲线

就腐蚀电流密度 I_{corr} 而言，阳极过程和阴极过程共同影响腐蚀电流密度。含盐量最少的 No.9 含混合易溶钠盐砂土对 X80 钢的腐蚀性最弱，含盐量和盐离子种类共同影响其值。一方面较高盐浓度的孔隙液中溶解氧较少，能够减少氧的去极化，抑制电化学过程；另一方面 HCO_3^-有助于钢表面钝化膜形成，从而减少钢表面的活化区域。

为了进一步研究含混合易溶钠盐砂土中 X80 的腐蚀行为，对相应极化曲线进行了 R_p 弱极化拟合，拟合区间为开路电位附近±50 mV，结果如表 5-5 所示。

表 5-5　含混合易溶钠盐砂土中 X80 钢极化曲线 R_p 拟合结果

试样	E_o/V	I_{corr}/（A/cm^2）	R_p/（Ω/cm^2）	腐蚀速率/（mm/a）	腐蚀等级
No.1	−0.592	1.18×10^{-5}	2.28×10^{3}	0.138	严重
No.2	−0.580	9.13×10^{-6}	2.94×10^{3}	0.107	中等
No.3	−0.472	2.39×10^{-6}	1.12×10^{4}	0.028	轻微
No.4	−0.447	2.84×10^{-6}	9.45×10^{3}	0.033	轻微
No.5	−0.526	3.48×10^{-6}	7.72×10^{3}	0.041	中等
No.6	−0.537	2.30×10^{-6}	1.17×10^{4}	0.027	轻微
No.7	−0.578	1.11×10^{-5}	2.41×10^{3}	0.130	严重
No.8	−0.481	4.23×10^{-6}	6.34×10^{3}	0.049	中等
No.9	−0.500	4.88×10^{-7}	5.50×10^{4}	0.006	轻微

从 I_{corr} 数量级看，No.9 砂土对 X80 钢的腐蚀性最弱，腐蚀电流密度达到 4.88×10^{-7} A/cm^2，之后各组含混合易溶钠盐砂土的腐蚀性按顺序 No.6、No.3、No.4、No.5、No.8、No.2、No.7、No.1，依次增强。其中，No.7 和 No.1 含混合易溶钠盐砂土中 X80 钢的 I_{corr} 在 10～20 $\mu A/cm^2$，腐蚀严重；No.5、No.8 和 No.2 含混合易溶钠盐砂土中 X80 钢的 I_{corr} 在 3～10 $\mu A/cm^2$，腐蚀中等；No.9、No.6、No.3 和 No.4 含混合易溶钠盐砂土中 X80 钢的 I_{corr} 小于 3 $\mu A/cm^2$，腐蚀轻微。腐蚀速率的变化趋势与腐蚀电流密度变化趋势一致。极化电阻 R_p 与腐蚀电流密度 I_{corr} 成反比，通过极化电阻也可判断体系的腐蚀速度。

5.3.3　X80 钢电化学结果的统计学分析

5.3.3.1　极化结果的极差分析

表 5-6 为正交试验含混合易溶钠盐砂土中 X80 钢极化结果的极差分析结果，其中 i，j，k 分别代表含混合易溶钠盐砂土中 X80 钢的极化参数腐蚀电位 E_{corr}，极化电阻 R_p 和腐蚀速率。从表中可以看出空白列的极差比其他因素的极差还大，表明因素之间可能存在不可忽略的交互作用。

表 5-6 含混合易溶钠盐砂土中 X80 钢极化 R_p 拟合结果的极差分析

试样	C（Cl^-）	C（SO_4^{2-}）	C（HCO_3^-）	空白列	E_{corr}/V	R_p/（Ω/cm^2）	腐蚀速率/（mm/a）
No.9	1	1	1	1	−0.500	5.50×10^4	0.006
No.4	1	2	2	2	−0.447	9.45×10^3	0.033
No.2	1	3	3	3	−0.580	2.94×10^3	0.107
No.8	2	1	2	3	−0.481	6.34×10^3	0.049
No.5	2	2	3	1	−0.526	7.72×10^3	0.041
No.7	2	3	1	2	−0.578	2.41×10^3	0.130
No.3	3	1	3	2	−0.472	1.12×10^4	0.028
No.1	3	2	1	3	−0.592	2.28×10^3	0.138
No.6	3	3	2	1	−0.537	1.17×10^4	0.027
I_i	−0.509	−0.484	−0.556	−0.521			
II_i	−0.528	−0.522	−0.488	−0.499			
III_i	−0.534	−0.565	−0.526	−0.551			
R_i	0.025	0.081	0.068	−0.052			
I_j	2.25×10^4	2.42×10^4	1.99×10^4	2.48×10^4			
II_j	5.49×10^3	6.48×10^3	9.16×10^3	7.70×10^3			
III_j	8.41×10^3	5.68×10^3	7.30×10^3	3.85×10^3			
R_j	1.70×10^4	1.85×10^4	1.26×10^4	2.10×10^4			
I_k	0.049	0.028	0.091	0.024			
II_k	0.073	0.070	0.036	0.064			
III_k	0.064	0.088	0.058	0.098			
R_k	0.024	0.060	0.055	0.074			

注：i、j、k 分别代表含混合易溶钠盐砂土中 X80 钢的极化参数自腐蚀电位 E_{corr}，极化电阻 R_p 和腐蚀速率。

以砂土对 X80 钢的腐蚀较弱为原则，对自腐蚀电位而言，最优方案为 100 g 砂土中 Cl^-、SO_4^{2-}、HCO_3^-各离子的毫摩尔数分别 8.0、2.0、0.3；对腐蚀速率而言，最优方案为 100 g 砂土中 Cl^-、SO_4^{2-}、HCO_3^-各离子的毫摩尔数分别 1.0、0.3、1.0；对极化电阻而言，最优方案为 100 g 砂土中 Cl^-、SO_4^{2-}、HCO_3^-各离子的毫摩尔数分别 1.0、0.3、0.3。

极化电阻越大，腐蚀电流密度越小，根据极化电阻的测量值可以判断体系的腐蚀速率大小。本试验在极化电阻最优组（No.9 试验）下 X80 腐蚀速度最小，腐蚀程度最小，这与砂土电化学阻抗谱结果一致。

极差分析表 5-6 和因素指标趋势图 5-5 显示，对腐蚀电位 E_{corr}，极化电阻 R_p 和腐蚀速率，特别是腐蚀速率，存在空白列的极差比其他因素的极差还大的现象。Cl^-、SO_4^{2-}、HCO_3^-离子对腐蚀电位 E_o 影响大小顺序为：SO_4^{2-}>HCO_3^->Cl^-；对极化电阻 R_p 影响大小顺序为：SO_4^{2-}>Cl^->HCO_3^-；对腐蚀速率影响大小顺序为：SO_4^{2-}>HCO_3^->Cl^-。试验用三种阴离子共存的含混合易溶钠盐砂土中，SO_4^{2-}对 X80 钢的初期腐蚀行为影响较大。

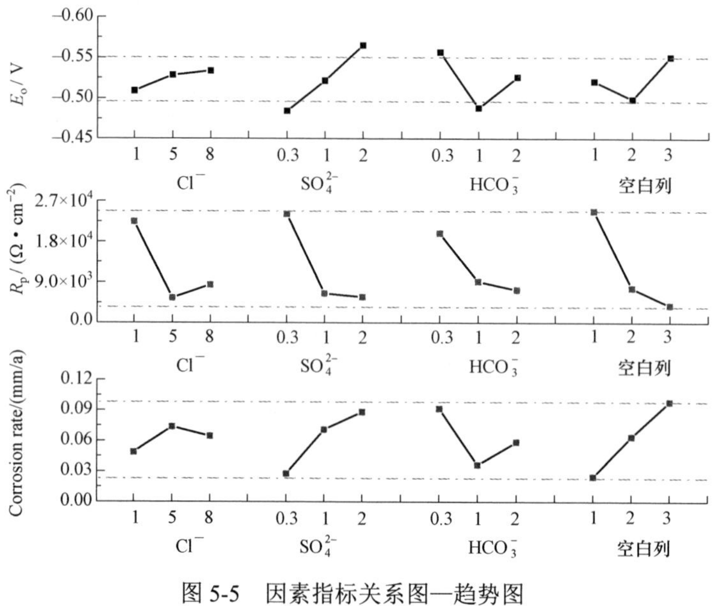

图 5-5　因素指标关系图—趋势图

5.3.3.2　极化结果的方差分析

正交试验设计的极差分析简便易行，计算量小，也较直观，但极差分析精度较差，判断因素的作用时缺乏一个定量的标准。这些问题要用方差分析解决。方差分析在 IBM SPSS Statistics 软件中进行。将数据和结果输入数据编辑器后具体步骤如下：1）Analyze→General Lineal model→Univariate；2）Dependent Variable 框：选入 Corrosion rate（只能选入一个）；3）Fixed Factors 框：选入

Cl^-、SO_4^{2-}、HCO_3^-；4）Model→Custom 单选钮：选中；5）Model 框：选入 Cl^-、SO_4^{2-}、HCO_3^-，类型选交互作用，单击“OK”按钮；6）Post Hoc 钮→Post Hoc test for 框：选入 Cl^-、SO_4^{2-}、HCO_3^-；7）单击“OK”按钮便可输出各因素交互作用和各因素对腐蚀速率因变量的主体间效应检验如表 5-7 和表 5-8 所示。

表 5-7 主体间效应的检验-因变量：Corrosion rate（交互作用）

源	Ⅲ型平方和（SSe）	df	均方 MS	F	P（Sig.）
校正模型	0.019[a]	8	0.002	0.000	0.000
截距	0.035	1	0.035	0.000	0.000
Cl^-* SO_4^{2-}* HCO_3^-	0.019	8	0.002	0.000	0.000
误差	0.000	0	0.000		
总计	0.054	9			
校正的总计	0.019	8			

注：a 可指定 0～1 之间任何显著性水平，默认 0.05，即 95%的置信度。

表 5-8 主体间效应的检验-因变量：Corrosion rate（因素作用）

源	Ⅲ型平方和（SSe）	df	均方 MS	F	P（Sig.）
校正模型	0.011[a]	6	0.002	0.467	0.801
截距	0.035	1	0.035	8.597	0.099
Cl^-	0.001	2	0.000	0.116	0.896
SO_4^{2-}	0.006	2	0.003	0.717	0.582
HCO_3^-	0.005	2	0.002	0.568	0.638
误差	0.008	2	0.004		
总计	0.054	9			
校正的总计	0.019	8			

注：a 可指定 0～1 之间任何显著性水平，默认 0.05，即 95%的置信度。

总的偏差平方和可分解为因素和误差引起的偏差平方和两部分，表 5-7 结果显示，Cl^-、SO_4^{2-}、HCO_3^- 因素交互作用对含易溶盐砂土中 X80 钢的腐蚀速率影响极显著（$P<0.05$）。表 5-8 中 Cl^-、SO_4^{2-}、HCO_3^- 三个因素对含易溶盐砂土中 X80 钢的腐蚀速率作用大小依次为：$SO_4^{2-}>HCO_3^->Cl^-$，与极差分析结果一致。

表 5-7 中显示，Cl^-、SO_4^{2-}、HCO_3^-三个因素对含易溶盐砂土中 X80 钢腐蚀速率的影响没有统计学意义（$P>0.05$），这可能是 F 检验的灵敏度和三种离子的交互作用引起的。F 检验灵敏度较低，可能是因素对试验有影响，也判断不出来。当各因素和各因素交互作用的方差 $MS_{因素}$（$MS_{交}$）＜误差方差 MSe 的 2 倍，可将这些因素或交互作用的偏差平方和、自由度并入误差的偏差平方和、自由度，从而提高 F 检验的灵敏度。

$$MS_{因素}=\frac{SS_{因素}}{df_{因素}} \tag{5.1}$$

$$MS_{误差}=\frac{SS_{误差}}{df_{误差}} \tag{5.2}$$

本文试验中，正交试验使用正交表 L_9（3^4），即 $n=9$，$m=4$，$r=3$。根据 F 分布表，拒绝域 H_0：

$$F\geqslant F_\alpha(r-1,n-1)=F_{0.05}(2,6)=5.14 \tag{5.3}$$

拒绝域 H_0 认为，在显著性水平下，因素的不同水平对试验结果有显著影响；接受域 H_1，无显著影响。显然，表 5-7 中 Cl^-、SO_4^{2-}、HCO_3^-三个因素对含易溶盐砂土中 X80 钢腐蚀速率的影响仍在接受域中，无显著影响，可能是受 Cl^-、SO_4^{2-}、HCO_3^-三个因素交互作用的掩盖。

5.3.4 含混合易溶钠盐砂土中 X80 钢的腐蚀形貌

含混合易溶钠盐砂土中 X80 钢除锈前的宏观和微观腐蚀形貌如表 5-9 所示，微观形貌包括低倍（×30/×50）和高倍（×1 000）。测试前通过机械方法去除了表面残留的砂土颗粒。

从宏观形貌上看，各组含混合易溶钠盐砂土中 X80 钢的腐蚀均为局部腐蚀。且表面有棕黄色的腐蚀产物生成，为铁的氧化物。此外 No.1～No.8 号含混合易溶钠盐砂土中 X80 钢表面还附着了乳白色微孔结构的黏着性物质，可能是含 Si 的胶状产物。微观形貌表明，腐蚀产物有针状，团簇絮状，雪花状，米粒状和微孔结构等，这可能与基体钢针状铁素体有关。其中 No.9 含混合易溶钠盐砂土对 X80 钢的腐蚀程度最轻，这与极化测试结果一致。

表 5-9　各组含混合易溶钠盐砂土中 X80 钢除锈前的宏观和微观腐蚀形貌

序号	宏观	微观		腐蚀速率/（mm/a）
		低倍（×30/×50）	高倍（×1 000）	
No.1	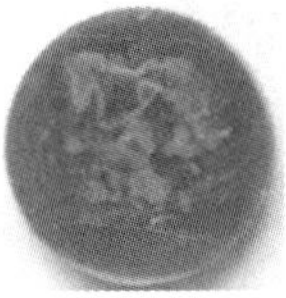	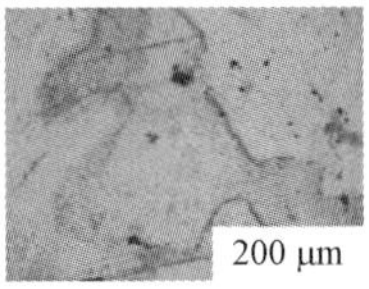 200 μm	 10 μm	0.138 严重
No.2	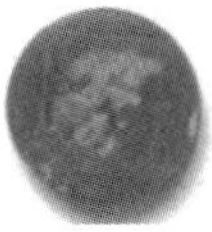	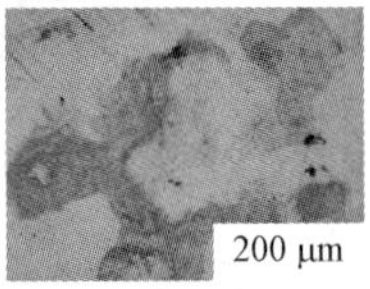 200 μm	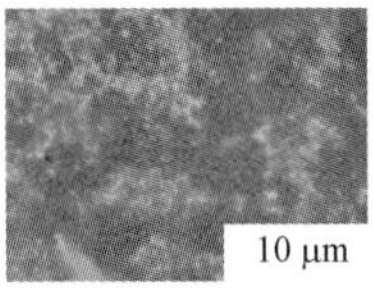 10 μm	0.107 中等
No.3		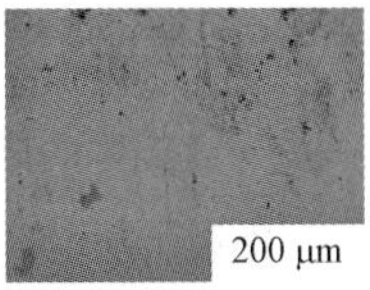 200 μm	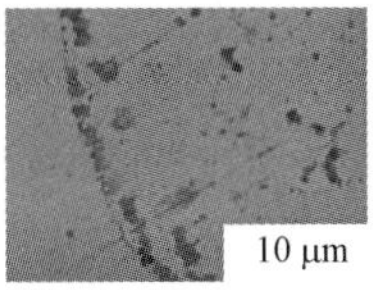 10 μm	0.028 轻微
No.4		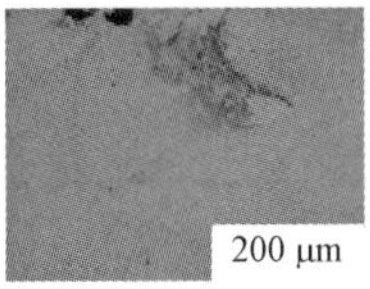 200 μm	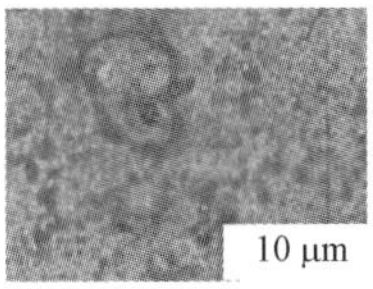 10 μm	0.033 轻微
No.5	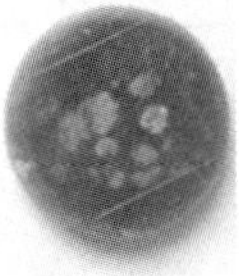	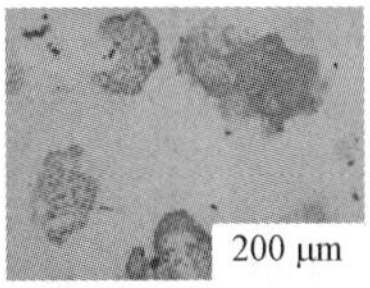 200 μm	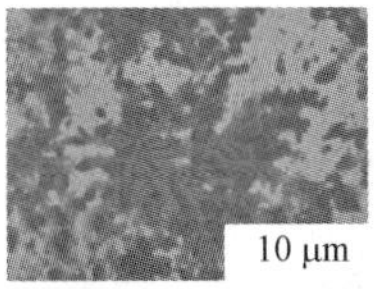 10 μm	0.041 中等
No.6		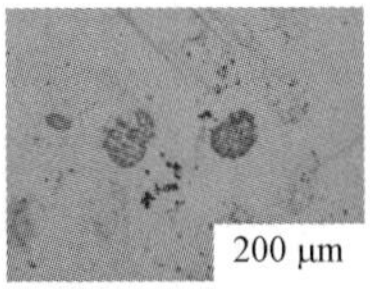 200 μm	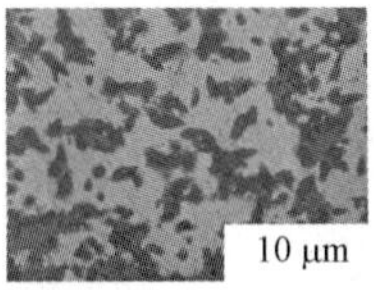 10 μm	0.027 轻微
No.7	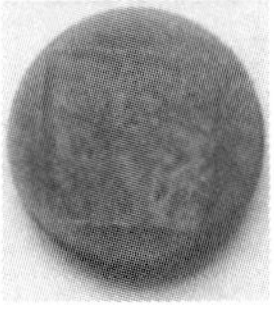	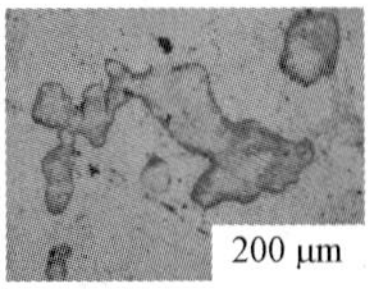 200 μm	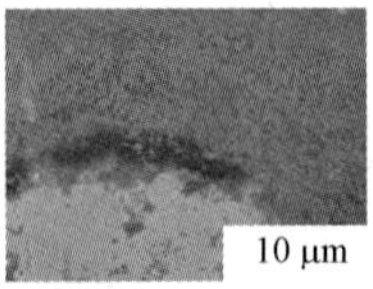 10 μm	0.130 严重

续表

序号	宏观	微观		腐蚀速率/（mm/a）
		低倍（×30/×50）	高倍（×1 000）	
No.8	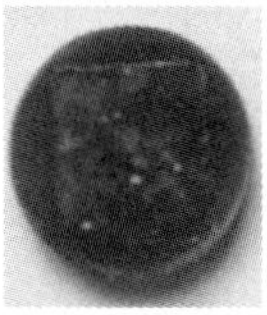	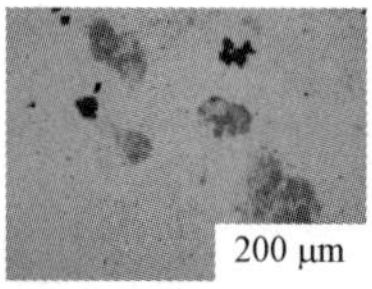 200 μm	 10 μm	0.049 中等
No.9		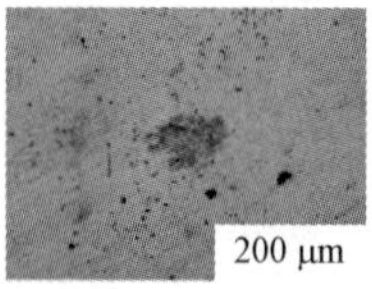 200 μm	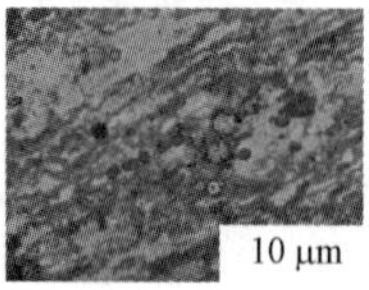 10 μm	0.006 轻微

为了进一步研究腐蚀机理，将 X80 钢试样浸泡于白醋（white vinegar）中 2 h，清除腐蚀产物后，进行形貌分析。含混合易溶钠盐砂土中 X80 钢除锈后的宏观和微观腐蚀形貌如表 5-10 所示，微观形貌包括低倍（×100）和高倍（×1 000/×2 000）。

表 5-10 各组含混合易溶钠盐砂土中 X80 钢除锈后的宏观和微观腐蚀形貌

序号	宏观	微观		腐蚀速率/（mm/a）
		低倍（×100）	高倍（×1 000/×2 000）	
No.1	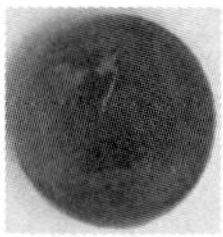	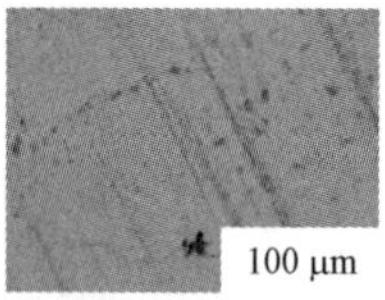 100 μm	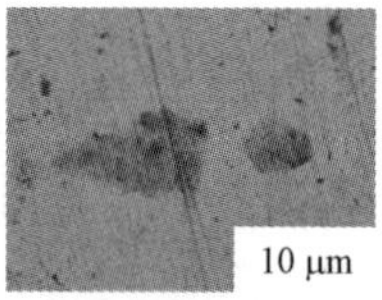 10 μm	0.138 严重
No.2		 100 μm	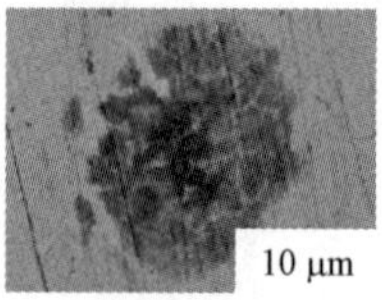 10 μm	0.107 中等
No.3		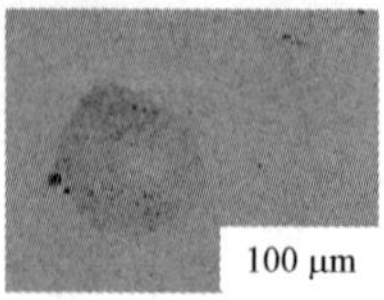 100 μm	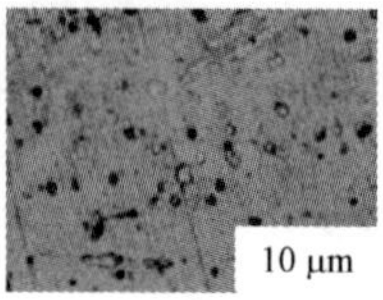 10 μm	0.028 轻微

续表

序号	宏观	微观		腐蚀速率/（mm/a）
		低倍（×100）	高倍（×1 000/×2 000）	
No.4		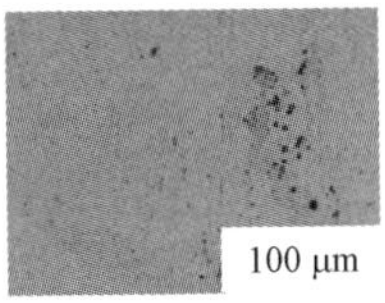 100 μm	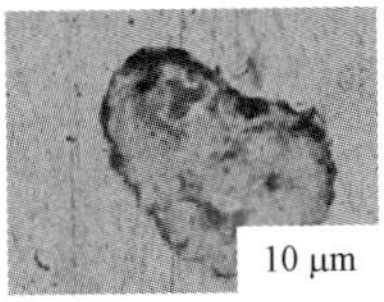 10 μm	0.033 轻微
No.5		 100 μm	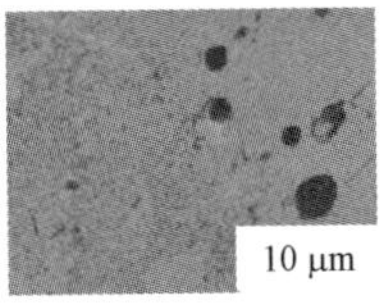 10 μm	0.041 中等
No.6		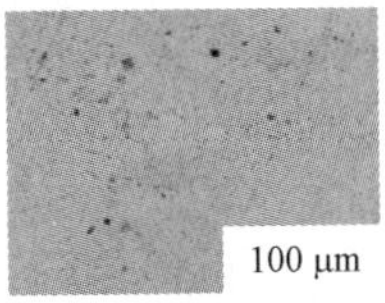 100 μm	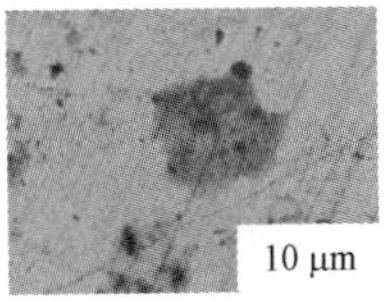 10 μm	0.027 轻微
No.7	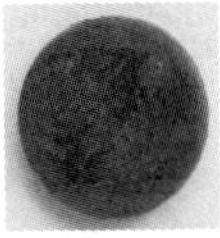	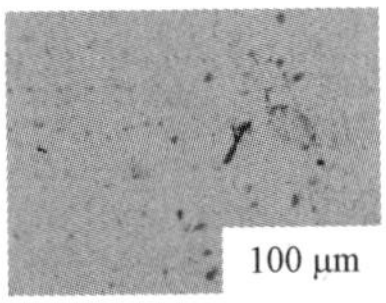 100 μm	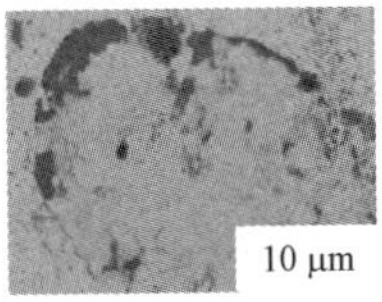 10 μm	0.130 严重
No.8	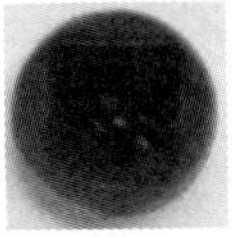	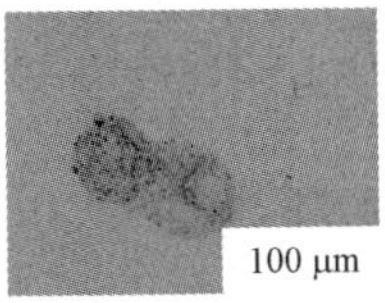 100 μm	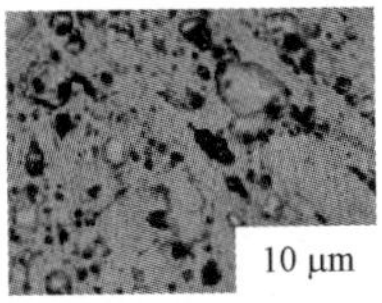 10 μm	0.049 中等
No.9		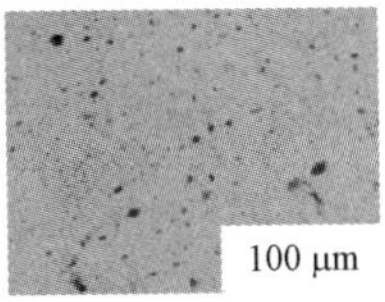 100 μm	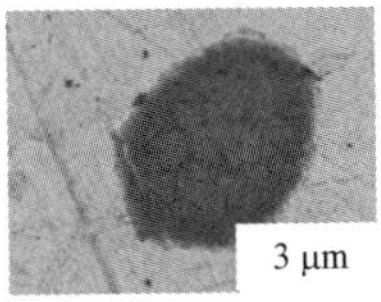 3 μm	0.006 轻微

宏观形貌以点蚀为主，未形成明显的腐蚀坑，只是局部产生了金属光泽较暗的区域。其中 No.4 和 No.7 含混合易溶钠盐砂土中 X80 钢表面出现较多的腐蚀微坑。No.9 砂土中 X80 钢表面出现微裂纹，这可能是 HCO_3^- 盐产生的碱性环境引起。

5.3.5 腐蚀产物的 EDS 分析

图 5-6 为典型腐蚀产物的 EDS 分析结果，这里以极化结果中腐蚀性较强的 No.1 和 No.7 号试验结果为例，其余结果见附录四。

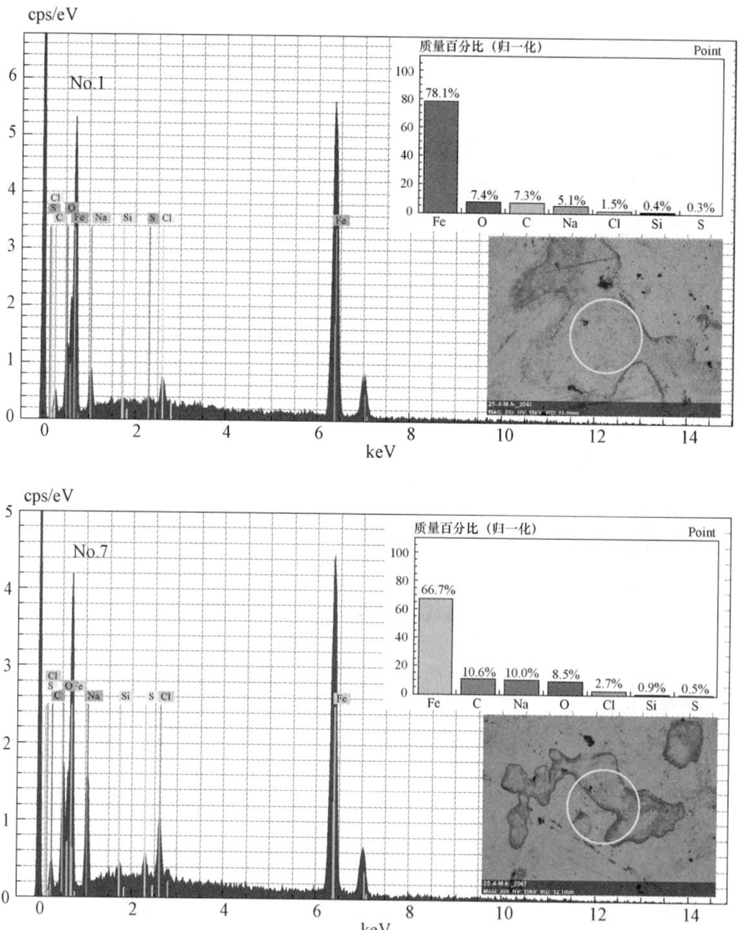

图 5-6 含混合易溶钠盐砂土（No.1 和 No.7）中 X80 钢的典型腐蚀产物 EDS 分析

腐蚀产物有片状，团簇絮状，雪花状，米粒状和微孔结构等多种形式。在成分上均主要由 Fe、O、Na、C、Si 等元素组成，Fe、O、C 主要为棕黄色铁的氧化物组成元素，各组含混合易溶钠盐砂土中 X80 钢表面均有乳白色黏着性物质出现，且 EDS 结果中显示腐蚀产物中有 Si、Na 元素出现，可能是在砂土－X80 钢电极体系中形成了黏着性物质（$Na_2O \cdot nSiO_2$），其中部分 Na 可能为产物附着盐离子。S 和 Cl 可能为腐蚀产物中的残留盐离子。

图 5-7 为各组含混合易溶钠盐砂土中 X80 钢试样表面的腐蚀产物主要元素 O 和 Si 百分含量的变化。结果显示，以腐蚀性最小的 No.9 砂土为界，在中等腐蚀弱碱性环境（No.2、No.5 和 No.8）中，对应的腐蚀产物 O 元素含量较高，氧化产物层较多；其余弱碱性环境（No.1、No.3、No.6 和 No.7）中，对应的腐蚀产物 O 元素含量较少，氧化产物层较少。

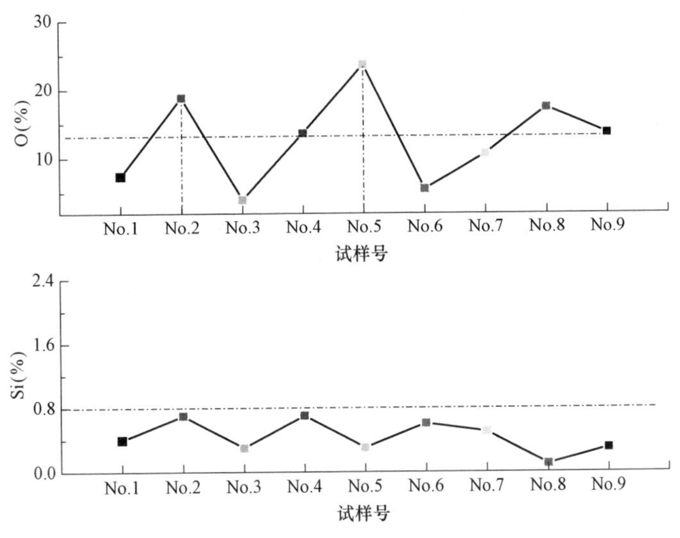

图 5-7　腐蚀产物主要元素 O 和 Si 百分含量的变化

产物中的 Si 元素含量在 0～0.8%之间波动。对于 Cl^-、HCO_3^-和 SO_4^{2-}共存的含混合易溶钠盐砂土中的 X80 钢极化曲线上未出现明显的钝化区。碱性的环境下，电极表面易形成产物层，保护电极。一方面碱性环境中工作电极周围成分为 SiO_2 含量 98%的砂土颗粒可能发生（式 5.4）反应，从而与 Na^+离子结合得到黏着性 $Na_2O \cdot nSiO_2$ 复合物。

$$2OH^- + SiO_2 = SiO_3^{2-} + H_2O \qquad (5.4)$$

含混合易溶钠盐砂土中，Cl^-在 X80 钢电极表面的吸附破坏了金属表面发生点蚀，液相中 SO_4^{2-}和 HCO_3^-的存在将与 Cl^-发生竞争吸附，从而影响 Cl^-点蚀过程。这一方面阻碍了溶解氧向基体的扩散，另一方面抑制了 Cl^-的影响。反应过程还受到砂土多孔介质的影响，多孔砂土对孔隙液具有分散作用，营造了固、液和气三相共存的环境，为阳极的局部腐蚀提供了外在条件。当溶解氧含量低时，X80 钢表面的微阴极竞争吸附孔隙液中少量氧，这使氧的扩散路径变长。通过扩散作用到达钢微阴极的溶解氧显著降低，这使氧的去极化效应降低，从而抑制了阳极过程，X80 钢的腐蚀速率减小。

随着氧去极化效应的降低，阳极过程产生 Fe^{2+}的可能与孔隙液中 HCO_3^-反应生成 $FeCO_3$（式 5.11）。这种情况下，Fe_2O_3（式 5.12）成为主要的腐蚀产物。一般而言，$FeCO_3$ 的保护作用优于 FeOOH，且 $FeCO_3$ 的稳定性也较好。腐蚀性离子 SO_4^{2-}和 Cl^-会导致 $FeCO_3$ 产物膜的破裂。

$$Fe - 2e \longrightarrow Fe^{2+} \tag{5.5}$$

$$O_2 + 4H^+ + 4e \longrightarrow 2H_2O \tag{5.6}$$

$$Fe^{2+} + 2H_2O \longrightarrow Fe(OH)_2 + 2H^+ \tag{5.7}$$

$$4Fe(OH)_2 + O_2 + 2H_2O \longrightarrow 4Fe(OH)_3 \tag{5.8}$$

$$2Fe(OH)_3 + Fe(OH)_2 \longrightarrow Fe_3O_4 + 4H_2O \tag{5.9}$$

$$Fe(OH)_3 - H_2O \longrightarrow FeOOH \tag{5.10}$$

$$Fe^{2+} + HCO_3^- \longrightarrow FeCO_3 + H^+ \tag{5.11}$$

$$4Fe(OH)_2 + O_2 \longrightarrow 2Fe_2O_3 + 4H_2O \tag{5.12}$$

5.4　本章小结

本章进行了不同浓度 NaCl、Na_2SO_4 和 $NaHCO_3$ 溶液、含不同浓度 NaCl、Na_2SO_4 和 $NaHCO_3$ 砂土以及含混合易溶钠盐砂土中 X80 钢的电化学极化测试，结合统计学极差、方差分析和 X80 钢腐蚀形貌和产物成分的分析评价砂土对 X80 钢的腐蚀性，研究含易溶钠盐砂土中 X80 钢的腐蚀机理。结果如下，

（1）宏、微观形貌试验分析表明，含混合易溶钠盐砂土中 X80 钢的腐蚀均表现为局部腐蚀，No.9 含混合易溶钠盐砂土对 X80 钢的腐蚀程度最轻。棕黄色的腐蚀产物为铁的氧化物，乳白色黏着性物质，可能是含 Na 和 Si 的物质。HCO_3^-离子有助于 X80 钢表面氧化物的形成，Cl^-和 SO_4^{2-}离子属于侵蚀破坏性

离子。

（2）极化试验分析表明，与水中 X80 钢的极化曲线相比，不同含水量砂土中 X80 钢的极化曲线整体向左下方移动，对应砂土的腐蚀性较弱。水和不同含水量砂土中 X80 钢的腐蚀均为轻微腐蚀，随着砂土中含水量的增加，X80 钢的腐蚀速率逐渐增加了 2 个数量级。含单一易溶盐砂土和孔隙溶液中 NaCl 和 Na_2SO_4 两种盐使 X80 钢腐蚀从轻微加速到中等、严重等级，其中 NaCl 作用更显著；$NaHCO_3$ 起到减慢 X80 钢腐蚀的作用，将腐蚀速率减小了 1～2 个数量级。

（3）侵蚀性较强的 NaCl 环境下，砂土颗粒的加入使 X80 钢的腐蚀电位偏向负方向，增加了 X80 钢的腐蚀热力学趋势。砂土中 NaCl 和 Na_2SO_4 对 X80 钢腐蚀电流（腐蚀动力学趋势）影响较大，$NaHCO_3$ 对 X80 钢自腐蚀电位（腐蚀热力学趋势）影响较大。含混合易溶钠盐 No.9 砂土对 X80 钢的腐蚀性最弱；之后各组含混合易溶钠盐砂土的腐蚀性按顺序 No.6、No.3、No.4、No.5、No.8、No.2、No.7 和 No.1 依次增强。

（4）极差和方差分析表明，对腐蚀速率而言，Cl^-、SO_4^{2-}、HCO_3^-离子的影响大小顺序为：$SO_4^{2-}>HCO_3^->Cl^-$。最优方案为 100 g 砂土中 Cl^-、SO_4^{2-}、HCO_3^- 各离子的毫摩尔数分别 1.0、0.3、1.0。试验用三种阴离子共存的砂土中，Cl^-、SO_4^{2-}、HCO_3^-三个因素的交互作用较显著。实际应用中根据电化学阻抗谱和极化测试法可以综合判断砂土对 X80 钢的腐蚀性。

第六章

含易溶钠盐砂土电化学机理分析研究

本章拟以前面砂土电化学理论、含易溶钠盐砂土电化学特性和砂土中 X80 钢电化学腐蚀研究结果为基础，基于电化学理论、土壤黏附机理及考虑时效机制探索含易溶钠盐砂土黏附－电化学现象之间的关系，进一步综合研究含易溶盐砂土的电化学特性及其腐蚀机理。主要内容如下：

（1）从砂土颗粒、孔隙液溶氧能力和参与电化学过程活性物质扩散到界面结构等几个方面，对比分析含易溶钠盐孔隙溶液和砂土的电化学行为及等效电路，完善含易溶钠盐砂土－电极电化学阻抗（EIS）理论；

（2）对比含易溶钠盐溶液和砂土的电化学特性及其对 X80 钢电化学腐蚀机理，研究易溶钠盐和砂土颗粒对砂土电化学行为和等效电路的影响规律，分析等效电路中的元件与腐蚀速率之间的关系，进一步揭示 Cl^-、SO_4^{2-}和 HCO_3^-离子对电化学过程影响的作用机理；

（3）探索含易溶钠盐砂土－电极界面电化学现象－腐蚀性－腐蚀黏附之间的关系，研究固－液－气三相共存的不均匀性对黏附电化学过程影响机理。

6.1　含易溶钠盐砂土－电极电化学阻抗（EIS）理论

6.1.1　砂土－电极电化学过程

在砂土体系中，电化学反应只发生在孔隙底部的暴露电极表面上，即电流流经区 S_e，且孔隙内参与反应的物质浓度总有不均匀现象。砂土体系中电化学过程分散在多处进行，孔隙液分布情况的多变性也导致了砂土中电化学过程的复杂性。一方面，固－液－气三相共存为电化学过程的阴极反应提供了充足的氧环境，增加了局部腐蚀倾向；另一方面，对于砂土－工作电极界面，砂土颗粒的存在导致无法形成连续固－液界面，电解液中参与电化学过程的活性物质（如氧）通过孔隙扩散到达界面，需克服"液桥"作用力和砂土中静态摩擦力等，增加了物质扩散路径，抑制了电化学过程。

砂土和孔隙溶液中的电化学反应过程是相同的，区别在于活性区域的分布不同。砂土颗粒在碱性环境下也可能参与电化学过程（式 5.1）。在铜片和 X80 钢作工作电极两种体系中，阴极过程相同，阳极过程因工作电极的不同而有差异。

6.1.1.1　砂土－铜电化学过程

铜作工作电极时，不同含水量砂土中固相为二氧化硅含量大于 98%的标准砂和铜电极，液相为中性蒸馏水。此外，水中的溶解氧参与电化学过程。在幅值很小的正弦交流波扰动信号下，可能发生的电化学反应包括：阳极铜电极氧化过程（式 6.1）和阴极吸氧过程（式 6.2），整个过程进行微弱。

$$Cu \longrightarrow Cu^{2+} + 2e^- \tag{6.1}$$

$$O_2 + 2H_2O + 4e^- \longrightarrow 4OH^- \tag{6.2}$$

含 NaCl 砂土中，电极表面可能有 Cu 与 Cl^-生成的 CuCl 覆盖层。非惰性电极铜在中性的氯化钠孔隙液中能够形成致密的 CuCl(s)晶体覆盖表面从而达到钝化：

$$Cu + Cl^- \longrightarrow CuCl^-_{ads} \tag{6.3}$$

$$CuCl^-_{ads} \longrightarrow CuCl_{ads} + e \tag{6.4}$$

Cl^-浓度影响保护膜的生成和溶解，随着 Cl^-浓度的增大，铜的溶解更容易发生。

含 Na_2SO_4 砂土中，除了发生阳极铜电极氧化过程（式 6.1）和阴极吸氧过程（式 6.2）外，孔隙液中较多的自由离子也会在小幅正弦信号作用下在砂土－电极界面附近定向移动形成双电层。

在碱性的含 $NaHCO_3$ 砂土中，阴极吸氧过程收到抑制，阳极附近会有

$Cu(OH)_2$ 覆盖，进而被氧化为 Cu_2O 层，当形成致密的氧化层之后电化学过程将减弱。与中性水中相比，表面氧化层形成过程较强。

$$Cu + 2H_2O \longrightarrow Cu(OH)_2(aq) + 2H^+ + 2e^- \tag{6.5}$$

$$Cu(OH)_2(aq) \longrightarrow Cu_2O(s) + H_2O \tag{6.6}$$

6.1.1.2 砂土－X80 钢电化学过程

X80 钢为工作电极时，阴极过程也是氧的还原，为腐蚀控制主要过程，阳极为铁的溶解。其中 Cl^-在电极表面的吸附破坏了金属表面发生点蚀，孔隙液中 SO_4^{2-}和 HCO_3^-的存在将与 Cl^-发生竞争吸附，从而影响 Cl^-点蚀过程。阳极过程产生的 Fe^{2+}可能与孔隙液中 HCO_3^-反应生成 $FeCO_3$（式 6.7）。而腐蚀性离子 SO_4^{2-}和 Cl^-会导致 $FeCO_3$ 产物膜的破裂。

$$Fe^{2+} + HCO_3^- \longrightarrow FeCO_3 + H^+ \tag{6.7}$$

$$4Fe(OH)_2 + O_2 \longrightarrow 2Fe_2O_3 + 4H_2O \tag{6.8}$$

此外，碱性环境中工作电极周围成分为 SiO_2 含量 98%的砂土颗粒可能发生式（6.9）反应，从而与 Na^+离子结合得到黏着性 $Na_2O \cdot nSiO_2$ 复合物。

$$2OH^- + SiO_2 = SiO_3^{2-} + H_2O \tag{6.9}$$

6.1.2 砂土－电极界面活性区

图 6-1 为非饱和状态下的砂土－电极界面，孔隙未被孔隙液（电解质）填满。电流通过与含水量有关的整个横断面面积 S_e，形成导电通路。溶液电阻 R_e 为容抗弧与实轴的交点，受砂土中含水量和含盐量变化的影响较大。研究显示，土壤体系分散溶液电阻 R_e 与活性区域 S'，即金属与孔隙液（电解质）接触区域的状态相关。圆柱形电解质的电阻（式 6.10）：

$$R = \rho \times \frac{L}{S_e} \tag{6.10}$$

式中：ρ——电解质电阻率；

L——圆柱形长度；

S_e——电解质截面面积。

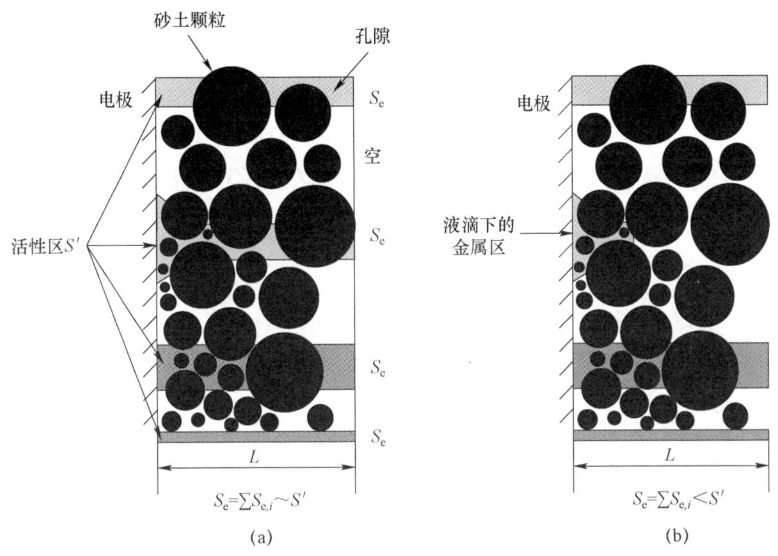

图 6-1　砂土－电极界面活性区

砂土颗粒对孔隙溶液有分散作用，导致孔隙液电阻 R 较大，这与前面几章的试验结果（砂土中溶液电阻 R_e 较大）一致。一方面，含水量越多，S_e 越大，电阻 R 越小；另一方面，含水量较少时，电流路径会变复杂，L 将增加，从而增大电阻 R。孔隙液中盐离子浓度越高，对应电阻率 ρ 越小，电阻 R 也越小。电极表面的活性区域 S' 与 S_e 相关。图 6-1（a）中含水量较多时，活性区域与 S_e 接近。当 ρ 和 L 一定时，溶液电阻 R_e 与活性区域 S' 成反比。

当含水量较少时，砂土－电极界面可能存在液滴状态的孔隙液，如图 6-1（b）和图 6-2 所示。这种被液滴覆盖的区域，将不会有电流流过，以独特的方式进行腐蚀过程。在砂土（气、液、固多相腐蚀体系）中，取决于单位面积三相边界总长度（L_{tpb}）的金属表面阴极分布是影响腐蚀行为的重要因素。如图 6-2 所示，液滴下电化学反应区域可分为：液滴外围电解质层小于 100 μm 厚的薄环形“TPB 区”，即固/液/气三相界面区（Three-phase boundary，TPB 区）；以及液滴中心部分电解质层大于 100 μm 厚的“基质（bulk）区”。当系统在阴极极化状态下时，极限电流在这两个区域间流动。在一定浓度的电解液中，基质区电流为常数；阴极极限电流密度 i_{tpb} 与电解质层厚度密切相关，根据 i_{tpb} 的变化 TPB 区可分为Ⅰ、Ⅱ和Ⅲ三个部分，TPB 区阴极极限电流为三者之和，其中Ⅱ区电流可视为常数。

TPB 区也是一个高速阴极反应区，其中氧扩散速度较高，阴极分布可用液滴周围总表面积占液滴下总表面比例来描述，与孔隙液在电极表面的三相边界总长度密切相关。单位面积 TPB 长度 L_{tpb} 能够描述电极表面的阴极分布。在一定的极化电位和孔隙液浓度下，液滴下电极阴极极限电流密度即腐蚀速率随单位面积 TPB 长度 L_{tpb} 的增加线性增大。

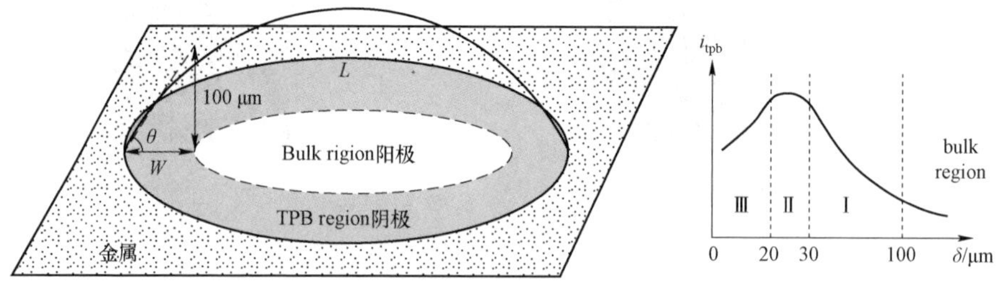

图 6-2　吸附于平面电极表面电解质液滴的几何形状

在砂土－电极界面存在液滴覆盖腐蚀区域的情况下，根据 R_e 和 S_e 来判定界面活性区可能导致低估现象。随着砂土中含水量的增加，一方面，电极表面单位面积 TPB 长度 L_{tpb} 增加，腐蚀速率增加；另一方面，砂土中孔隙液通路横断面面积 S_e 增大，导电路径长度 L 减小，电极表面活性区域 S' 增大，溶液电阻 R_e 减小。这种判定界面活性区域的方法为定性方法。本文中砂土体系含水量为 15%时，颗粒周围“液桥”将出现搭接，水膜相互联结成网状组织甚至颗粒间孔隙被水填充（详见 2.3.3 水分特征曲线模型）。砂土达到饱和度 S_r 为 71.3%，较接近图 6-1（a）所示的情况。含水量相同时，随钠盐离子浓度的增加，含易溶钠盐砂土对应溶液电阻 R_e 逐渐减小。而含水量较少的 5%和 10%砂土中，可能存在图 6-1（a）和图 6-2 所示的液滴覆盖腐蚀。

6.1.3　砂土－电极等效电路

砂土体系中，孔隙液与工作电极直接接触，界面区形成了电化学微电池。砂土初期电化学过程类似于有机涂层浸泡中期，扩散达到饱和。这种情况下的阻抗谱测量结果能够灵敏地显示出砂土－工作电极界面性质和界面过程。本文相关阻抗谱拟合电路如表 6-1 所示。

表 6-1　各体系阻抗谱拟合选用的等效电路

序号	等效电路		注释
①	R(C(R(Q(RW))))	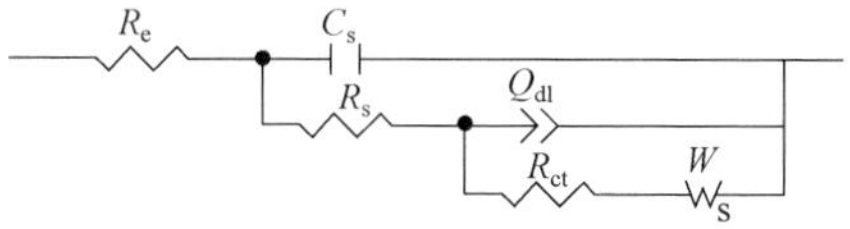	含 NaCl 砂土（0.3%−S、1.0%−S）含 $NaHCO_3$ 砂土含混合易溶钠盐砂土
②	R(C(R(Q(RW))))(CR)	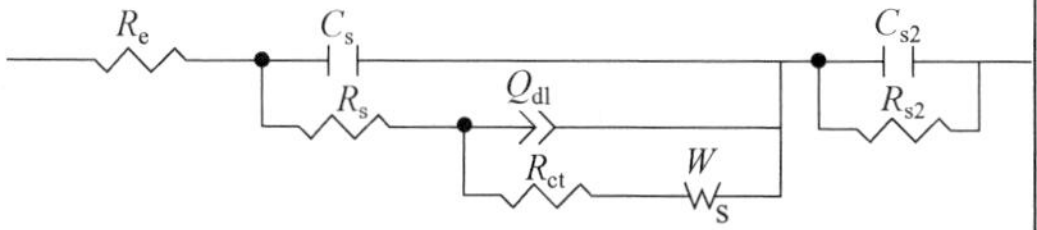	不同含水量砂土含 Na_2SO_4 砂土
③	R(Q_{dl} R)	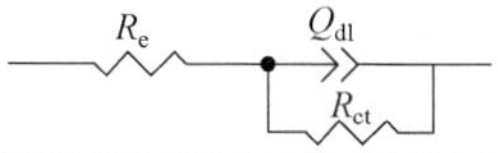	水 NaCl 孔隙溶液和 Na_2SO_4 孔隙溶液
④	R(Q(RW))(CR)	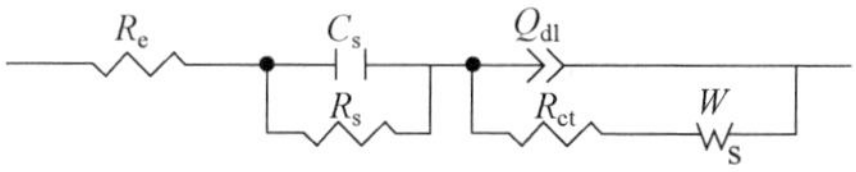	含 NaCl 砂土（3.5%−S、5.0%−S）
⑤	R(C(R(QR)))	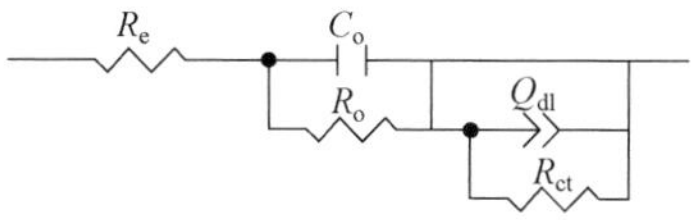	$NaHCO_3$ 孔隙溶液

当频率较高时，各路径均为导通状态，总阻抗相当于溶液（孔隙液）电阻 R_e；当频率较低时，部分不连续相路径将被阻断，主要是分散在砂土颗粒中的连续液相路径作用。高频容抗弧可能由电极附近砂层的电阻 R_s（砂层中微孔电阻）和电容 C_s 引起，低频区可能对应电荷转移电阻 R_{ct} 与双电层电容 Q_{dl} 引起的弛豫过程。砂土颗粒对孔隙水有一定的作用力形成“液桥”。颗粒间“液桥”形成大量导电路径网，电流在导电路径网中的流动也会形成电位差，对砂层电容 C_s 做贡献。

对于砂土体系，等效电路基本元件均为溶液电阻 R_e、砂层电阻 R_s、砂层电容 C_s 以及电极接触孔隙液形成的双电层电容和法拉第阻抗对应的复合元件 Q_{dl}（$R_{ct}W$）。等效电路①为基本等效电路，②和④等效电路均为其扩展形式。等效电路的变化与砂土中离子的浓度、种类等相关。含 C_{s2}、R_{s2} 元件的等效电路②适用于砂层电荷储存能力较强的情况，如含 Na_2SO_4 砂土。如含高浓度 NaCl 砂土中，较多的 Cl^- 迁移会引起导电路径的改变，从而影响等效电路元件的连接方式，较符合等效电路④。水和侵蚀性盐溶液（NaCl 和 Na_2SO_4 孔隙溶液）体系高频端符合等效电路③，弱碱性 $NaHCO_3$ 孔隙溶液体系的基本等效电路为⑤。

6.2 含易溶钠盐孔隙溶液和砂土的电化学特性及腐蚀应用

6.2.1 孔隙溶液水和砂土的电化学行为

图 6-3～图 6-5 为 3.3 节单位面积孔隙水和不同含水量砂土的电化学阻抗 Nyquist 图和 Bode 图（模值和相位角）对比。Nyquist 图显示，三组不同含水量砂土的容抗弧半径小于孔隙水的容抗弧半径，腐蚀性较大。电化学阻抗谱低频区可能代表法拉第过程中的电荷转移电阻 R_{ct} 和双电层电容 Q_{dl}，高频区可能代表砂层电阻 R_s 和电容 C_s。频域为 10^4～10^5 Hz 对应参比电极相应部分，与工作电极过程无关，表现在 Nyquist 图中为高频端不成形部分，这里不做讨论。

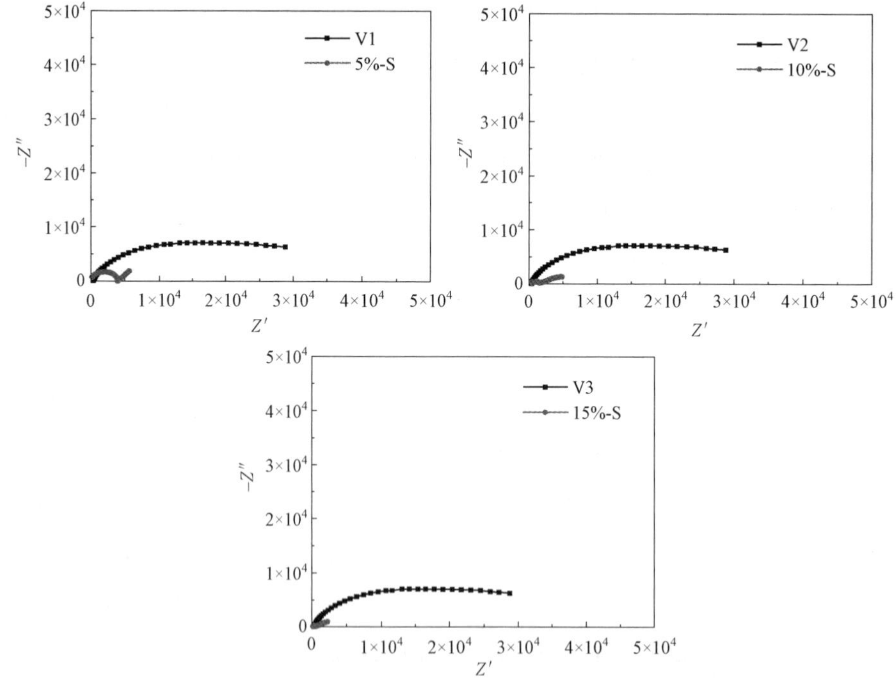

图 6-3 孔隙溶液水和不同含水量砂土的 Nyquist 图对比

Bode 图模值对比结果图显示，不同含水量砂土对应模值和孔隙水对应模值在频率为 10^0～10^3 Hz 之间均出现交点，即砂土颗粒起到了促进低频过程，阻碍高频过程的作用。含水量越小，砂土颗粒对高频过程的阻碍作用越明显。含水量一定时，高频区砂土中各路径较多地处于导通状态，相应电化学过程受到了砂土颗粒的阻碍，对应模值较大；低频区砂土中液相路径起主导作用，而砂土颗粒对孔隙水有分散作用，因而砂土体系对应模值较小。

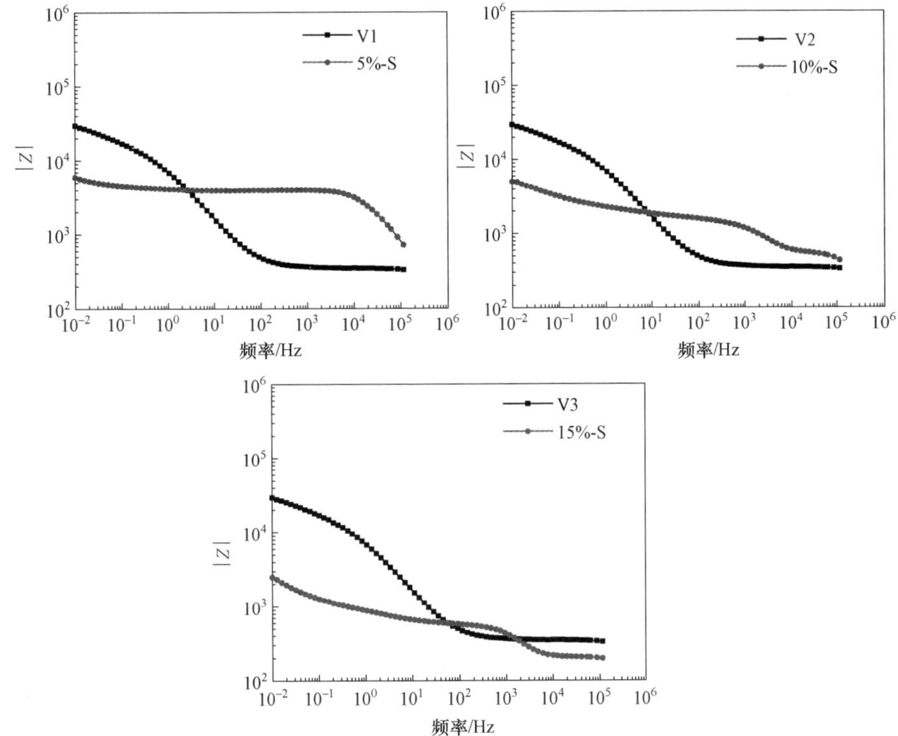

图 6-4　孔隙溶液水和不同含水量砂土的 Bode 图（模值）对比

相位角图显示，不同含水量砂土的相位角并非呈简单的一个时间常数型峰谷状态。与孔隙水中相比，砂土中峰值较小，且出现在较高的频域。砂土体系高频区相位角的变化与砂土颗粒的多孔结构和周围“液桥”的状态相关。

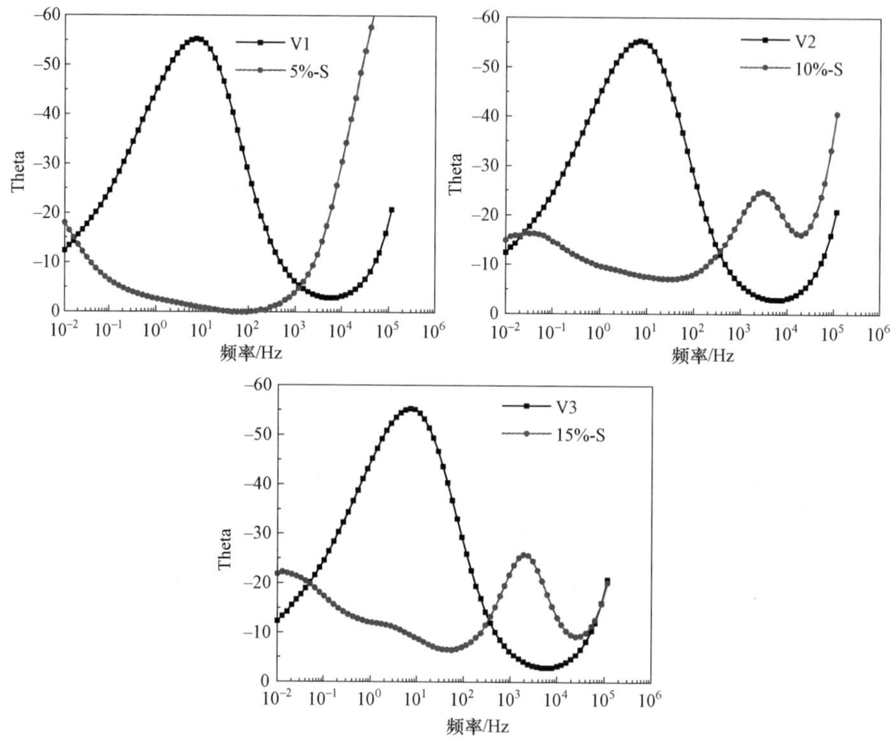

图 6-5　孔隙溶液水和不同含水量砂土的 Bode 图（相角）对比

砂土颗粒对孔隙水有分散作用，增加了介质中电化学过程的热力学趋势。当含水量为 5%时，水在砂土颗粒间为颗粒接触点上存在相互不连接的透镜状或环状水膜。当含水量为 10%时，砂土中含水量在液桥极限体积含量附近。当含水量为 15%时，砂土中液桥将出现搭接，水膜相互联结成网状组织甚至填充颗粒间孔隙，饱和度 S_r 达到 71.3%。表现在 Nyquist 图中，容抗弧半径逐渐减小，扩散斜线逐渐缩短。

6.2.2　含易溶钠盐孔隙溶液和砂土的电化学行为

6.2.2.1　含易溶钠盐孔隙溶液和砂土的 Nyquist 图

图 6-6～图 6-8 为 4.3.1～4.3.3 节中含 NaCl、Na_2SO_4 和 $NaHCO_3$ 孔隙溶液

和砂土的 Nyquist 图对比结果。整体而言，含易溶钠盐砂土的阻抗谱容抗弧半径比孔隙溶液小，对应单位面积腐蚀性较大，这可能与固、液和气三相共存分散系促进了微电池形成有关。

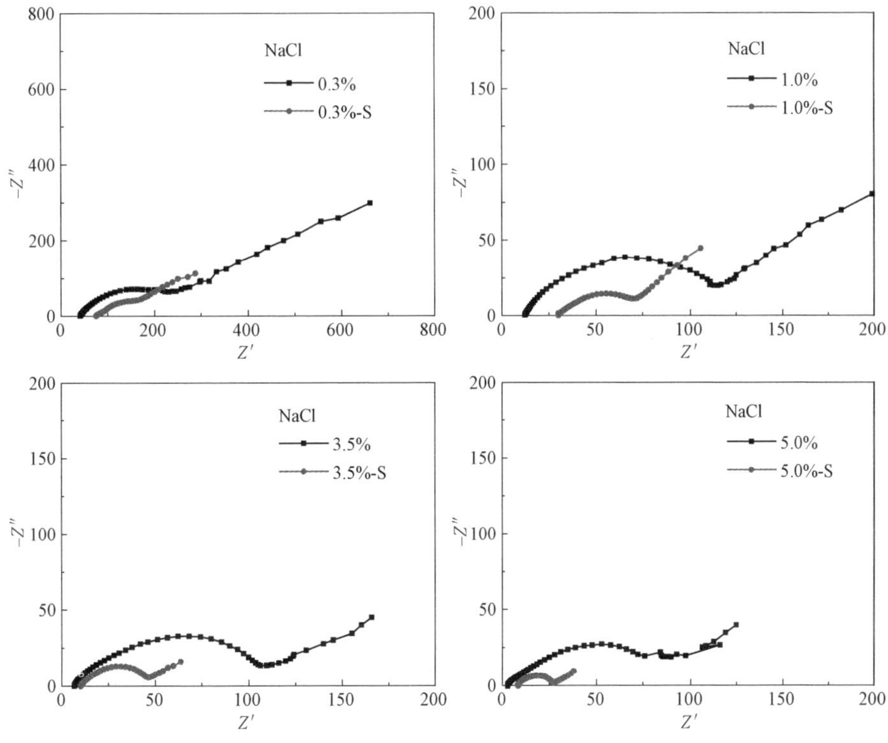

图 6-6 含 NaCl 孔隙溶液和砂土的 Nyquist 图对比

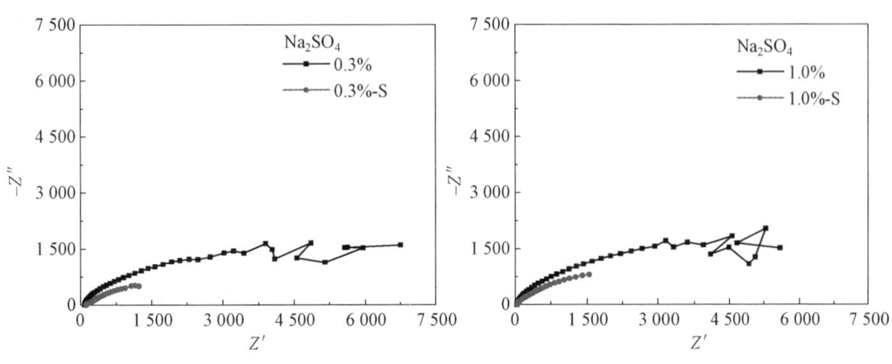

图 6-7 含 Na_2SO_4 孔隙溶液和砂土的 Nyquist 图对比

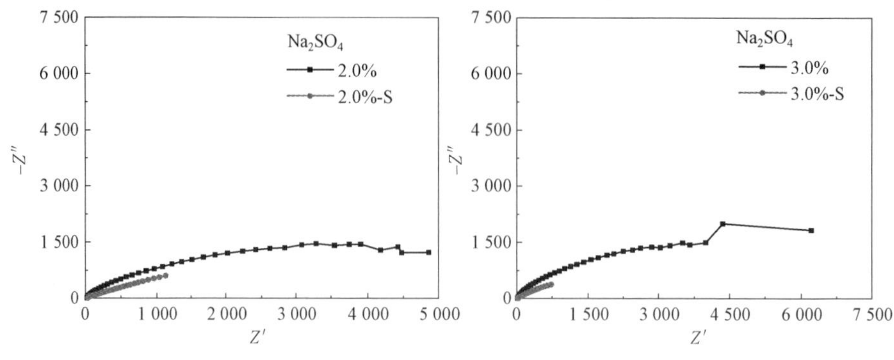

图 6-7 含 Na_2SO_4 孔隙溶液和砂土的 Nyquist 图对比（续）

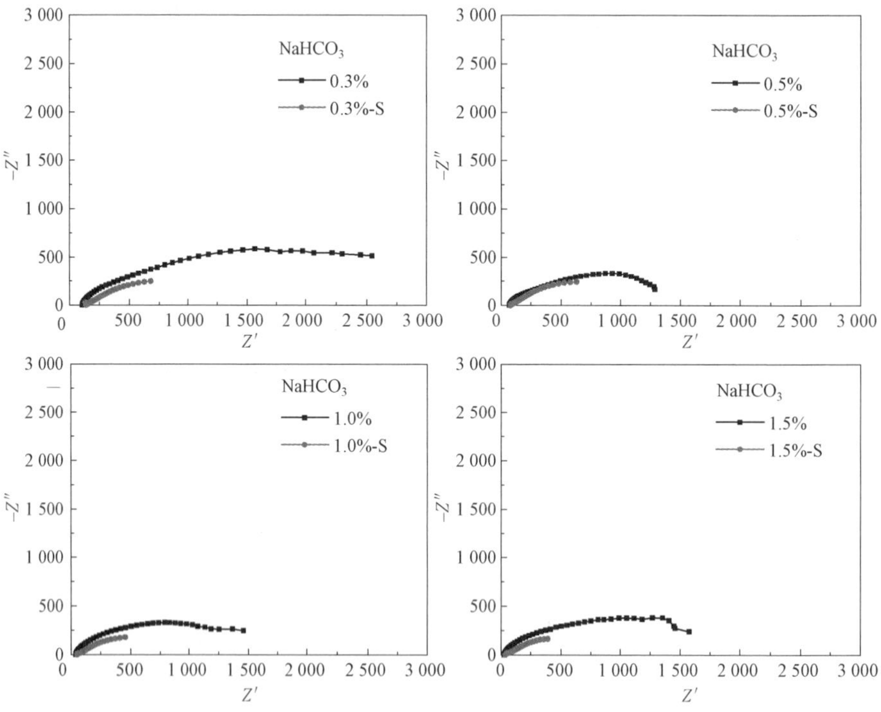

图 6-8 含 $NaHCO_3$ 孔隙溶液和砂土的 Nyquist 图对比

在迁移性和攻击性较大的 Cl^- 环境中，各 Nyquist 图均由一个扁平容抗弧连接一个近 45° 直线（扩散阻抗）组成；在电荷量较多的 SO_4^{2-} 环境中，各 Nyquist 图均为一个扁平状的容抗弧；在有助于钝化膜形成的 HCO_3^- 碱性环境中，各 Nyquist 图也均呈现扁平状的容抗弧。

砂土颗粒对 NaCl 孔隙溶液的分散作用较明显。与孔隙溶液相比，含 NaCl 砂土的阻抗谱与实轴的交点明显向右移动，拟合结果中含 NaCl 砂土溶液电阻 R_e 约为相应孔隙溶液的 2～3 倍；含 Na_2SO_4 和 $NaHCO_3$ 砂土的溶液电阻与相应易溶盐溶液的相近。此外，Na_2SO_4 孔隙溶液容抗弧低频端出现波动现象，且高浓度下低频端波动较小。这可能与含 Na_2SO_4 孔隙溶液中离子较弱的迁移能力相关，而含 Na_2SO_4 砂土中，砂土颗粒对离子的迁移具有促进作用。

6.2.2.2　含易溶钠盐孔隙溶液和砂土的 Bode 图

图 6-9～图 6-11 为 4.3.1～4.3.3 节中含 NaCl、Na_2SO_4 和 $NaHCO_3$ 孔隙溶液和砂土的 Bode（模值）图。结果显示，含 NaCl 孔隙溶液和砂土的模值比含 Na_2SO_4 和 $NaHCO_3$ 孔隙溶液和砂土的小，因此含 NaCl 孔隙溶液和砂土的腐蚀性较大。

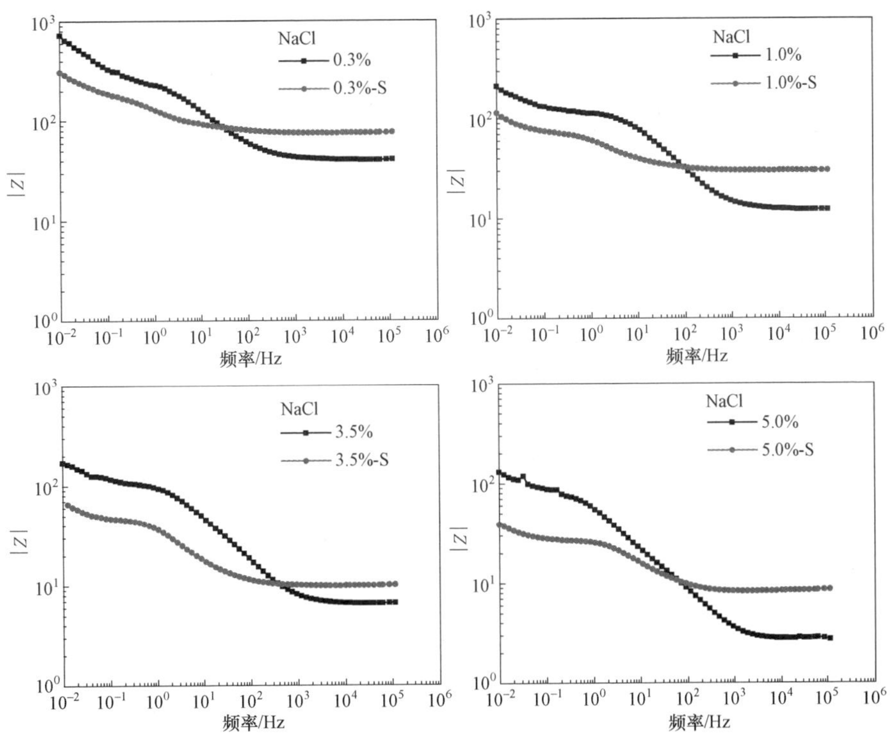

图 6-9　含 NaCl 孔隙溶液和砂土的 Bode 图（模值）对比

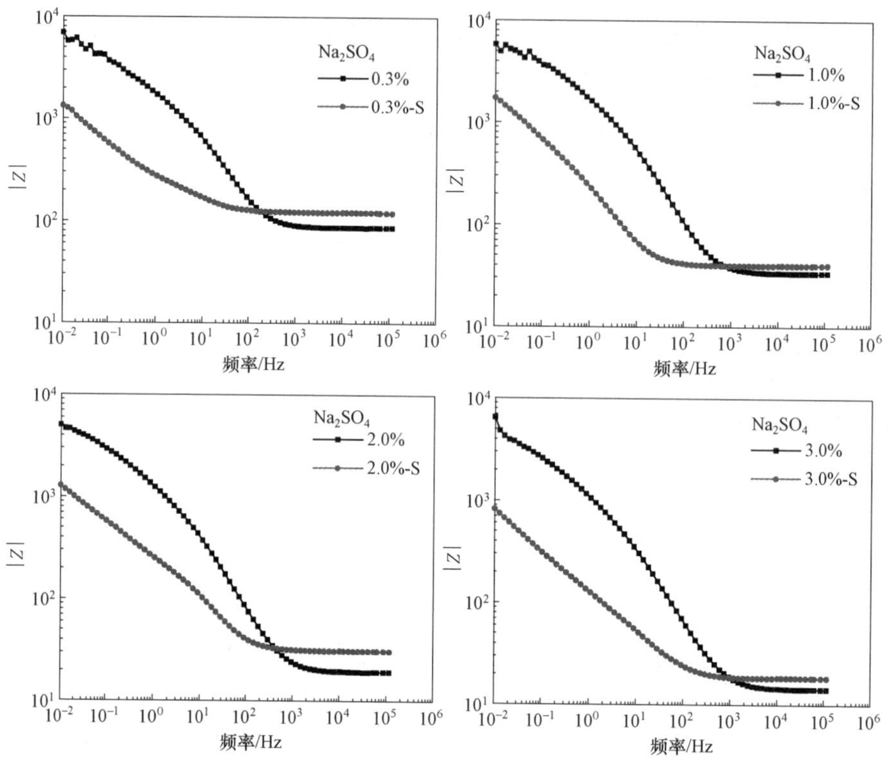

图 6-10　含 Na_2SO_4 孔隙溶液和砂土的 Bode 图（模值）对比

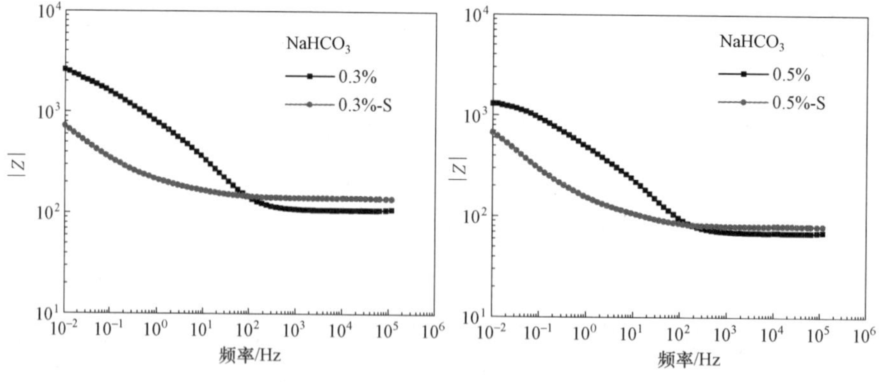

图 6-11　含 $NaHCO_3$ 孔隙溶液和砂土的 Bode 图（模值）对比

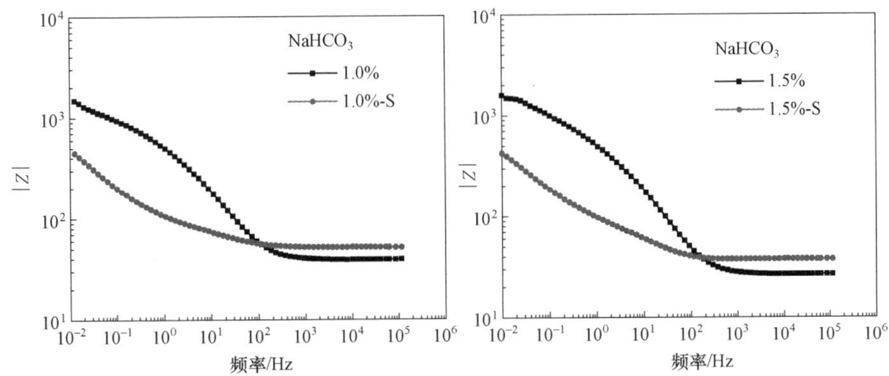

图 6-11　含 $NaHCO_3$ 孔隙溶液和砂土的 Bode 图（模值）对比（续）

同样，各组含易溶钠盐砂土的模值和孔隙溶液的模值在频率为 10^0～10^3 Hz 之间出现交叉现象，即砂土固相颗粒起到了促进低频过程阻碍高频过程的作用。含 Na_2SO_4 和 $NaHCO_3$ 砂土中，砂土固相颗粒的低频促进作用比高频阻碍作用显著，这可能与相应砂土孔隙液中离子较弱的迁移和攻击性相关。

图 6-12～图 6-14 为 4.3.1～4.3.3 节中含 NaCl、Na_2SO_4 和 $NaHCO_3$ 孔隙溶液和砂土 Bode（相位角）图。各浓度含易溶钠盐砂土的相位角峰值比对应孔隙溶液低，且偏向低频端。随着盐含量的增大，频域 10^0～10^2 Hz 内含钠盐砂土的相位角峰更加明显，这可能与砂土颗粒对孔隙液分散作用下体系中电化学热力学趋势增加相关。

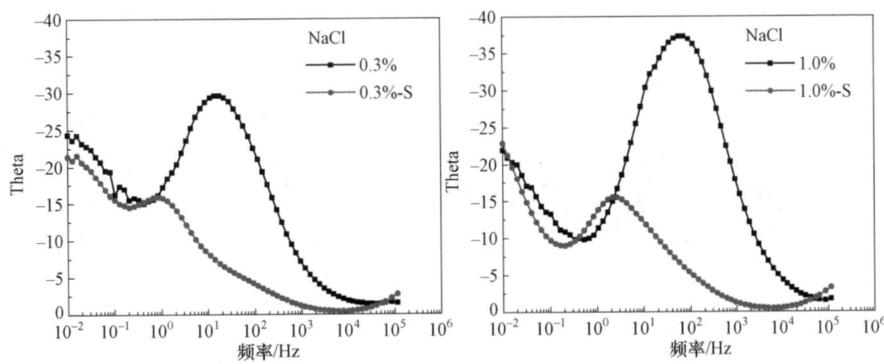

图 6-12　含 NaCl 孔隙溶液和砂土的 Bode 图（相位角）对比

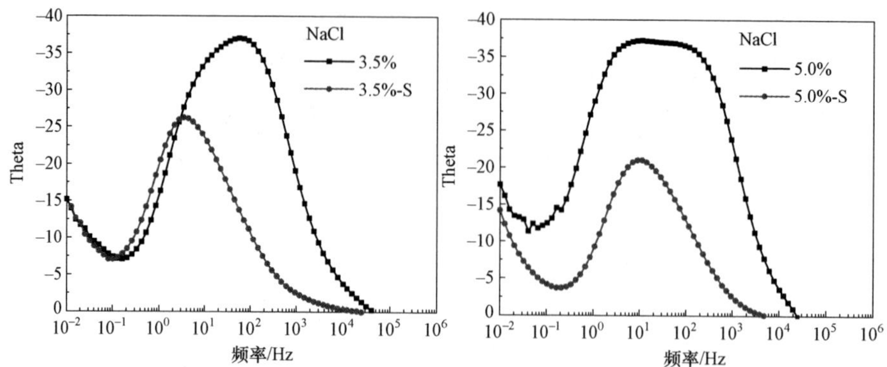

图 6-12　含 NaCl 孔隙溶液和砂土的 Bode 图（相位角）对比（续）

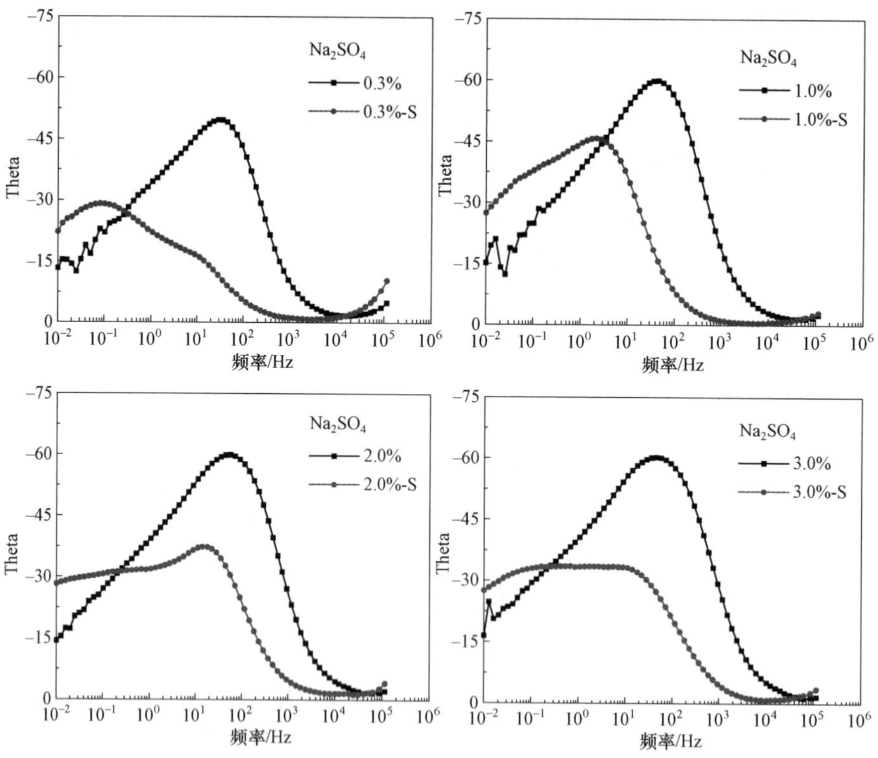

图 6-13　含 Na_2SO_4 孔隙溶液和砂土的 Bode 图（相位角）对比

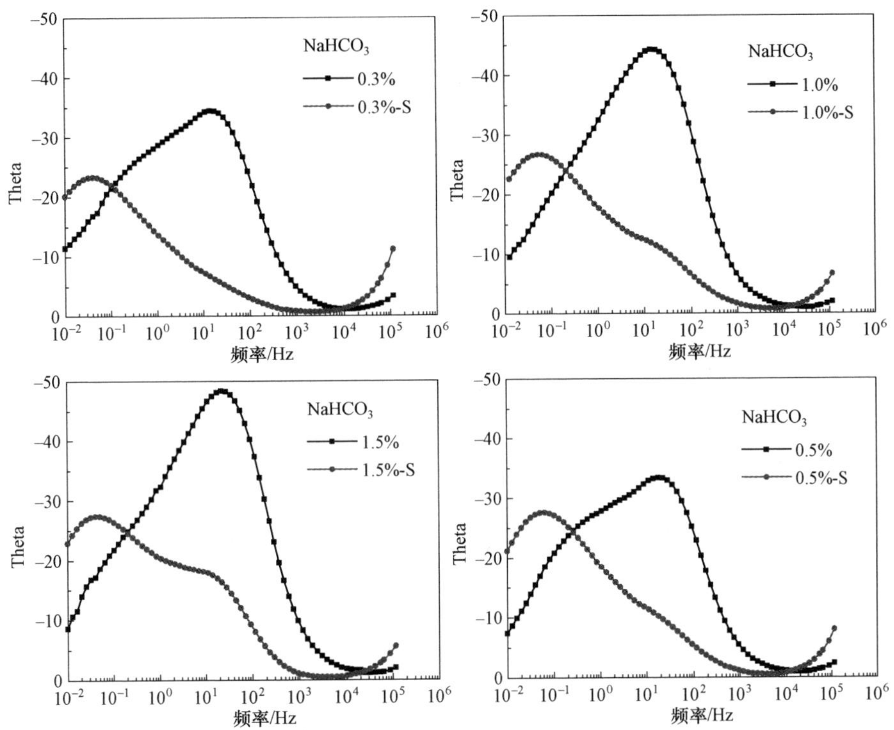

图 6-14 含 $NaHCO_3$ 孔隙溶液和砂土的 Bode 图（相位角）对比

与孔隙溶液相比，含 NaCl 砂土对应开口宽度较窄，体现出单位面积含 NaCl 砂土腐蚀性强于单位面积 NaCl 孔隙溶液。$NaHCO_3$ 孔隙溶液、含 Na_2SO_4 砂土和含 $NaHCO_3$ 砂土对应相角呈现较明显的两个峰值，表明阻抗谱含两个由状态变量引起的时间常数。$NaHCO_3$ 孔隙溶液中界面电阻和电容主要是电极表面氧化产物层贡献。含 $NaHCO_3$ 砂土中界面电阻和电容是电极表面不连续氧化产物和砂层共同作用的结果。

图 6-15～图 6-17 为 4.3.1～4.3.3 节中含 NaCl、Na_2SO_4 和 $NaHCO_3$ 孔隙溶液和砂土对应的阻抗拟合参数对比，包括溶液电阻 R_e、反映电化学过程快慢的电荷转移电阻 R_{ct} 和常相位角元件参数(Y_o 和 n)。由 n 值可知砂土/孔隙溶液－电极界面电容与理想电容之间均存在偏离现象，即弥散效应。

与孔隙溶液相比，砂土中溶液电阻 R_e 较大，含 NaCl 和 Na_2SO_4 砂土中 R_e 为相应孔隙溶液中的 1.5～3.5 倍，含 $NaHCO_3$ 砂土中 R_e 与相应孔隙溶液中相近。含 NaCl 砂土中 R_{ct} 小于 NaCl 孔隙溶液，砂土颗粒增强了 NaCl 孔隙溶液的腐蚀性；含 $NaHCO_3$ 砂土中 R_{ct} 大于 $NaHCO_3$ 孔隙溶液，砂土颗粒减弱了 $NaHCO_3$ 孔隙溶液的腐蚀性；砂土颗粒对 Na_2SO_4 孔隙溶液的腐蚀性影响规律不显著。

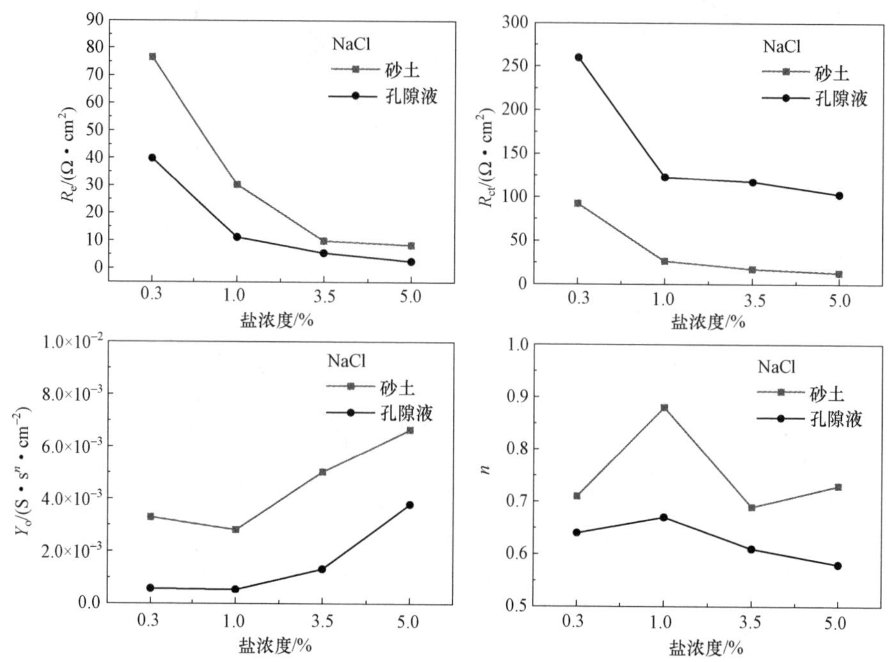

图 6-15　含 NaCl 砂土和孔隙溶液阻抗谱拟合参数对照

含 NaCl、Na_2SO_4 和 $NaHCO_3$ 砂土对应界面常相位角元件参数 Y_o 数量级均为 10^{-3}，大于含 NaCl、Na_2SO_4 和 $NaHCO_3$ 孔隙溶液的 Y_o（10^{-3}～10^{-4}，10^{-5} 和 10^{-4}）。其中，含 NaCl 和 $NaHCO_3$ 砂土中 n 值比孔隙溶液中更靠近 1，表明电极界面电容更接近理想电容；含 Na_2SO_4 砂土中 n 值比孔隙溶液中更偏离 1，表明电极界面双电层电容偏离近理想电容。这可能与孔隙溶液中离子的迁移性和钝性相关，Cl^-迁移性和攻击性最强，而 HCO_3^-有助于材料表面钝化，且铜作工作电极时 SO_4^{2-}不参与电化学反应过程。

将砂土视为均匀介质，其中砂土固相颗粒为非极性介质（$\varepsilon<2.8$），孔隙液为极性介质（$\varepsilon>3.6$），根据式 6.2 砂土介电常数小于孔隙液的介电常数，但对整体电容的影响较小。

$$C=\frac{\varepsilon S}{4\pi kd} \tag{6.11}$$

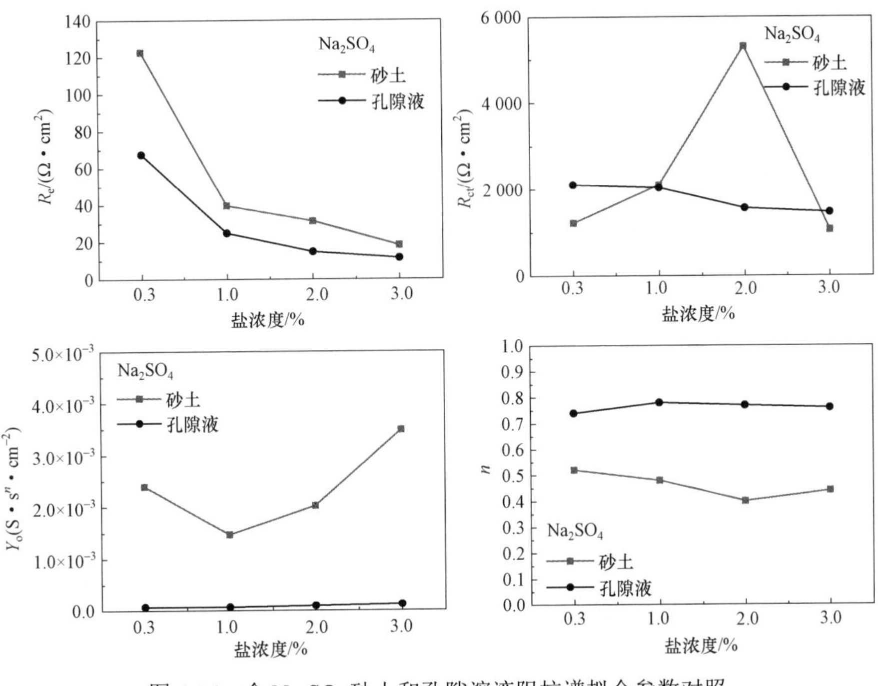

图 6-16　含 Na_2SO_4 砂土和孔隙溶液阻抗谱拟合参数对照

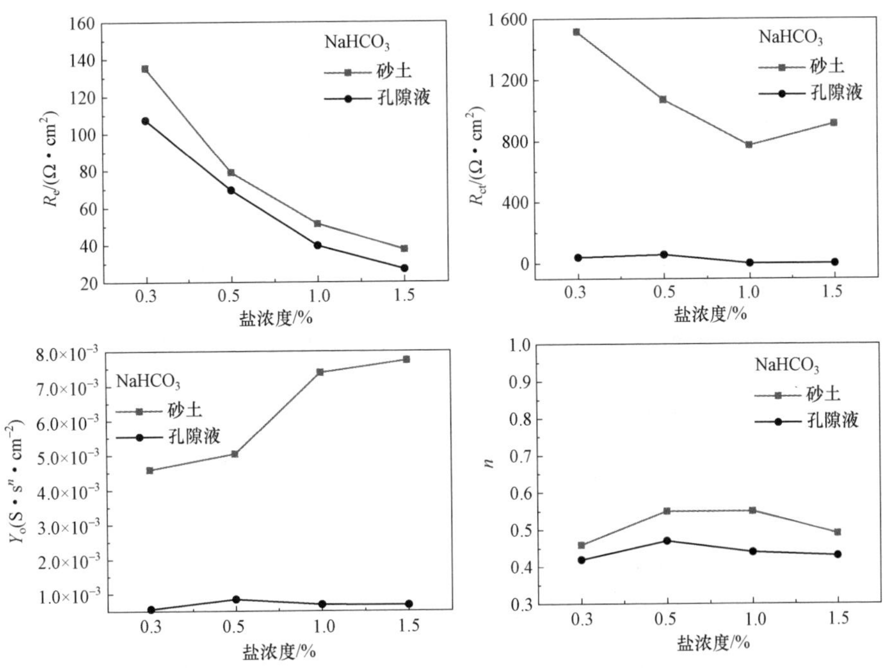

图 6-17　含 $NaHCO_3$ 砂土和孔隙溶液阻抗谱拟合参数对照

式中：ε——极板间介质的介电常数；

S——极板正对面积；

k——静电力常量；

d——极板间的距离。

电极与孔隙液界面上将形成双电层，产生一个电位差（即电极电位），进而形成原电池，发生腐蚀。砂土固相颗粒对孔隙液具有分散作用，砂土介质中电极表面双电层被分散为不连续的微电容，如图 6-18 所示，砂土－电极界面电容相当于大量微电容的并联。根砂土颗粒对孔隙液－电极界面双电层电容（图 1-7）极板间距离 d 的影响较小，可以被忽略；对极板正对面积 S 影响大。本文含水量为 15%的单一易溶钠盐砂土与电极的接触面积为等量孔隙液对应面积的近 4 倍，砂土固相颗粒与电极之间可视为点接触。

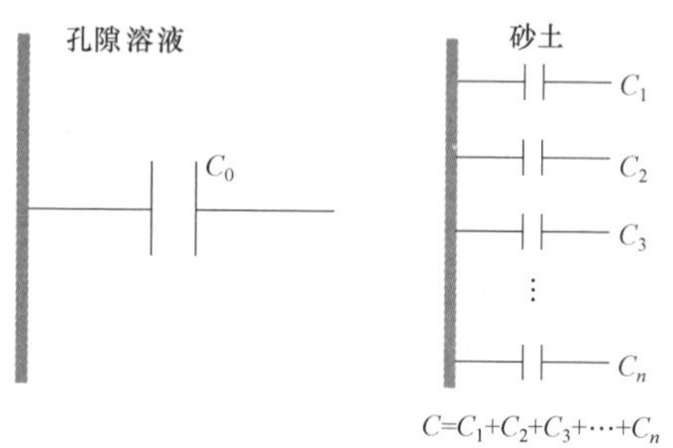

图 6-18　砂土/孔隙溶液－电极界面电容

电容与电压、电流满足关系（式 6.12），

$$u = \frac{1}{C}\int_{-\infty}^{t} i(\xi)\mathrm{d}\xi \tag{6.12}$$

假设无孔隙液与电极液滴接触的情况，当孔隙液种类和含量相同且电极上加载相同的交流电压信号 $u(t)$时，电极界面总电容 C 即为大量微电容的总和，因而，砂土对应常相位角元件 Y_0 较大。此外，界面电容还受孔隙液种类和液滴覆盖的影响，因而砂土对应常相位角元件 Y_0 增加与接触面积的增加不等倍数。

6.2.3　含易溶钠盐孔隙溶液和砂土中 X80 钢的腐蚀

图 6-19～图 6-21 为 5.3.2 节中相同浓度梯度下含单一易溶钠盐孔隙溶液和砂土中 X80 钢的极化对照结果。NaCl 和 Na_2SO_4 溶液中 X80 钢极化曲线的阳极支均有溶解台阶出现；砂土中只有 NaCl 环境下，有较多的溶解台阶，这可能与 Cl^-较强的迁移性和攻击性相关。

砂土颗粒对 X80 钢的腐蚀电流和腐蚀电位的影响与易溶钠盐环境有关。NaCl 和 Na_2SO_4 环境砂土颗粒对 X80 钢的腐蚀电流即腐蚀动力学趋势影响较小；$NaHCO_3$ 环境下，砂土中 X80 钢的腐蚀电流明显小于 $NaHCO_3$ 溶液中，砂

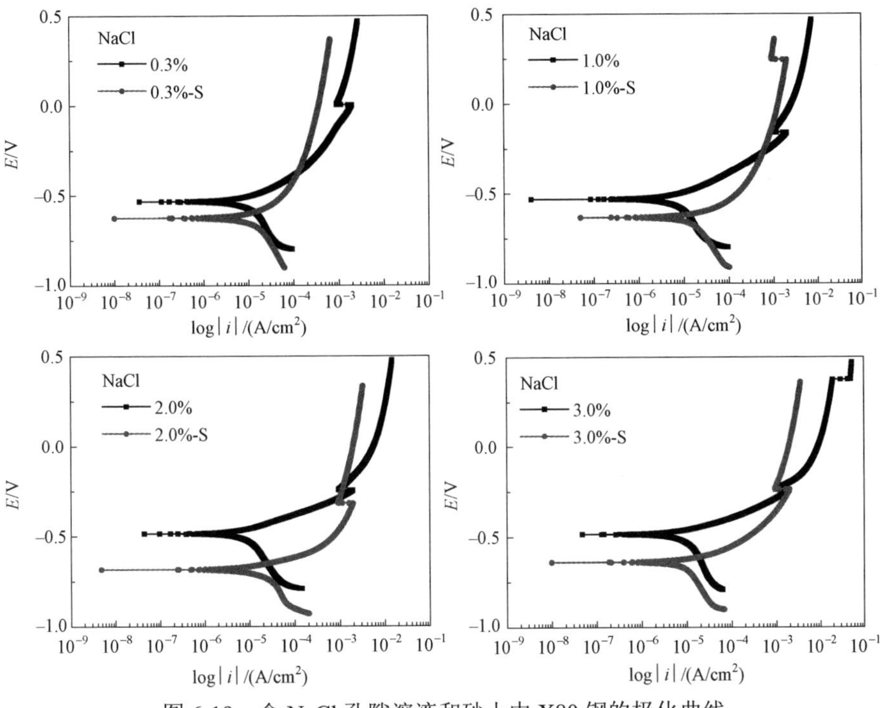

图 6-19　含 NaCl 孔隙溶液和砂土中 X80 钢的极化曲线

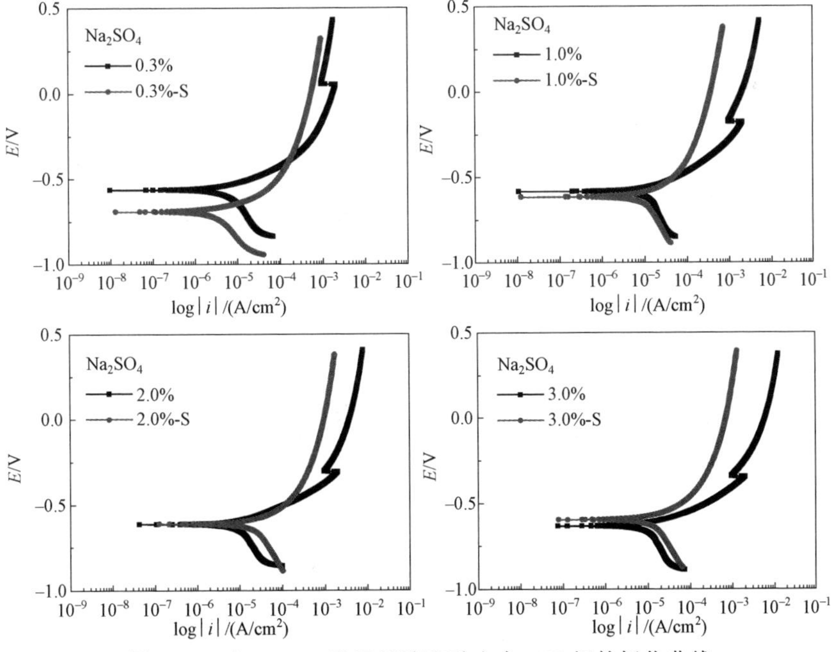

图 6-20　含 Na_2SO_4 孔隙溶液和砂土中 X80 钢的极化曲线

土颗粒有助于 $NaHCO_3$ 环境腐蚀性的减弱。NaCl 环境下砂土颗粒显著降低了 X80 钢的腐蚀电位即腐蚀热力学趋势，加速了腐蚀；Na_2SO_4 和 $NaHCO_3$ 环境下砂土颗粒对 X80 的腐蚀电位影响均较小。

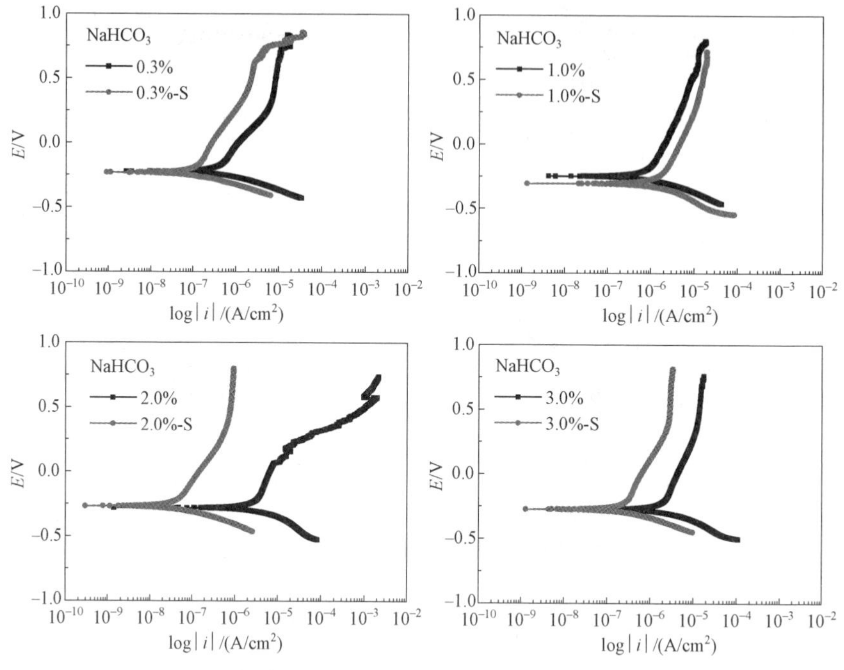

图 6-21　含 $NaHCO_3$ 孔隙溶液和砂土中 X80 钢的极化曲线

拟合结果显示，与孔隙溶液中相比，含 NaCl 砂土中 X80 钢的腐蚀电流密度和腐蚀速率较大，腐蚀程度从中等偏向严重；含 Na_2SO_4 砂土中 X80 钢的腐蚀程度也均属中等和严重；含 $NaHCO_3$ 砂土中 X80 钢的腐蚀电流密度和腐蚀速率减小了 1～2 个数量级，腐蚀程度也均属轻微。

6.3　含混合易溶钠盐砂土黏附特性与腐蚀性应用

6.3.1　含混合易溶钠盐砂土的黏附特性

土壤腐蚀性与其黏附性密切相关。金属表面被土壤黏附时有局部腐蚀存在，且黏附与电化学有关的设想早已提出。但对此一直未能进行深入探讨。土壤–金属黏附系统（图 6-22），如以钢铁为主要材料的地面触土部件与一定含水量的土壤构成黏附系统，界面具备形成原电池的条件，对应电化学反应是自发的不可逆过程。金属材料触土部件与黏湿土壤接触时，土壤水进入接触界面。金属与孔隙水形成的固–液两相界面上将形成双电层，从而产生一个电位差(即电极电位)。金属中的组织成分甚至相界都具有不同的电极电位。在有土壤水存在的金属表面有电势差，将形成原电池。原电池电位差越大，系统越不稳定，自发进行电化学反应的倾向越大，导致阳极受到腐蚀。

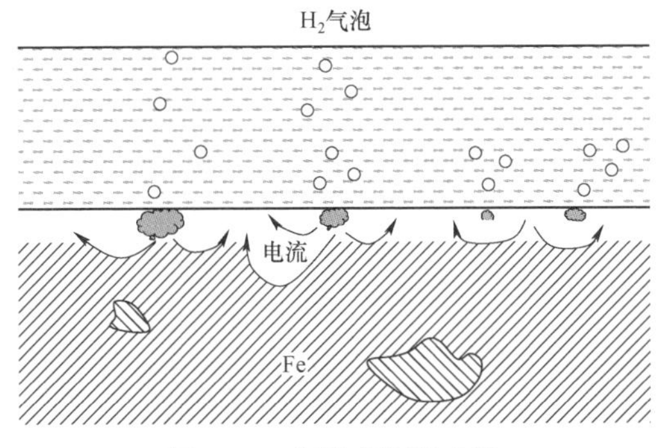

图 6-22　钢铁表面微电池

一般情况，土壤腐蚀性越强，对应黏附越严重，与金属形成的黏附系统界面能较高。首先，土壤黏附现象与金属电化学现象的能量变化趋势是一致的，因此土壤的腐蚀性与其对钢铁的黏附性有对应性。其次，土壤黏附力学效应和钢铁腐蚀都是微观作用下产生的宏观变化，两者都与水膜密不可分。紧邻金属表面的水膜在金属腐蚀电势作用下将被活化，土壤水中的胶体产生电泳。此外，腐蚀产物不断溶解，水膜将形成紊流层，黏度增大，土壤金属界面能量增加。

与砂土接触的 X80 钢表面同时存在土壤黏附和电化学腐蚀。X80 钢表面基本组成相是铁素体和渗碳体。组成微电池后，电位低或能量高的部分，如铁素体、晶界等，作阳极，被腐蚀。表面发生氧化还原反应，电流在钢铁次表面流动（图 6-22）。砂土多孔介质中，与孔隙液接触的活性区会形成上述微电池。砂土中黏粒含量较少，砂土颗粒对孔隙液的作用力较弱，因而对应黏附性和腐蚀性较弱。

6.3.2 含混合易溶钠盐砂土的腐蚀性应用

电化学阻抗谱拟合参数电荷转移电阻 R_{ct} 反映了砂土的腐蚀性；溶液电阻 R_e 和常相角元件 Q_{dl} 反映了电极表面活性区状态；砂层电容 C_s 和电阻 R_s 一定程度上反映了粒径、含水量和导电路径的状态，这与砂土的物理、力学性质相关。砂层电容 C_s 和砂层电阻 R_s 波动较大，这可能与砂土颗粒较弱的黏附特性相关。对于黏性较大的土壤，土壤黏粒周围将存在较大的电双层，也会对土壤层的电容产生影响。图 6-23 为含易溶钠盐砂土阻抗谱拟合结果（4.3.4 节，铜电极）中相应的溶液电阻 R_e、电荷转移电阻 R_{ct}、砂层电阻 R_s 和砂层电容 C_s 参数随含盐量的变化。

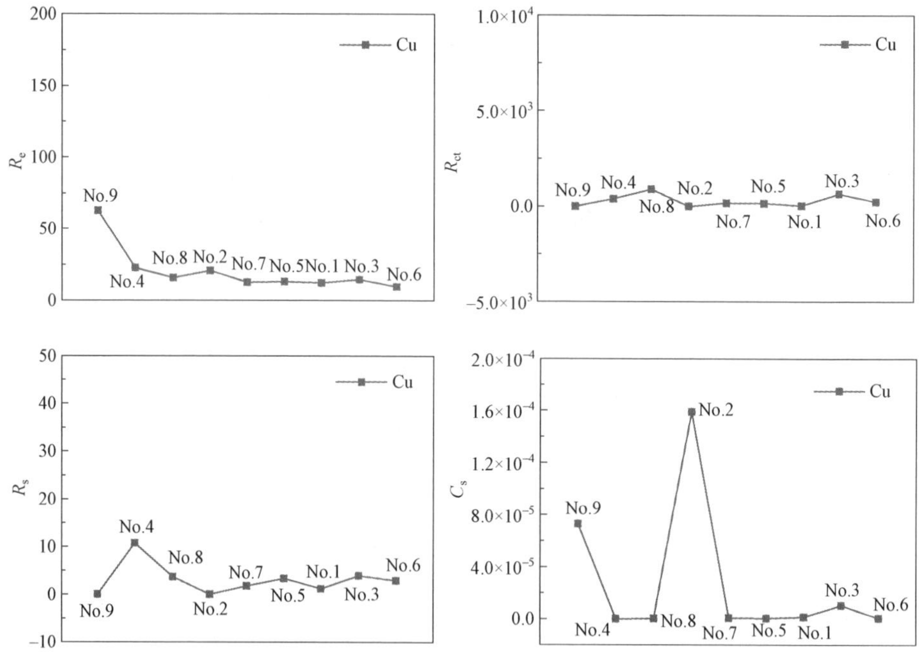

图 6-23　含混合易溶钠盐砂土 EIS 拟合参数（表 4-14）：R_e、R_{ct}、R_s 和 C_s 随含盐量的变化趋势

各组含混合易溶钠盐砂土的含盐量按顺序依次减小，No.9＜No.4＜No.8＜No.2＜No.7=No.5＜No.1＜No.3＜No.6。结果显示，溶液电阻 R_e 与含盐量呈负相关。含盐量和盐的种类共同影响含混合易溶钠盐砂土的腐蚀性。电荷转移电阻 R_{ct} 数值较小，随含盐量的增大在一定范围内波动，表明含混合易溶钠盐砂

土的腐蚀性较弱。含盐量较小时，砂层电阻 R_s 和砂层电容 C_s 参数波动较大；含盐量较大时，砂层电阻 R_s 和砂层电容 C_s 参数波动较小，这可能与砂土的积盐能力较小有关。

砂层电阻 R_s 和砂层电容 C_s 与含混合易溶钠盐砂土颗粒周围液桥状态相关，显示了砂土一定程度的电荷储存能力。与含水量为 15%的砂土相比（C_s，9.6×10^{-11} F·cm^{-2}；R_s，3.0×10^{3} Ω·cm^{2}），含混合易溶钠盐砂土对应砂层电容 C_s 数量级为 1×10^{-4}～1×10^{-8}，整体较大；而对应砂层电阻 R_s 数值在 0～10 Ω·cm^{2} 之间，整体较小。砂土颗粒周围无电双层作用，电解质的价数及其浓度对颗粒周围膜状水的水膜厚度的影响较弱。含混合易溶钠盐砂土中较多的自由离子定向移动，相应的砂层电容 C_s 较大，砂层电阻 R_s 数量级也较小。一定程度上验证了基本等效电路的合理性。

如图 6-24 所示为实际的长输管线钢经过不同类型的土壤和管道埋置位置垂直方向土壤的松紧度和透气性差异引发管道局部腐蚀的原理示意图。金属与不同类型的土壤接触时，金属与土壤界面间不同的界面电位，使金属不同部位存在电位差，通过土壤形成回路，构成腐蚀电池。在土壤中宏电池腐蚀比微电池腐蚀危害性更大。当管道穿越砾石、黏土和砂三种类型的土壤时，会形成浓差电池［图 6-24（a）］。黏土中黏粒表面对阳离子、水等的作用力较强，具有较大的内聚力，土壤中适宜腐蚀水分保持时间也较长，对应管道部分作电池阳极进行溶解；而砾石和砂中颗粒对离子和土中水的作用力较弱，具有较小的内聚力，土壤中适宜腐蚀水分保持时间也较短，其中管道部分作了阴极。

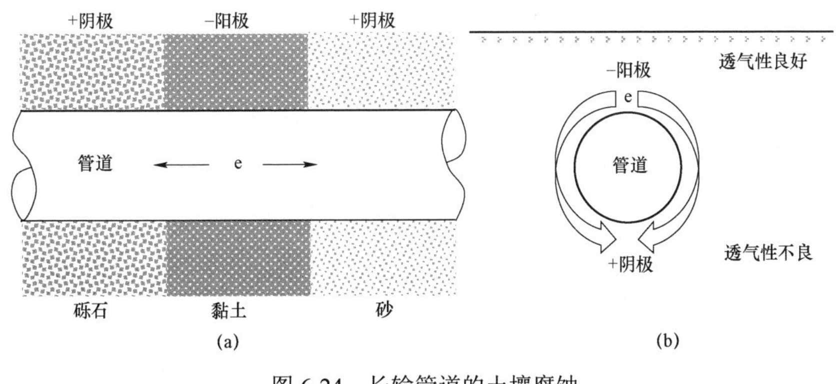

图 6-24　长输管道的土壤腐蚀

（a）水平方向；（b）垂直方向

此外，不同土壤的性质不同。随着温度、季节和气候的变化土壤的涨缩特性不同，将作用在管线钢上也会引起应力腐蚀。因而对于穿越黏土地区的埋地管道应更加注意监测与维护。当管线钢埋置于垂直方向土壤透气性差异较大的位置时，因供氧不同也会形成浓差电池［图 6-24（b）］。接触上部透气性良好土壤的部位将作阳极进行溶解，电流方向如图 6-24（b）所示。对于上部接触透气性良好土壤的埋地管道对应阳极区也应更加注意监测与维护。在选材时应注意选用与土壤黏附系统界面能量较低的管道材质，同时在管道铺设设计中应尽量保持管道周围土壤的均匀性，如布置焦炭。

6.4 本章小结

本文试验研究了砂土电化学理论、含易溶钠盐砂土电化学特性和砂土中 X80 钢电化学腐蚀应用。本章对试验结果进行了进一步讨论和分析，可得出以下结论：

（1）砂土和孔隙溶液中的电化学反应过程是相同的，砂土颗粒在碱性环境下可能也参与电化学过程。一方面，电化学过程分散在多处进行，固－液－气三相共存为电化学过程的阴极反应提供了充足的氧环境，增加了局部腐蚀倾向；另一方面，电解液中参与电化学过程的活性物质（如氧）通过孔隙扩散到达界面，需克服“液桥”作用力和砂土中静态摩擦力等，增加了物质扩散阻力，抑制了电化学过程。

（2）等效电路①为砂土－电极基本等效电路，②和④等效电路均为其扩展形式。等效电路的变化与砂土中离子的浓度、种类等相关。等效电路②中 C_{s2}、R_{s2} 元件可用于砂土电荷储存较强的情况，如含 Na_2SO_4 砂土。在铜片和 X80 钢作工作电极两种体系中，阴极过程相同，阳极过程因工作电极的不同而有差异，两种工作电极下体系电化学特性能够一定程度地反映砂土的腐蚀性。

（3）孔隙溶液和砂土的电化学阻抗行为对比显示，砂土对应容抗弧半径较小，腐蚀性较大。孔隙溶液和砂土体系模值在频率为 10^0～10^3 Hz 之间均出现交点，砂土颗粒起到了促进低频过程阻碍高频过程的作用。腐蚀性强的砂土对应频域内相位角峰明显。含易溶盐砂土中含盐量和盐的种类共同影响砂土的腐蚀性。

（4）砂土颗粒对 X80 钢的腐蚀电流和腐蚀电位的影响与易溶钠盐环境有关。NaCl 环境下砂土颗粒显著减小了 X80 钢的腐蚀电位即腐蚀热力学趋势，腐蚀程度从中等偏向严重；Na_2SO_4 环境下砂土颗粒对 X80 的腐蚀电流和腐蚀电位影响均较小，腐蚀程度也属中等和严重；$NaHCO_3$ 环境下砂土颗粒显著减小了 X80 钢的腐蚀电流即腐蚀动力学趋势，腐蚀速率减小了 1～2 个数量级，减慢了腐蚀。

（5）与孔隙溶液体系相比，砂土颗粒对孔隙溶液有分散作用，导致溶液电阻 R_e 增大。电化学阻抗谱拟合参数电荷转移电阻 R_{ct} 反映了砂土的腐蚀性；溶液电阻 R_e 和常相角元件 Q_{dl} 反映了电极表面活性区状态；砂层电容 C_s 和电阻 R_s 一定程度上反映了粒径、含水量和导电路径的状态，这与砂土的物理、力学性质相关。

（6）铜片做阳极能够一定程度地反应砂土的腐蚀性。腐蚀性较弱的砂土与金属材料形成的黏附系统界面能量较低，砂土黏附较弱。对于埋地长输管道，砂土地区的腐蚀性较弱，一般为阴极。穿越黏土地区的埋地管道和接触透气性良好上部区域更应注意监测与维护。在选材时应选用黏附系统界面能量较低的管道材质，同时在管道铺设设计中应尽量保持管道周围土壤的均匀性。

结论与展望

7.1 主要研究结论

本文以砂土电化学理论、含易溶钠盐砂土电化学特性和砂土中 X80 钢电化学腐蚀应用为研究主线，基于电化学理论、土壤黏附机理及考虑时效机制探索含易溶钠盐砂土黏附–电化学现象之间的关系，研究含易溶钠盐砂土的电化学特性及其腐蚀机理。经过试验、分析和研究得出的主要结论如下：

（1）砂土电化学理论模型研究

1）试验用砂土各粒径组颗粒边界光滑，无碎屑附着。颗粒形状多属次圆状、圆状和极圆状，少数小颗粒形状属于次棱。颗粒参数中，近球度 S_p 和伸长率 E_l 分布服从正态分布。

2）砂土颗粒松散简单立方体排列和紧凑四面体排列两种堆积方式下，水分张力均较小，均在 10^3 kPa 以下。对于试验砂土在中等密实程度下，忽略形状和不同粒径接触的影响，对应液桥极限体积下含水量应在 6%～12%，含水量为 15%的砂土颗粒间液桥将出现搭接，形成网络组织。

3）根据砂土中砂土颗粒–孔隙液和电极–孔隙液之间的界面结构，建立了砂土–电极体系的基本等效电路①R(C(R(Q(RW))))。当频率较高时，各路径均为导通状态；低频时，部分不连续相路径将被阻断。非饱和状态砂土呈现电阻和电容特性，当含水量达到饱和以后，砂土整体呈现电阻特性。

（2）不同含水量砂土的电化学行为研究

1）不同粒径干砂的 Bode 图显示，无液相回路的砂土体系，模值随频率的对数变化整体呈现斜率约为−1 的斜线，呈电容性质，可等效为电容元件。不同含水量砂土体系 Nyquist 图由高频区的扁平容抗弧半圆和低频区的近 45° 斜线组成。随着含水量的增加，容抗弧和扩散弧半径以及阻抗模值都呈减小的趋势，砂体系的腐蚀性增强。不同含水量砂土体系在基本等效电路①的扩展型等效电路模型②：R(C(R(Q(RW))))(CR)下拟合良好。

2）砂土颗粒对孔隙水的分散作用使溶液电阻 R_e 增加了一个数量级，且含水量较少时，R_e 增加较明显。电荷转移电阻 R_{ct} 随着含水量的增加而减小。该砂土单位面积对应水力半径值在 2 mS 以下波动，而表示迂曲度 L 变化的 W 数量级在 10^{-7}～10^{-8} 之间波动。

（3）含易溶盐砂土的电化学阻抗行为研究

1）含 NaCl、Na_2SO_4 和 $NaHCO_3$ 砂土中，含 NaCl 砂土的腐蚀性最大。Nyquist 图显示，含 NaCl 砂土的阻抗谱也由高频区容抗弧和低频区的扩散阻抗（近 45° 斜线）组成；含 Na_2SO_4 砂土和含 $NaHCO_3$ 砂土阻抗谱呈现扁平的容抗弧特征。与 15%含水量砂土相比，NaCl 有加快电化学过程的作用，Na_2SO_4 和 $NaHCO_3$ 有减慢电化学过程的作用。随着孔隙液盐浓度的增大，Bode 模值逐渐减小，相位角（Theta）峰谷更加明显。且浓度对 10^0～10^2 Hz 频域内相位角影响较大，有激活电化学过程的倾向。

2）NaCl、Na_2SO_4 和 $NaHCO_3$ 孔隙溶液体系的阻抗谱特征与对应砂土类型一致，但其高频端形状更接近半圆状。钠盐浓度和砂土颗粒对 10^0～10^2 Hz 频域内相位角影响较大，有激活电化学过程的倾向，这与对应频率下体系中导电路径和颗粒周围孔隙液的状态相关。NaCl、Na_2SO_4 和 $NaHCO_3$ 污染土和孔隙溶液中的电化学过程相同，阳极均为铜的溶解，阴极为吸氧过程。

3）含混合易溶钠盐砂土的 Nyquist 图均呈现高频区容抗弧和低频区不同程度的扩散斜线。Cl^-的迁移性和攻击性较大，HCO_3^-有助于钝化膜形成，SO_4^{2-}电荷量较多。溶液电阻 R_e 和砂层电阻 R_s 与三种离子协同作用下砂土−电极界面多孔结构和砂土颗粒周围孔隙液的状态相关。阻抗极差分析得出：三种阴离子浓度的增加均有助于溶液电阻 R_e 的减小；反映砂土初期电化学过程的快慢的电荷转移电阻 R_{ct} 因素影响大小顺序为：$HCO_3^- > SO_4^{2-} > Cl^-$。根据砂土电化学阻抗谱能够初步判断砂土的腐蚀性。

（4）含易溶钠盐砂土中 X80 钢的腐蚀机理研究

1）宏、微观形貌测试分析表明，含混合易溶钠盐砂土中 X80 钢的腐蚀均表现为局部腐蚀，No.9 含混合易溶钠盐砂土对 X80 钢的腐蚀程度最轻。棕黄色的腐蚀产物为铁的氧化物，乳白色黏着性物质，可能是含 Na 和 Si 的物质。HCO_3^-离子有助于 X80 钢表面氧化物的形成，Cl^-和 SO_4^{2-}离子属于侵蚀破坏性离子。

2）极化试验分析表明，水和不同含水量砂土中 X80 钢的腐蚀均为轻微腐蚀，随着砂土中含水量的增加，X80 钢的腐蚀速率逐渐增加了 2 个数量级。含单一易溶盐砂土和孔隙溶液中 NaCl 和 Na_2SO_4 两种盐使 X80 钢腐蚀从轻微加速到中等、严重等级，其中 NaCl 作用更显著；$NaHCO_3$ 起到减慢 X80 钢腐蚀的作用，将腐蚀速率减小了 1～2 个数量级。砂土中 NaCl 和 Na_2SO_4 对 X80 钢腐蚀电流（腐蚀动力学趋势）影响较大，$NaHCO_3$ 对 X80 钢自腐蚀电位（腐蚀热力学趋势）影响较大。

3）含混合易溶钠盐砂土对 X80 钢的腐蚀性顺序从小到大依次为：No.9、No.6、No.3、No.4、No.5、No.8、No.2、No.7、No.1。Cl^-、SO_4^{2-}、HCO_3^-离子共存的砂土对 X80 钢的腐蚀行为具有较大的交互作用。对腐蚀速率而言，Cl^-、SO_4^{2-}、HCO_3^-离子的影响大小顺序为：$SO_4^{2-}>HCO_3^->Cl^-$。实际应用中根据电化学阻抗谱（EIS）和极化测试法可以综合判断砂土对 X80 钢的腐蚀性。

（5）含易溶钠盐砂土电化学机理分析研究

1）砂土和孔隙溶液中的电化学反应过程是相同的，砂土颗粒在碱性环境下可能也参与电化学过程。与孔隙溶液相比，整体上砂土容抗弧半径较小，对应腐蚀性较大。砂土颗粒起到了促进低频过程阻碍高频过程的作用。等效电路①为砂土－电极基本等效电路，②和④等效电路均为其扩展形式。等效电路的变化与砂土中离子的浓度、种类等相关。

2）砂土颗粒对孔隙溶液有分散作用，导致溶液电阻 R_e 增大。电化学阻抗谱拟合参数电荷转移电阻 R_{ct} 反映了砂土的腐蚀性；溶液电阻 R_e 和常相位角元件 Q_{dl} 反映了电极表面活性区状态；砂层电容 C_s 和电阻 R_s 一定程度上反映了粒径、含水量和导电路径的状态，这与砂土的物理、力学性质相关。

3）砂土颗粒对 X80 钢的腐蚀电流和腐蚀电位的影响与易溶钠盐环境有关。NaCl 环境下砂土颗粒显著减小了 X80 钢的腐蚀电位即腐蚀热力学趋势，加速了腐蚀；$NaHCO_3$ 环境下砂土颗粒显著减小了 X80 钢的腐蚀电流即腐蚀动力学趋势，减慢了腐蚀；Na_2SO_4 环境下砂土颗粒对 X80 钢的腐蚀电流和腐蚀电位影响均较小。

4）腐蚀性较弱的砂土与金属材料形成的黏附系统界面能量较低，砂土黏附较弱。对于埋地长输管道，砂土地区的腐蚀性较弱，一般为阴极。穿越黏土地区的埋地管道和接触透气性良好上部区域更应注意监测与维护。在选材时应选用黏附系统界面能量较低的管道材质，同时在管道铺设设计中应尽量保持管道周围土壤的均匀性。

7.2　未来工作展望

本文主要通过室内电化学测试研究了砂土电化学理论、含易溶钠盐砂土电化学特性和砂土中 X80 钢电化学腐蚀。在许多方面仍有不足之处，有待后续进一步完善。关于电化学阻抗谱测试技术在污染土电化学特性及其腐蚀机理方面的研究提出以下几点展望：

（1）本文中试验用标准砂的电化学特征只能一定程度地反映砂土的基本电化学特性。土壤种类繁多，性质差异较大，黏粒含量较多的黏性土中颗粒表面的离子双电层将会影响体系导电路径的变化，相应的电化学特征和理论仍需进一步分析研究。

（2）本文仅对含水量和主要易溶盐对砂土的电化学、腐蚀特性进行了试验，具有一定的局限性。现场土壤环境复杂多变，可能存在更大的影响因素，覆盖试验规律的现象，具体环境的电化学、腐蚀特性仍需根据现场的条件进一步分析。

（3）本文仅对比分析了铜和 X80 钢在含易溶盐砂土中的特性，相应的电化学特性仅能为砂土对 X80 钢的腐蚀评价提供参考。不同材料在相同的砂土电化学特性略有差异，一定程度也会影响砂土腐蚀性的评价与分析。砂土对其他材质如管线钢外的橡胶的腐蚀仍需进一步分析。

期待土壤的电化学阻抗谱理论和测试技术能够应用于土壤环境污染、土壤腐蚀研究。通过土壤的电化学阻抗谱特性研究掌握金属材料在自然环境中的腐蚀规律，为材料的自然环境腐蚀数据积累作出贡献。这有助于控制材料的自然环境腐蚀、减少经济损失、研究开发新材料、提高材料质量与性能。同时为防腐蚀标准与规范的制定提供科学依据，特别是为国家重点工程建设和国防建设中的合理选材、科学用材、采用相应的防护措施、保证质量和可靠性提供科学依据，进而指导管道施工和盐碱地治理等工程应用。

附　录

附录一　不同粒组的砂土颗粒典型形貌图

附表 1-1　1 号粒径组颗粒形貌采集结果（50 张）

1 号，2 000～1 000 μm

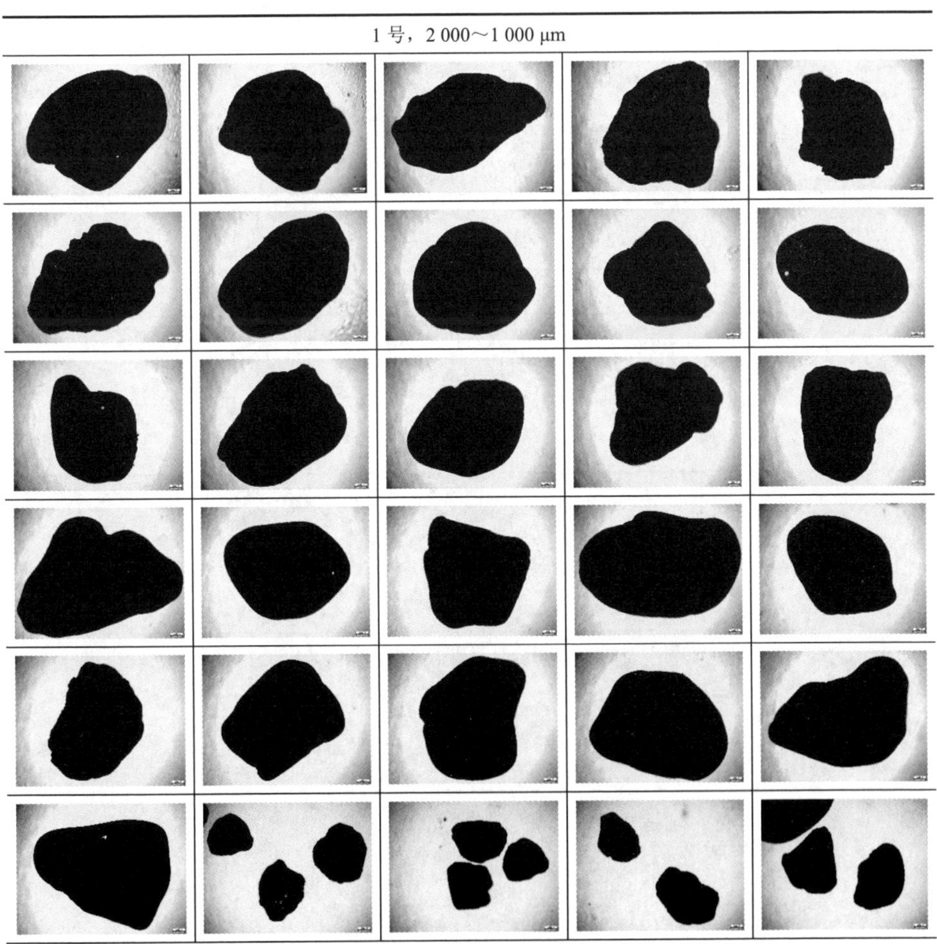

续表

1 号，2 000～1 000 μm

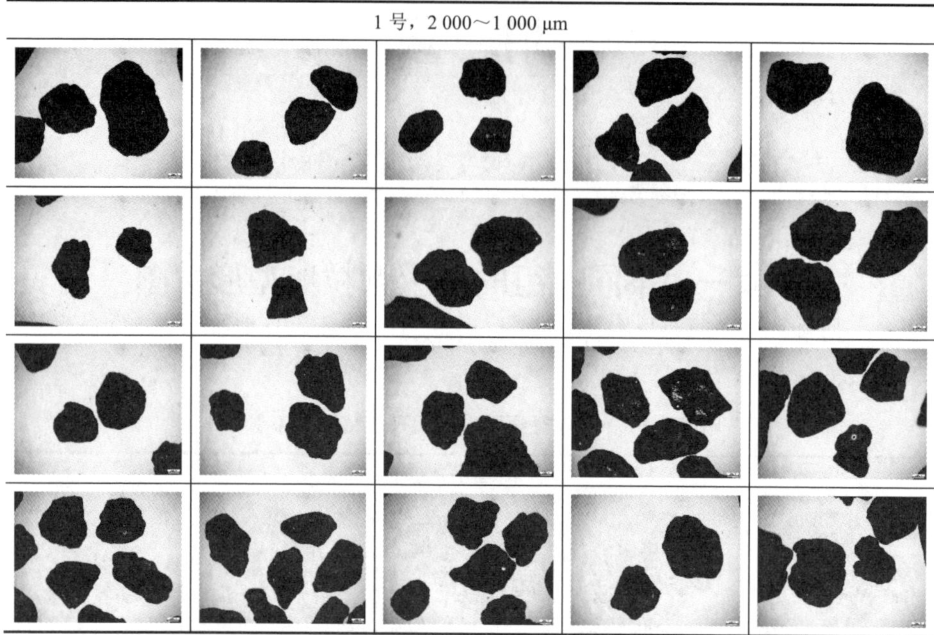

附表 1-2　2 号粒径组颗粒形貌采集结果（50 张）

2 号，1 000～250 μm

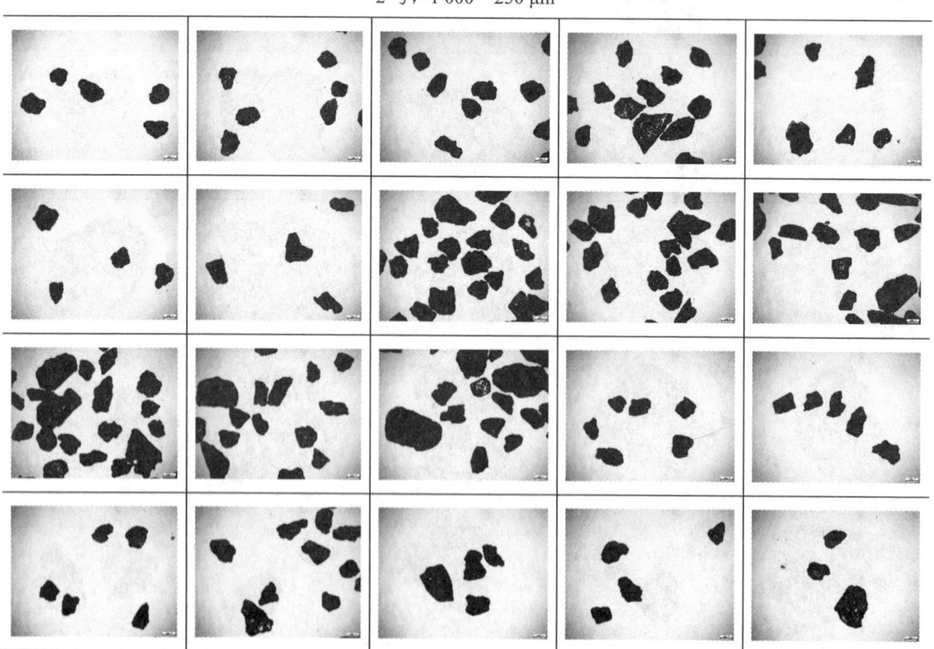

续表

2 号，1 000～250 μm

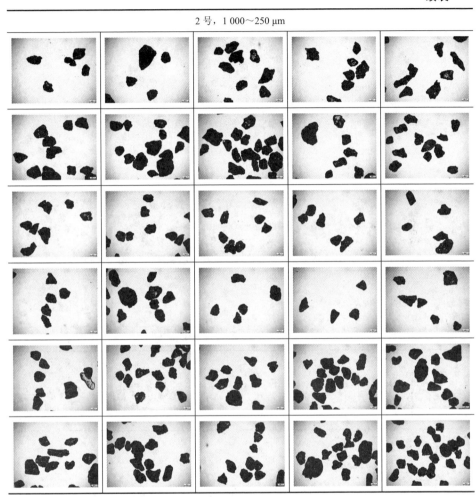

附表 1-3 3 号粒径组颗粒形貌采集结果（50 张）

3 号，75～250 μm

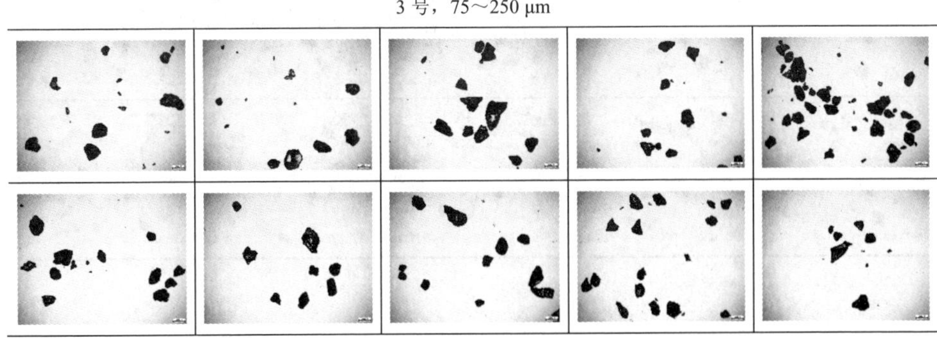

续表

3 号，75～250 μm

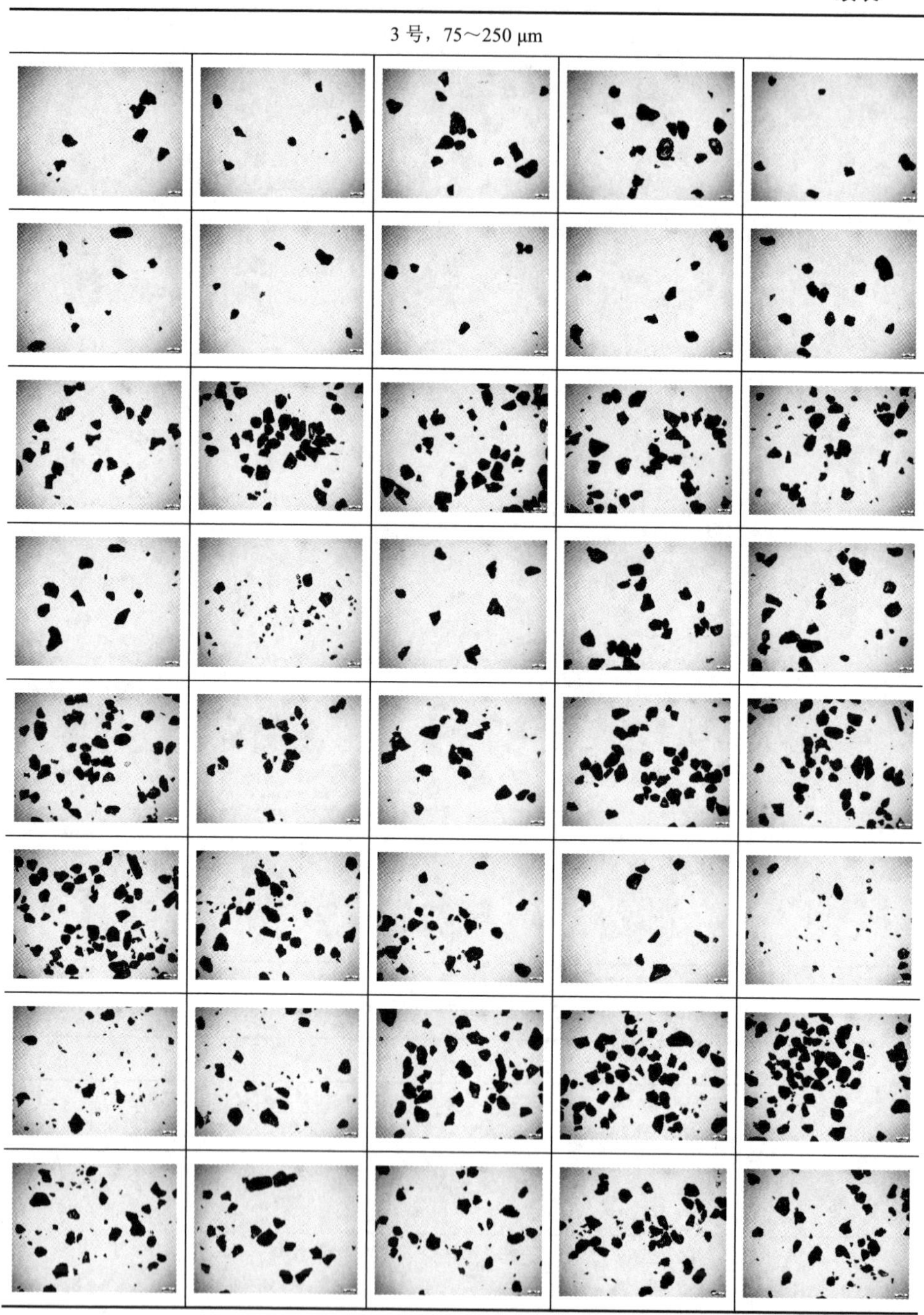

附录二　砂土颗粒样本特征参数统计量

附表 2-1　砂土颗粒样本特征参数统计量：粗粒 1 号（2 000～1 000 μm，80 个）

编号	分形维数 F_D	近球度 S_p	伸长率 E_l	圆度 R_o	等效直径 ECD/μm
1	1.003	0.688	0.272	1.154	1 477.925
2	1.006	0.647	0.206	1.184	1 404.159
3	1.048	0.406	0.309	4.630	1 439.841
4	1.008	0.655	0.177	1.238	1 423.564
5	1.014	0.641	0.214	1.282	1 217.250
6	1.010	0.558	0.342	1.304	1 401.313
7	1.004	0.565	0.363	1.164	1 418.624
8	1.002	0.796	0.115	1.083	1 367.171
9	1.005	0.712	0.198	1.202	1 198.321
10	1.001	0.510	0.391	1.192	1 287.191
11	1.010	0.631	0.261	1.232	1 156.340
12	1.005	0.612	0.276	1.184	1 376.515
13	1.002	0.642	0.273	1.112	1 257.070
14	1.006	0.597	0.254	1.255	1 255.372
15	1.004	0.578	0.218	1.193	1 228.396
16	1.002	0.519	0.341	1.275	1 562.559
17	1.001	0.684	0.270	1.092	1 314.974
18	1.003	0.674	0.162	1.188	1 286.311
19	1.002	0.596	0.377	1.165	1 581.297
20	1.003	0.740	0.082	1.112	1 212.971
21	1.002	0.680	0.263	1.137	1 238.865
22	1.012	0.581	0.250	1.210	1 204.304
23	1.003	0.649	0.256	1.181	1 306.999
24	1.003	0.579	0.203	1.158	1 361.078
25	1.003	0.641	0.268	1.132	1 441.906
26	1.003	0.457	0.350	1.244	1 413.003
27	1.002	0.578	0.246	1.207	1 414.617

续表

编号	分形维数 F_D	近球度 S_p	伸长率 E_l	圆度 R_o	等效直径 ECD/μm
28	1.006	0.703	0.152	1.087	700.471
29	1.008	0.770	0.096	1.087	897.653
30	1.008	0.718	0.235	1.145	824.553
31	1.008	0.636	0.259	1.115	786.548
32	1.006	0.706	0.142	1.091	698.925
33	1.010	0.716	0.184	1.143	771.520
34	1.010	0.651	0.263	1.143	723.907
35	1.007	0.572	0.292	1.149	930.090
36	1.007	0.611	0.167	1.184	950.349
37	1.007	0.633	0.296	1.138	919.785
38	1.009	0.553	0.330	1.179	1 270.059
39	1.007	0.528	0.333	1.170	701.289
40	1.010	0.624	0.215	1.144	768.776
41	1.008	0.712	0.203	1.086	648.179
42	1.011	0.756	0.164	1.114	725.710
43	1.006	0.624	0.314	1.100	685.389
44	1.010	0.687	0.229	1.138	627.991
45	1.009	0.545	0.355	1.184	836.937
46	1.018	0.576	0.293	1.319	943.560
47	1.011	0.552	0.228	1.189	930.139
48	1.005	0.694	0.211	1.117	1 346.031
49	1.014	0.692	0.171	1.139	603.602
50	1.015	0.450	0.343	1.277	753.048
51	1.014	0.628	0.177	1.242	909.091
52	1.012	0.565	0.146	1.212	654.947
53	1.008	0.576	0.285	1.207	952.406
54	1.007	0.618	0.274	1.174	965.610
55	1.009	0.576	0.372	1.167	940.819
56	1.008	0.557	0.277	1.150	708.948
57	1.011	0.690	0.231	1.149	956.461
58	1.007	0.478	0.387	1.254	1 051.411
59	1.009	0.422	0.325	1.279	1 079.768
60	1.006	0.813	0.101	1.060	875.170
61	1.009	0.724	0.138	1.109	697.401

续表

编号	分形维数 F_D	近球度 S_p	伸长率 E_l	圆度 R_o	等效直径 ECD/μm
62	1.013	0.551	0.268	1.258	854.931
63	1.014	0.723	0.211	1.136	648.224
64	1.013	0.616	0.273	1.177	890.125
65	1.009	0.561	0.270	1.175	707.342
66	1.010	0.692	0.243	1.119	827.080
67	1.014	0.479	0.370	1.303	946.938
68	1.009	0.649	0.263	1.180	797.965
69	1.008	0.439	0.466	1.296	886.240
70	1.009	0.703	0.166	1.141	772.449
71	1.005	0.731	0.175	1.093	961.394
72	1.014	0.479	0.290	1.260	709.879
73	1.011	0.663	0.118	1.138	807.537
74	1.011	0.717	0.149	1.124	777.870
75	1.011	0.461	0.485	1.308	826.839
76	1.010	0.654	0.198	1.171	765.814
77	1.007	0.510	0.398	1.207	686.113
78	1.011	0.568	0.329	1.221	825.821
79	1.009	0.518	0.356	1.193	808.297
80	1.011	0.483	0.391	1.265	729.564

附表 2-2 标准砂颗粒样本统计量：中粒 2 号（1 000～250 μm，80 个）

编号	分形维数 F_D	近球度 S_p	伸长率 E_l	圆度 R_o	等效直径 ECD/μm
1	1.046	0.628	0.092	1.286	211.868
2	1.018	0.498	0.357	1.260	280.365
3	1.021	0.698	0.189	1.151	239.922
4	1.025	0.610	0.233	1.218	262.917
5	1.026	0.479	0.324	1.273	246.346
6	1.031	0.688	0.219	1.217	212.866
7	1.031	0.515	0.233	1.304	233.999
8	1.021	0.697	0.168	1.129	201.189
9	1.016	0.483	0.366	1.247	248.489

续表

编号	分形维数 F_D	近球度 S_p	伸长率 E_l	圆度 R_o	等效直径 ECD/μm
10	1.027	0.578	0.324	1.233	258.666
11	1.030	0.542	0.238	1.316	260.790
12	1.026	0.611	0.119	1.227	245.722
13	1.020	0.772	0.156	1.127	214.080
14	1.022	0.584	0.369	1.208	246.629
15	1.019	0.691	0.204	1.166	265.374
16	1.036	0.629	0.260	1.312	267.623
17	1.024	0.634	0.256	1.191	236.802
18	1.032	0.348	0.500	1.545	251.014
19	1.032	0.568	0.341	1.312	243.055
20	1.025	0.583	0.366	1.238	242.059
21	1.043	0.549	0.211	1.378	235.965
22	1.031	0.456	0.365	1.424	297.771
23	1.030	0.596	0.189	1.294	243.974
24	1.030	0.551	0.315	1.323	297.316
25	1.025	0.422	0.401	1.514	418.797
26	1.028	0.546	0.287	1.265	218.632
27	1.035	0.548	0.172	1.275	202.328
28	1.042	0.421	0.438	1.605	290.997
29	1.045	0.508	0.300	1.477	351.644
30	1.025	0.518	0.210	1.288	231.114
31	1.029	0.626	0.231	1.212	218.413
32	1.084	0.257	0.354	1.939	29.162
33	1.025	0.738	0.163	1.243	290.612
34	1.042	0.549	0.212	1.323	228.470
35	1.030	0.439	0.262	1.325	251.058
36	1.025	0.533	0.358	1.259	209.829
37	1.030	0.447	0.461	1.371	230.814
38	1.020	0.398	0.163	1.421	312.508
39	1.020	0.550	0.327	1.275	267.027
40	1.042	0.365	0.502	1.711	252.424
41	1.018	0.435	0.359	1.356	392.775
42	1.017	0.717	0.152	1.151	288.335
43	1.031	0.387	0.383	1.410	223.775
44	1.033	0.631	0.220	1.228	230.614
45	1.034	0.573	0.240	1.364	257.245

续表

编号	分形维数 F_D	近球度 S_p	伸长率 E_l	圆度 R_o	等效直径 ECD/μm
46	1.032	0.538	0.164	1.410	268.720
47	1.029	0.449	0.411	1.389	238.804
48	1.027	0.627	0.242	1.233	318.829
49	1.025	0.713	0.174	1.199	246.972
50	1.022	0.495	0.220	1.267	234.688
51	1.036	0.632	0.089	1.334	218.497
52	1.024	0.686	0.099	1.185	232.472
53	1.023	0.541	0.310	1.265	280.231
54	1.024	0.390	0.358	1.383	282.563
55	1.023	0.588	0.258	1.204	211.518
56	1.033	0.604	0.209	1.261	243.830
57	1.024	0.538	0.314	1.272	232.398
58	1.026	0.626	0.193	1.239	254.211
59	1.064	0.483	0.457	1.303	50.419
60	1.031	0.508	0.375	1.317	271.769
61	1.027	0.475	0.417	1.323	244.918
62	1.019	0.399	0.520	1.359	255.789
63	1.026	0.599	0.208	1.268	285.378
64	1.035	0.429	0.393	1.349	202.157
65	1.028	0.542	0.224	1.276	257.453
66	1.028	0.525	0.350	1.245	220.296
67	1.033	0.477	0.465	1.445	246.174
68	1.024	0.659	0.212	1.198	217.367
69	1.037	0.676	0.122	1.325	295.316
70	1.020	0.453	0.465	1.372	327.369
71	1.030	0.620	0.200	1.235	213.265
72	1.031	0.689	0.238	1.241	205.954
73	1.041	0.534	0.208	1.340	260.511
74	1.025	0.603	0.266	1.219	247.952
75	1.041	0.588	0.251	1.334	251.198
76	1.025	0.336	0.511	1.474	246.401
77	1.026	0.725	0.136	1.171	226.815
78	1.029	0.502	0.338	1.271	199.438
79	1.031	0.374	0.531	1.484	254.665
80	1.024	0.492	0.334	1.276	214.664

附表 2-3　标准砂颗粒样本统计量：细粒 3 号（＜250 μm，80 个）

编号	分形维数 F_D	近球度 S_p	伸长率 E_l	圆度 R_o	等效直径 ECD/μm
1	1.053	0.612	0.207	1.137	139.424
2	1.039	0.474	0.420	1.201	88.278
3	1.044	0.632	0.151	1.124	179.592
4	1.057	0.285	0.268	1.488	169.847
5	1.051	0.467	0.449	1.279	72.217
6	1.044	0.435	0.520	1.261	53.200
7	1.031	0.384	0.464	1.351	304.915
8	1.079	0.351	0.462	1.442	89.886
9	1.056	0.393	0.489	1.319	85.520
10	1.068	0.627	0.314	1.126	25.802
11	1.031	0.687	0.192	1.165	248.883
12	1.053	0.288	0.566	1.544	54.988
13	1.035	0.597	0.120	1.181	244.138
14	1.065	0.516	0.363	1.219	15.182
15	1.025	0.669	0.168	1.151	254.098
16	1.046	0.461	0.424	1.187	38.827
17	1.182	0.014	0.409	2.816	56.780
18	1.066	0.602	0.121	1.208	70.309
19	1.049	0.736	0.105	1.100	35.060
20	1.048	0.394	0.588	1.408	40.503
21	1.105	0.234	0.352	1.744	146.936
22	1.072	0.504	0.315	1.108	13.625
23	1.029	0.618	0.265	1.118	209.081
24	1.052	0.710	0.148	1.091	118.879
25	1.065	0.506	0.382	1.182	41.472
26	1.060	0.684	0.210	1.116	43.743
27	1.050	0.477	0.445	1.227	66.124
28	1.042	0.645	0.199	1.204	249.090
29	1.033	0.474	0.427	1.240	232.754
30	1.023	0.681	0.227	1.113	317.861
31	1.043	0.666	0.233	1.121	179.592
32	1.036	0.692	0.247	1.090	177.880
33	1.062	0.431	0.299	1.546	263.965
34	1.040	0.472	0.496	1.239	93.526
35	1.068	0.548	0.383	1.175	18.150
36	1.057	0.573	0.220	1.216	180.530
37	1.065	0.441	0.365	1.543	263.717

续表

编号	分形维数 F_D	近球度 S_p	伸长率 E_1	圆度 R_o	等效直径 ECD/μm
38	1.070	0.644	0.267	1.210	14.084
39	1.024	0.344	0.436	1.398	372.979
40	1.038	0.429	0.462	1.348	257.720
41	1.032	0.561	0.283	1.202	247.531
42	1.052	0.656	0.191	1.210	179.266
43	1.090	0.610	0.274	1.073	18.692
44	1.038	0.578	0.210	1.148	215.182
45	1.044	0.537	0.285	1.189	185.151
46	1.043	0.500	0.361	1.243	210.607
47	1.056	0.600	0.238	1.266	208.276
48	1.067	0.642	0.252	1.117	40.188
49	1.045	0.600	0.245	1.156	166.203
50	1.057	0.496	0.372	1.254	42.183
51	1.053	0.702	0.066	1.135	30.940
52	1.037	0.608	0.249	1.213	243.741
53	1.056	0.638	0.285	1.096	74.420
54	1.044	0.689	0.177	1.112	156.268
55	1.051	0.521	0.333	1.202	59.253
56	1.059	0.577	0.295	1.117	162.071
57	1.056	0.720	0.166	1.152	66.839
58	1.057	0.362	0.409	1.249	41.309
59	1.042	0.386	0.443	1.355	107.527
60	1.050	0.321	0.534	1.445	56.430
61	1.034	0.544	0.350	1.151	196.977
62	1.095	0.610	0.237	1.562	73.010
63	1.035	0.486	0.435	1.193	208.620
64	1.057	0.592	0.187	1.158	118.670
65	1.057	0.393	0.554	1.399	41.328
66	1.050	0.378	0.508	1.306	51.254
67	1.044	0.397	0.352	1.487	302.391
68	1.071	0.569	0.287	1.142	46.509
69	1.047	0.512	0.413	1.215	74.448
70	1.062	0.651	0.228	1.093	37.820
71	1.047	0.414	0.417	1.282	180.643
72	1.055	0.789	0.141	1.066	71.435
73	1.046	0.528	0.320	1.183	150.344
74	1.037	0.400	0.481	1.335	159.176
75	1.073	0.502	0.394	1.200	37.249
76	1.064	0.406	0.421	1.364	69.933

续表

编号	分形维数 F_D	近球度 S_p	伸长率 E_l	圆度 R_o	等效直径 ECD/μm
77	1.057	0.674	0.264	1.127	50.090
78	1.046	0.600	0.229	1.267	240.898
79	1.034	0.719	0.227	1.115	216.628
80	1.075	0.648	0.196	1.142	87.202

附录三　砂土水分特征曲线的 Matlab 源程序

（简单立方体排列形式下，1 号粒径组砂土的水分特征曲线对应的 M 文件）

```
clear all;
% b 为填充角，c 为孔隙液接触角，F 为液桥力，R 为颗粒半径
b=0:0.01:pi/4;
R=0.79; %单位 mm
σ=72.75;%单位 mN/m
Gs=2.66;%单位 g/cm3
F=σ.*cos(b).*(sin(b)+2.*cos(b)-2)./(R*1000.*(1-cos(b)).*(sin(b)+cos(b)-1));
V=2*pi*R.^3.*(1./cos(b)-1).^2.*(1-(pi/2-b).*tan(b));
w=9.*V./(4*pi.*R.^3.*Gs);
semilogy(w,F);
hold on
b=0:0.01:pi/4;
R=0.30; %单位 mm
σ=72.75;%单位 mN/m
Gs=2.66;%单位 g/cm3
F=σ.*cos(b).*(sin(b)+2.*cos(b)-2)./(R*1000.*(1-cos(b)).*(sin(b)+cos(b)-1));
V=2*pi*R.^3.*(1./cos(b)-1).^2.*(1-(pi/2-b).*tan(b));
w=9.*V./(4*pi.*R.^3.*Gs);
semilogy(w,F);
```

```
hold on
b=0:0.01:pi/4;
R=0.49; %单位 mm
σ=72.75;%单位 mN/m
Gs=2.66;%单位 g/cm^3
F=σ.*cos(b).*(sin(b)+2.*cos(b)-2)./(R*1000.*(1-cos(b)).*(sin(b)+cos(b)-1));
V=2*pi*R.^3.*(1./cos(b)-1).^2.*(1-(pi/2-b).*tan(b));
w=9.*V./(4*pi.*R.^3.*Gs);
semilogy(w,F);
xlabel('质量含水量,w(g/g)');
ylabel('土壤水分张力，F(kPa)');
legend('1 号简单立方体排列：R=0.79','R=0.30','R=0.49')
axis([0 0.1 0.01 10000])
```

附录四　含混合易溶钠盐砂土中 X80 钢 EDS 图谱

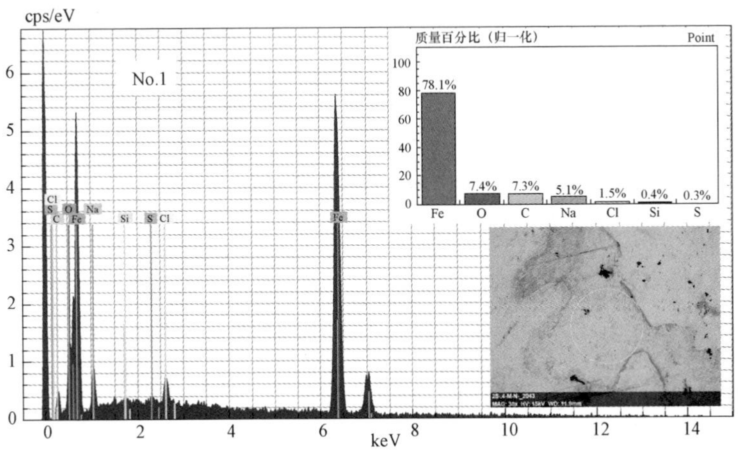

附图 4-1　No.1～No.3 砂土中 X80 钢 EDS 图谱

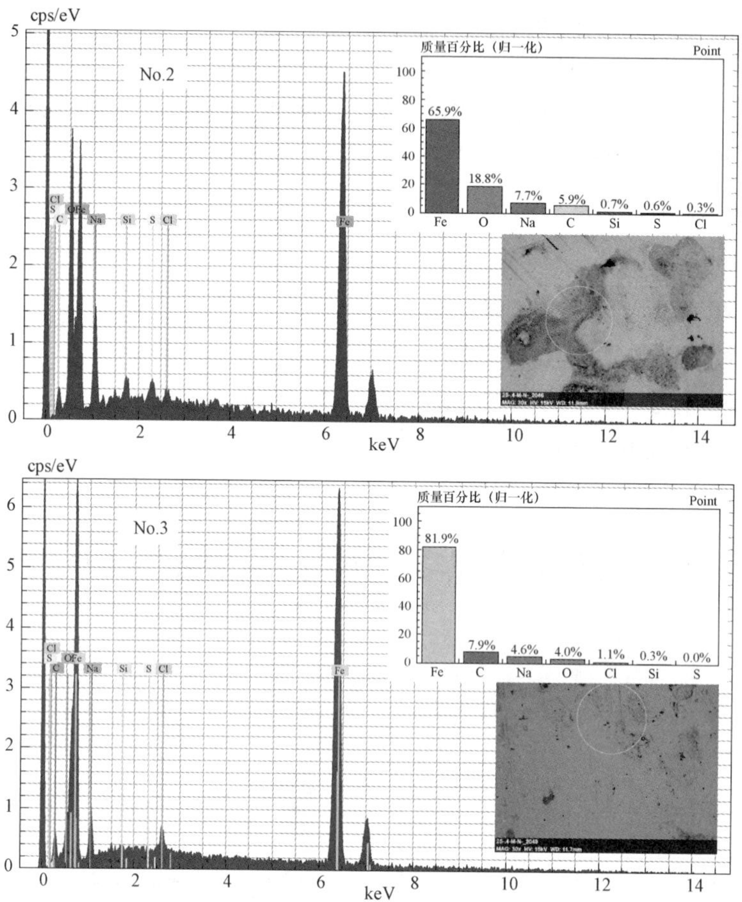

附图 4-1　No.1～No.3 砂土中 X80 钢 EDS 图谱（续）

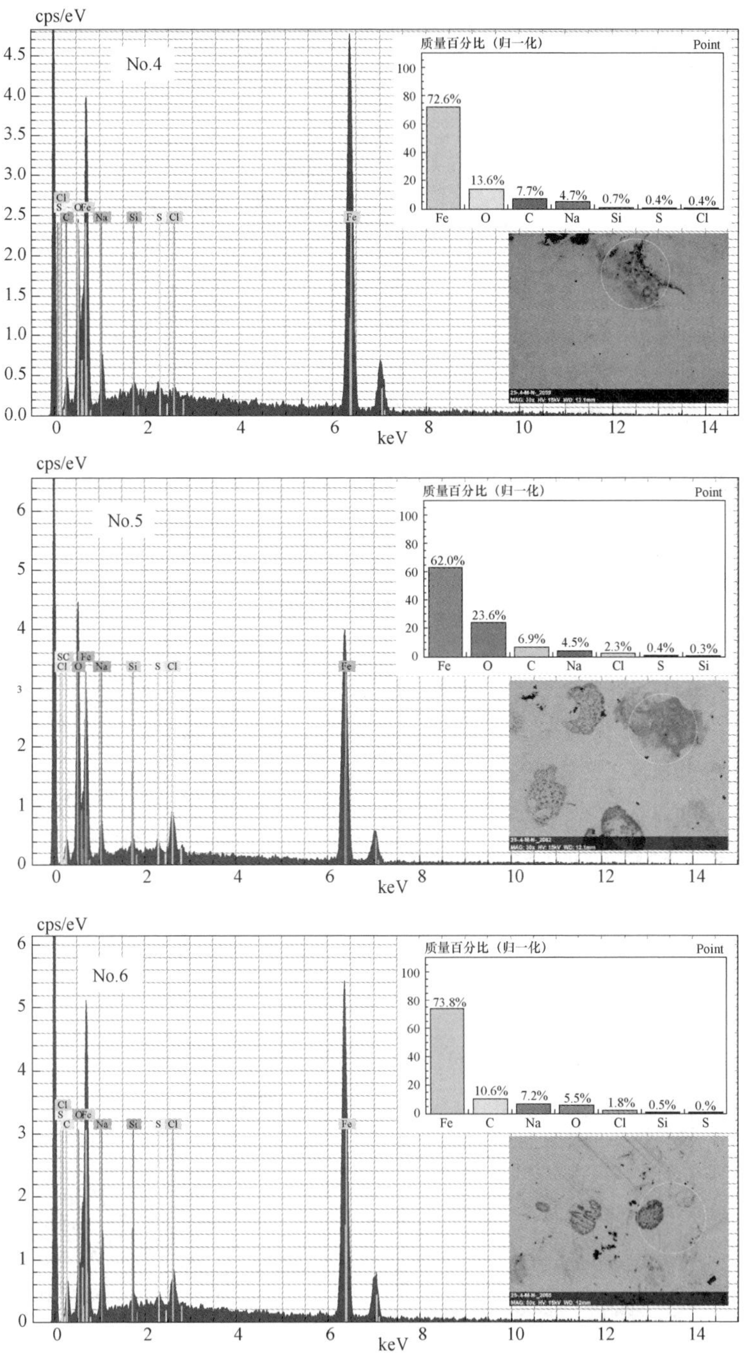

附图 4-2　No.4～No.6 砂土中 X80 钢 EDS 图谱

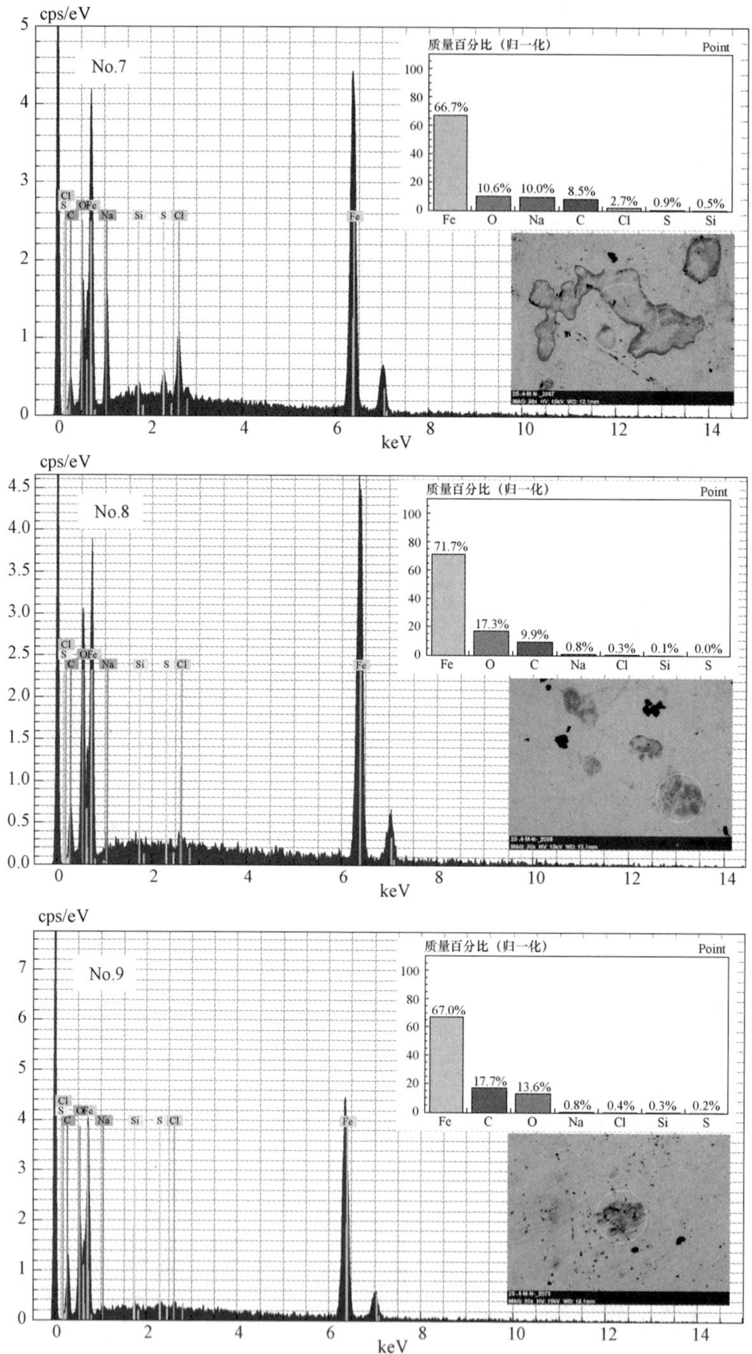

附图 4-3　No.7～No.9 砂土中 X80 钢 EDS 图谱

附录五　电化学阻抗谱（EIS）相关的拟合结果图

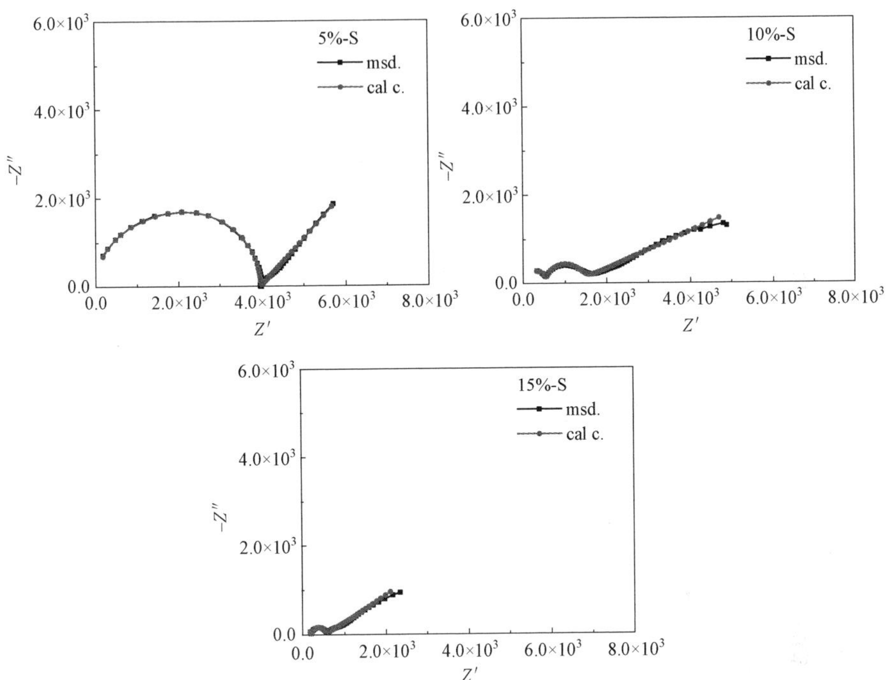

附图 5-1　不同含水量砂土的 EIS 拟合结果

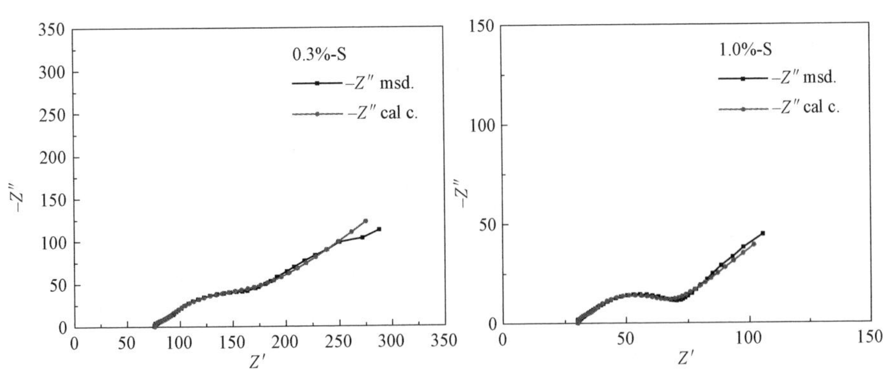

附图 5-2　含不同浓度 NaCl 砂土的 EIS 拟合结果

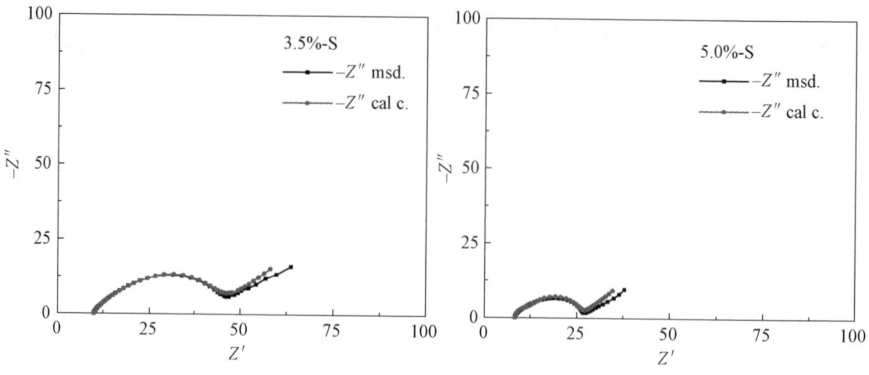

附图 5-2　含不同浓度 NaCl 砂土的 EIS 拟合结果（续）

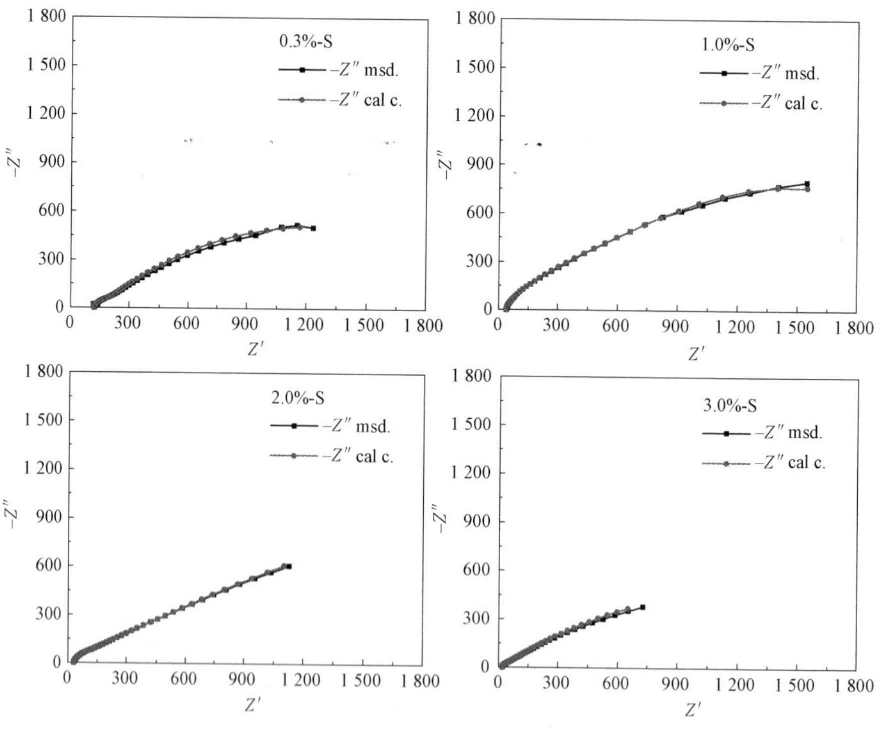

附图 5-3　含不同浓度 Na_2SO_4 砂土的阻抗谱 EIS 的拟合结果

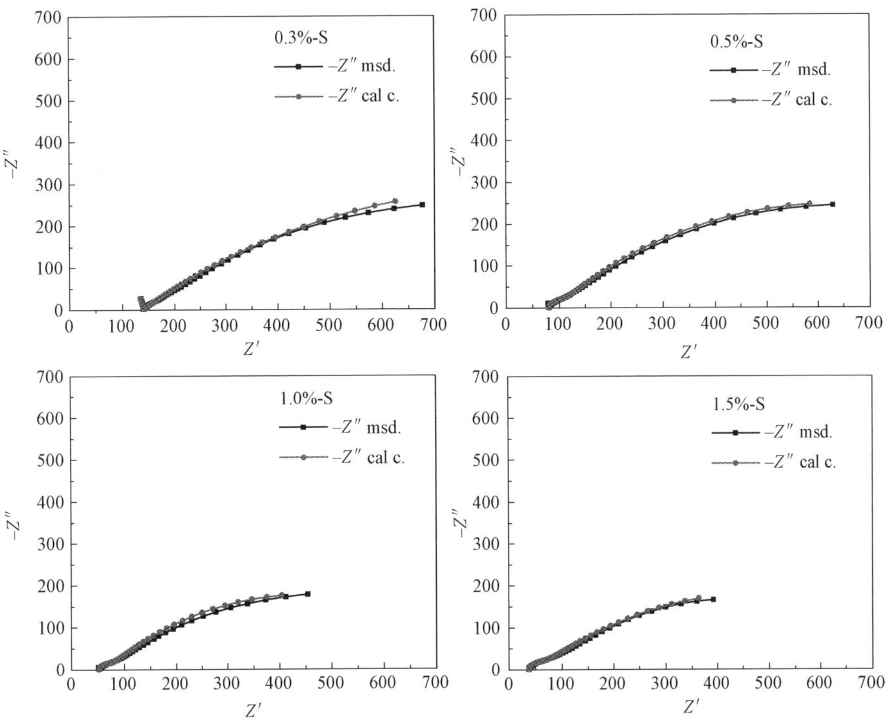

附图 5-4　含不同浓度 $NaHCO_3$ 砂土的 EIS 拟合结果

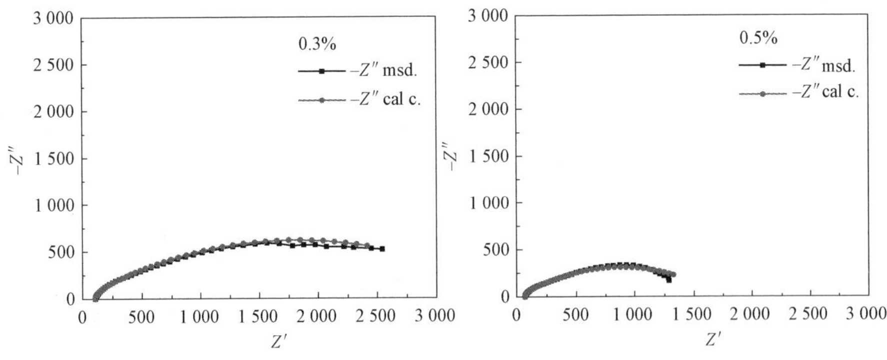

附图 5-5　含 $NaHCO_3$ 孔隙溶液的阻抗谱的拟合结果

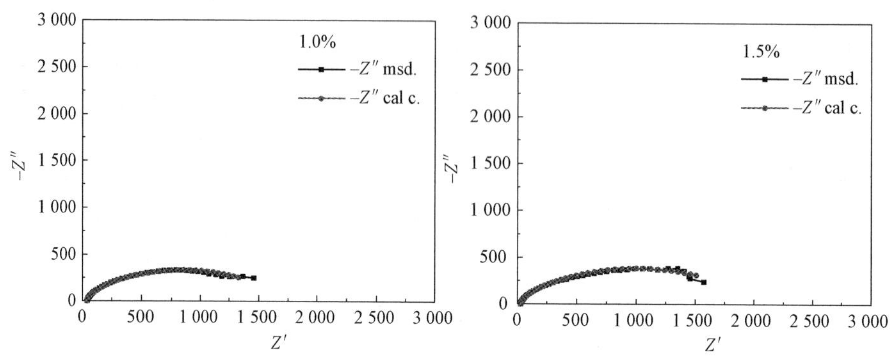

附图 5-5　含 $NaHCO_3$ 孔隙溶液的阻抗谱的拟合结果（续）

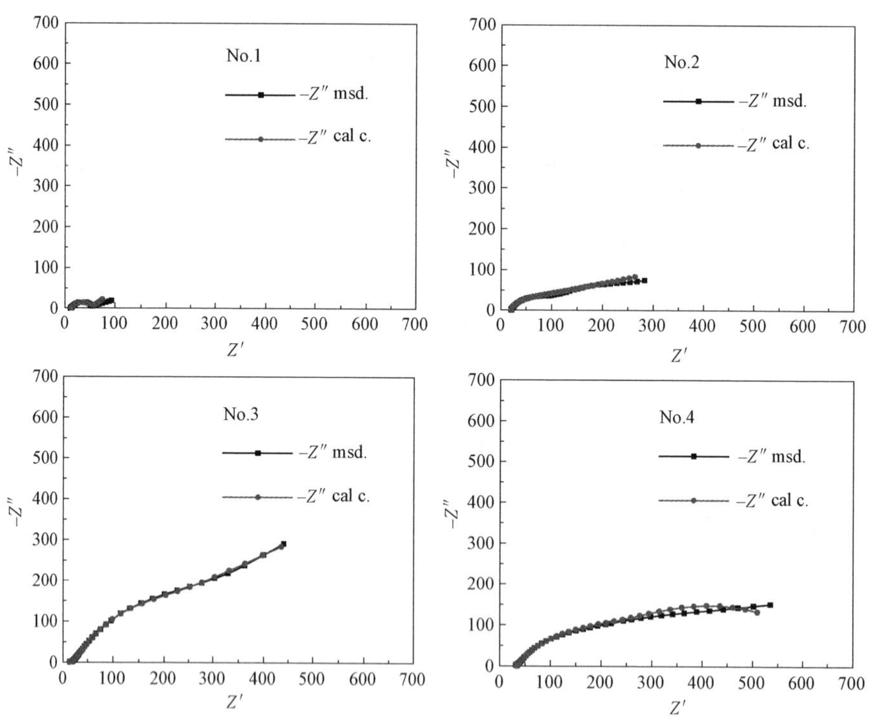

附图 5-6　含混合易溶钠盐砂土阻抗谱 EIS 拟合结果

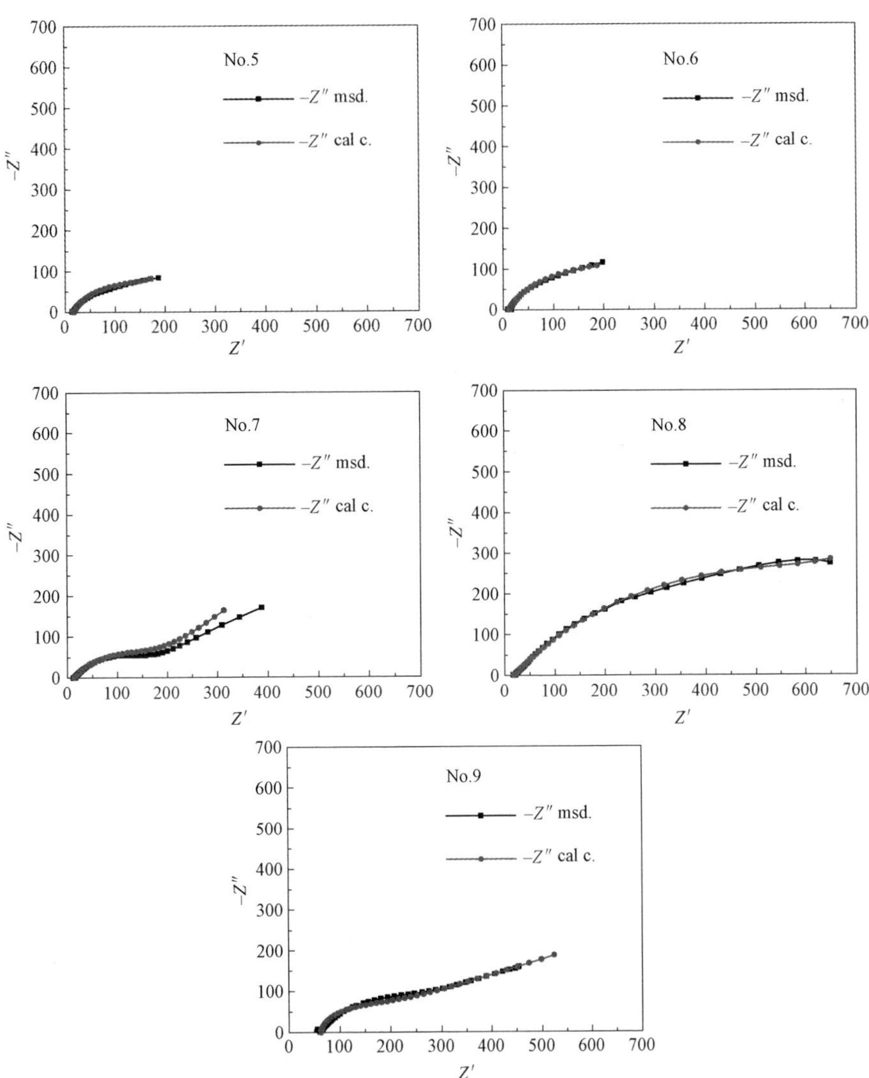

附图 5-6　含混合易溶钠盐砂土阻抗谱 EIS 拟合结果（续）

附录六　自然风干状态下砂土中 X80 钢的电化学腐蚀行为

作者：谢瑞珍，张舒可，张旭，耿瑞成，解雅婷，
李伯琼，韩鹏举，窦宝捷，王震霞

砂土介质的 pH 在 6.85～7.05 范围内波动，砂土介质基本呈中性。砂土介质温度也在 20 ℃附近波动。砂土中水分 14 d 从初始饱和状态 30%逐渐风干至 0。随着龄期的增加即砂土中水分含量的不断减少，X80 钢的极化曲线整体向左上方偏移，砂土对 X80 钢的腐蚀逐渐减弱。砂土中 X80 钢的腐蚀属于轻微腐蚀，平均腐蚀速率为 1.65×10^{-2} mm/a。10^{-2}～10^{3} Hz 频域内，阻抗谱均呈现扁平的容抗弧，与实轴的交点先向左后向右偏移，容抗弧半径先增大后减小。5 d 以后 10^{3}～10^{6} Hz 频域内，阻抗波动较大。液桥极限体积含量附近即 7 d、8 d 时，容抗弧半径达到最小，砂土对 X80 钢的腐蚀最强。X80 钢的表面堆积有高度不同的棕黄色腐蚀产物（铁的氧化物，Fe_2O_3）。X80 钢的腐蚀属于局部腐蚀，局部区域腐蚀较强，形成了较多的腐蚀坑。

关键词　砂土，X80 钢，自然风干，电化学腐蚀

1. 引言

近年来，管线钢向厚规格和高强度方向发展，其中 X80 管线钢将成为主流管线钢之一。管线钢的腐蚀破坏将引起重大的经济损失和大量资源与能源的消耗，同时给油气输送安全及人身安全带来威胁。土壤腐蚀是导致埋地管道失效的主要诱因之一，而且隐蔽性强，难于察觉。因此，为确保管道安全运行，需要对管道的土壤腐蚀进行全面了解、分析和判断。

土壤由气、液、固三相物质构成的复杂系统，具有腐蚀性、季候性、区域性等特点。目前，我国已初步建成自然环境腐蚀试验网。土壤腐蚀过程主要还是电化学溶解过程，土壤和管道共同构成各种腐蚀电池。埋地管在土壤中的腐蚀是一个复杂的过程，涉及多尺度的相互作用和多种非生物和生物因素，其中

含水量和土质均是重要的影响因素。水分使土壤成为电解质，是造成电化学腐蚀的先决条件。土壤中的含水量对金属材料的腐蚀率存在着一个最大值。

通过电化学测试技术能够在较短的周期下获得土壤腐蚀细节及热力学和动力学方面的信息。目前运用的技术主要有线性极化电阻技术、交流阻抗技术、Tafel 斜率外推法等。这些方法操作方便、周期短，并且在合理的测试手段和步骤的前提下，可以得到较准确的试验结果。其中，电化学阻抗谱（EIS）测试方法已逐渐向建筑材料和岩土工程领域延伸。目前砂土体系电化学特性研究，主要从三相界面区特征、基本模型和等效电路拟合方面进行分析。

土壤环境对 X80 钢的电化学腐蚀研究在土壤模拟液中居多，模拟液成分主要离子围绕 Cl^-、CO_3^{2-}、HCO_3^-及 SO_4^{2-}。也有砂土、典型黏性土、粉土和泥浆等土壤介质中 X80 钢的初期电化学腐蚀研究。多种土壤介质中 X80 钢也呈现不同的腐蚀行为和腐蚀规律，且腐蚀具有时间效应。为了进一步探索水分对砂土中 X80 钢电化学腐蚀机理的影响，本文在水分含量连续减少即自然风干周期下探索初始水分含量饱和的砂土中 X80 钢的电化学腐蚀行为。

2. 试验

2.1 试验材料

试验用砂土为厦门 ISO 标准砂，二氧化硅含量大于 98%。标准砂相对密度 G_s=2.66 g/cm^3，最大干密度ρ_{dmax}=1.86 g/cm^3，最小干密度ρ_{dmin}=1.56 g/cm^3。从标准砂的级配曲线可以看出，试验用标准砂级配不连续，但同时满足 $C_u \geqslant 5$ 和 C_c=1～3 两个条件，为良好级配粗粒砂（附图 6-1）。水为纯净水。工作电极选取代表性管线钢 X80，其特点为碳含量低，合金元素含量低，C:Si:Mn:Fe= 0.063:0.28:1.83:97.4。X80 试样为ϕ15 mm × 2 mm 的钢片，工作电极试验前依次经过目数为 360、800 和 1 500 的 SiC 砂纸逐级打磨，然后在丙酮溶液中超声清洗 10 min 后吹干。之后通过蜡封使工作电极余留 1 cm^2 的工作面积。电解槽为内部容积 70.7 min × 70.7 min × 70.7 mm 的橡胶土样盒，砂土重量 300 g，水初始重量 90 g。天秤精度 0.01。

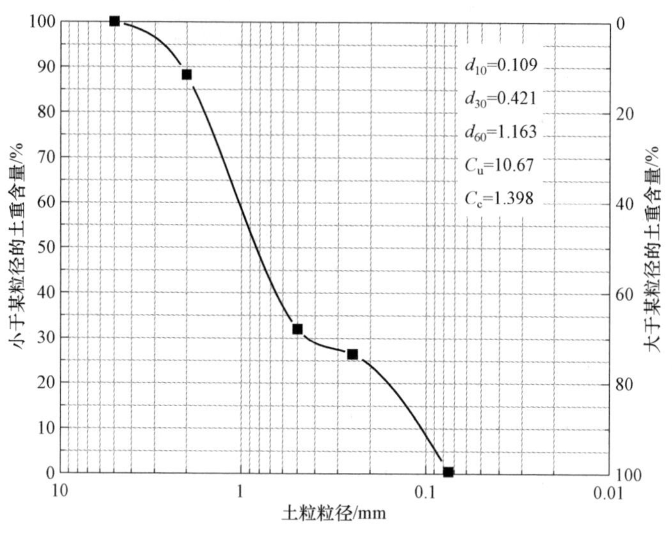

附图 6-1　标准砂粒径累积曲线

2.2　试验方法

砂土初始状态为饱和状态（含水量 30%），室内测试龄期分别为 1 d、2 d、3 d…，直到砂土风干。自然风干状态下，采用电化学工作站 CS350H（武汉科思特仪器股份有限公司，Wuhan Corrtest Instruments Corp.，Ltd.）进行了砂土中 X80 钢的电化学测试。三电极为工作电极 WE（X80 钢），参比电极 RE（甘汞电极）和辅助电极 CE（钛网）。电化学阻抗谱测试条件为交流电幅值 5 mV，扫描频率范围 10^{-2}～10^{5} Hz；动电位极化测试电位区间在开路电位附近–1～2 V，扫描速率为 3 mV/s。采用土壤墒情测定仪（型号为 FK-WSYP）测试砂土的温度、水分、盐分和 pH 值。

腐蚀产物宏观腐蚀形貌通过奥林巴斯 Olympus DSX1000 光学数码显微镜获得，腐蚀产物和 X80 钢腐蚀表面的微观形貌（×50、×100、×200、×500、×1 000）采用日本电子公司的扫描电子显微镜 JSM-6510 获得，同时通过 EDS（Energy Dispersive Spectrometer，EDS）和 XPS（X-ray Photoelectron Spectroscopy）进行腐蚀产物元素组成或化学态的分析。EDS 采用设备为 EDAX 公司的 GENESIS 能谱仪；XPS 采用设备为美国赛默飞世尔公司生产的 Thermo Scientific EscaLab Xi^{+}型 X 射线光电子能谱仪。样品除锈采用 50%的稀盐酸浸泡 5～10 min。

3. 结果与讨论

3.1 砂土的理化性质

砂土在自然风干状态下的理化性质如附表 6-1 所示。砂土介质的 pH 在 6.85～7.05 范围内波动，砂土介质基本呈中性。砂土介质温度也在 20 ℃附近波动。砂土中水分 14 d 从初始饱和状态 30%逐渐风干至 0%。

附表 6-1　砂土的理化性质（1～14 d）

时间/d	pH	水分含量/%	温度/℃
1	6.85	30.0	19.5
2	6.97	24.0	16.7
3	6.95	15.6	12.9
4	7.02	14.8	21.9
5	6.87	13.5	18.2
6	6.95	12.7	21.5
7	6.99	10.3	21.2
8	6.99	8.0	19.9
9	6.98	6.2	22.4
10	6.97	6.0	22.0
11	7.00	3.4	21.9
12	7.03	0.5	20.5
13	7.05	0.2	20.5
14	7.03	0.0	21.9

3.2 砂土中 X80 钢的极化曲线

附图 6-2 为自然风干状态下砂土中 X80 钢的极化曲线。随着龄期的增加即砂土中水分含量的不断减少，X80 钢的极化曲线整体向左上方偏移，砂土对 X80

钢的腐蚀逐渐减弱。砂土含水量为 20%～12.7%（1～6 d）时，X80 钢的腐蚀电位在–1 V 左右；砂土含水量为 10.3%～0.2%（7～13 d）时，X80 钢的腐蚀电位在–0.5 V 以下；砂土含水量为 0（14 d）时，X80 钢的腐蚀电位达到–0.5 V 以上，腐蚀电流密度最小。

为了进一步研究砂土中 X80 的腐蚀速率，对极化曲线进行了 R_p 弱极化拟合，拟合区间为开路电位附近±50 mV，结果如附表 6-2 所示。极化电阻 R_p 的数量级前 13 d 均为 10^4，14 d 达到 10^6。从腐蚀电流密度 I_o 数量级看，数值均在 3 μA/cm² 以下，砂土中 X80 钢的腐蚀属于轻微腐蚀。砂土含水量为 0（14 d）时，X80 钢的腐蚀电位 E_o 达到–0.253 V。整体腐蚀速率逐渐减小，数量级从 10^{-2} 减小到 10^{-4}，平均腐蚀速率为 1.65×10^{-2} mm/a。

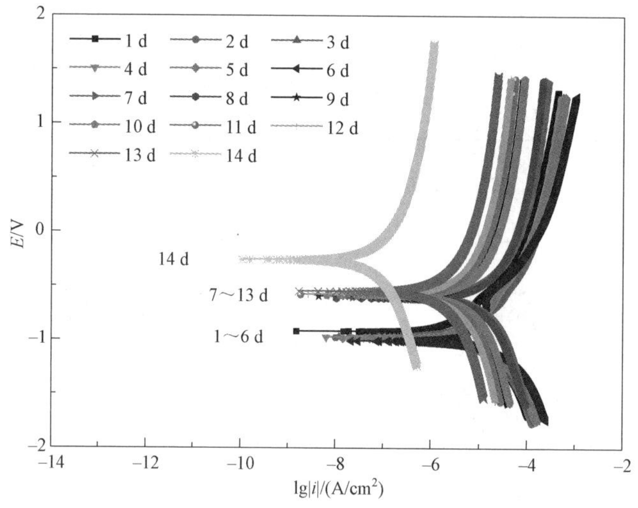

附图 6-2　砂土中 X80 钢的极化曲线（1～14 d）

附表 6-2　砂土中 X80 钢极化曲线的 R_p 拟合结果

龄期/d	腐蚀速率/（mm/a）	R_p/（Ω/cm²）	I_o/（A/cm²）	E_o/Volts
1	1.11×10^{-2}	2.77×10^{4}	9.40×10^{-7}	−0.911
2	1.83×10^{-2}	1.68×10^{4}	1.56×10^{-6}	−0.972
3	1.98×10^{-2}	1.55×10^{4}	1.68×10^{-6}	−0.965
4	2.16×10^{-2}	1.42×10^{4}	1.83×10^{-6}	−0.968
5	2.36×10^{-2}	1.29×10^{4}	2.01×10^{-6}	−0.978
6	3.33×10^{-2}	9.22×10^{4}	2.83×10^{-6}	−1.002
7	2.98×10^{-2}	1.03×10^{4}	2.54×10^{-6}	−0.592

续表

龄期/d	腐蚀速率/（mm/a）	R_p/（Ω/cm²）	I_o/（A/cm²）	E_o/Volts
8	2.80×10^{-2}	1.09×10^{4}	2.38×10^{-6}	−0.608
9	1.27×10^{-2}	2.42×10^{4}	1.08×10^{-6}	−0.589
10	1.38×10^{-2}	2.23×10^{4}	1.17×10^{-6}	−0.582
11	8.69×10^{-3}	3.53×10^{4}	7.39×10^{-7}	−0.573
12	6.76×10^{-3}	4.54×10^{4}	5.75×10^{-7}	−0.570
13	3.77×10^{-3}	8.14×10^{4}	3.20×10^{-7}	−0.545
14	1.51×10^{-4}	2.03×10^{6}	1.28×10^{-8}	−0.253

3.3 砂土中 X80 钢的电化学阻抗谱

附图 6-3 为自然风干状态下即 1～14 d 砂土中 X80 钢的 Nyquist 图。随着龄期的增加即砂土中水分含量的减少，阻抗谱在 5 d 以后 10^3～10^6 Hz 频域内，波动较大。高频区砂土中固、液、气三相均构成导电路径，引起阻抗谱较大的波动。10^{-2}～10^3 Hz 频域内，阻抗谱均呈现扁平的容抗弧，与实轴的交点先向左后向右偏移，容抗弧半径先增大后减小。7 d、8 d 时，砂土含水量分别为 10.3% 和 8.0%，在液桥极限体积含量（6%～12%）附近。对应容抗弧半径达到最小，砂土对 X80 钢的腐蚀最强。

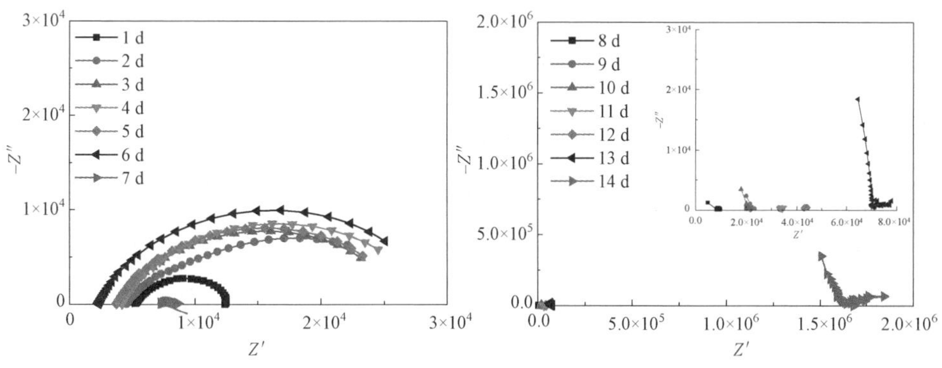

附图 6-3 砂土中 X80 钢的 Nyquist 图

附图 6-4 和附图 6-5 分别为自然风干状态下砂土中 X80 钢的模值和相位角图。与阻抗谱规律一致，5 d 以后 10^3～10^6 Hz 频域内，波动较大。为了进一步研究砂土中 X80 钢的阻抗特征，根据模值和相位角特征选取等效电路 R（C（R（Q（RW））））（附图 6-6）对砂土中 X80 的阻抗谱中无波动部分进行等效电路拟合，拟合结果如附图 6-7、附图 6-8 和附表 6-3 所示。附图 6-7 和附图 6-8 显示等效电路拟合结果良好。

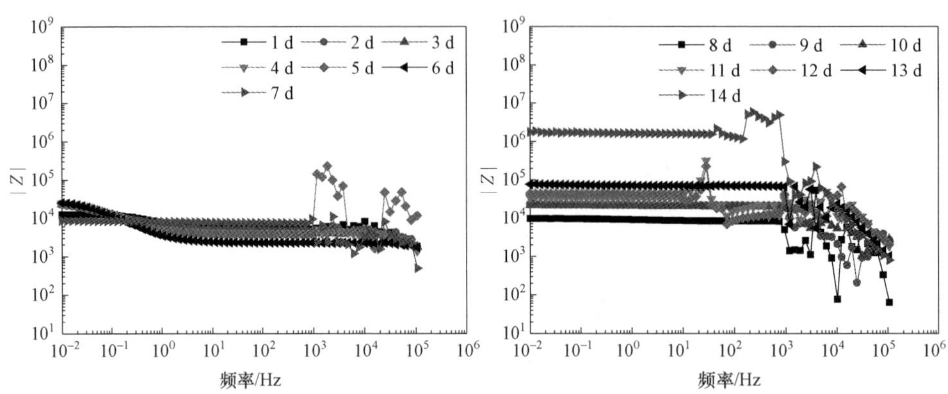

附图 6-4　砂土中 X80 钢的 Bode 图（模值）

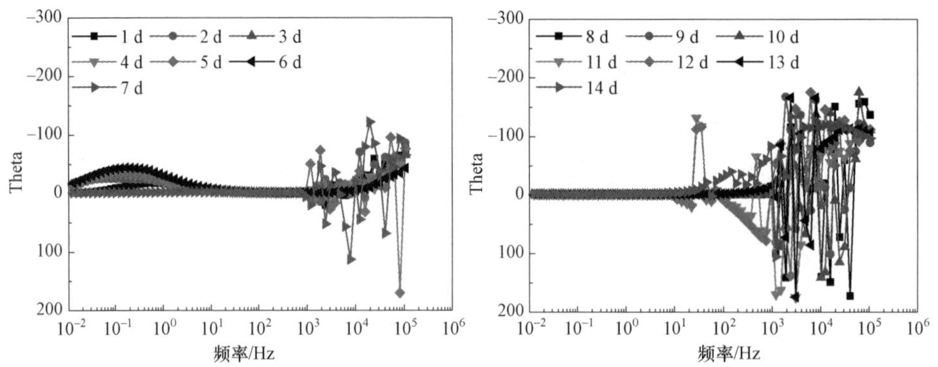

附图 6-5　砂土中 X80 钢的 Bode 图（Theta）

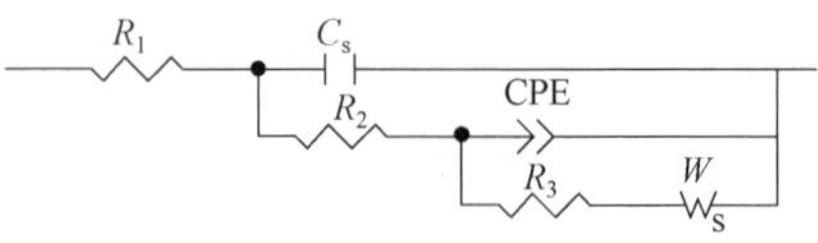

附图 6-6　等效电路

附表 6-3 结果显示，含水量达到液桥极限体积以下（7 d、8 d）后，阻抗谱拟合参数波动较大，这可能与复杂的液相分布相关。随着砂土中含水量的减少，溶液电阻 R_1、砂层电阻 R_2 和电荷转移电阻 R_3 整体均有增加的趋势，但砂层电阻 R_2 数量级整体变化较小。此外，代表迂曲度的扩散阻抗 W 数量级波动较大，这与砂土复杂的孔隙结构相关。常相角元件 CPE，n 均在 0.8 以下，界面电容均偏离理想电容。

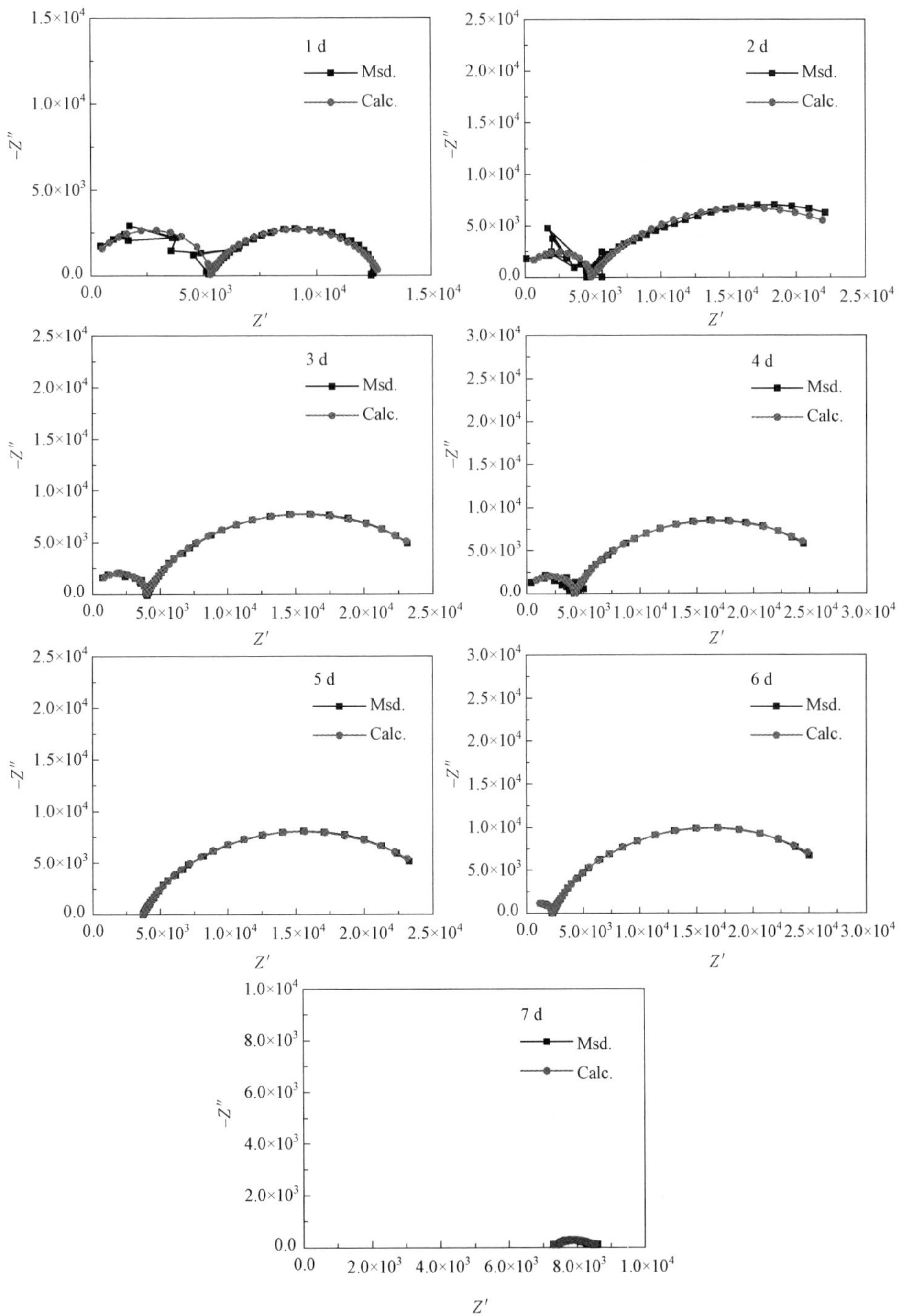

附图 6-7　砂土中 X80 钢阻抗谱的等效电路拟合结果（1～7 d）

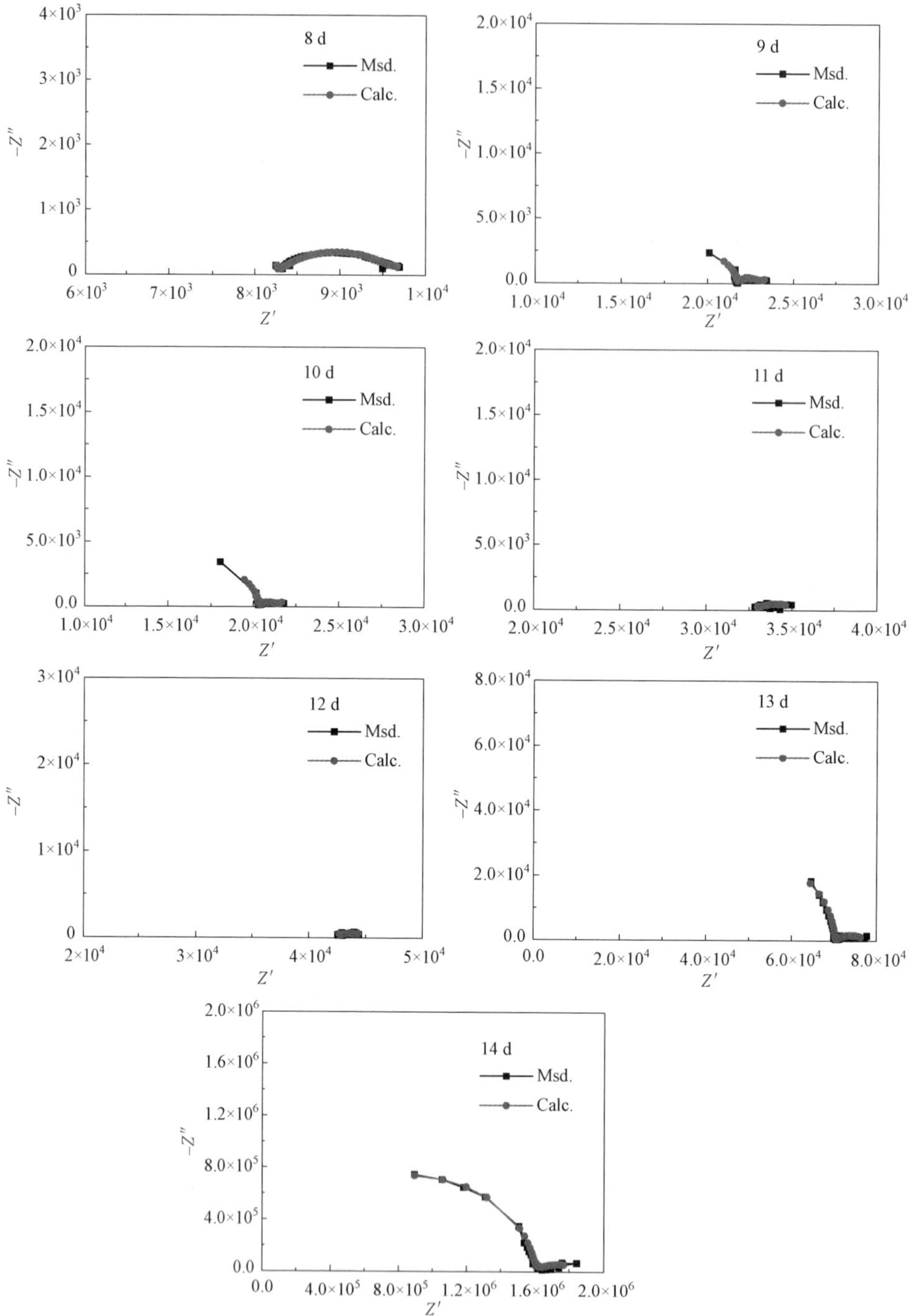

附图 6-8　砂土中 X80 钢阻抗谱的等效电路拟合结果（8～14 d）

附表 6-3　砂土中 X80 钢阻抗谱的等效电路拟合结果

时间/d	R_1/（Ω·cm²）	C_s/（F·cm⁻²）	R_2/（Ω·cm²）	CPE		R_3/（Ω·cm²）	W/（S·s^0.5·cm⁻²）
				Y_o/（S·s⁻ⁿ·cm⁻²）	n		
1	2.47×10^{-3}	8.60×10^{-10}	5.31×10^{3}	5.90×10^{-5}	0.79	7.48×10^{3}	4.18×10^{2}
2	1.86×10^{-3}	7.70×10^{-10}	4.85×10^{3}	1.26×10^{-4}	0.67	2.31×10^{4}	6.13×10^{16}
3	4.12×10^{-3}	7.08×10^{-10}	4.01×10^{3}	1.12×10^{-4}	0.76	2.27×10^{4}	1.92×10^{-2}
4	1.17×10^{2}	7.70×10^{-10}	4.07×10^{3}	1.16×10^{-4}	0.76	2.46×10^{4}	1.01×10^{-2}
5	3.59×10^{3}	4.29×10^{-7}	1.39×10^{2}	1.18×10^{-4}	0.76	2.35×10^{4}	7.90×10^{10}
6	5.67×10^{-4}	6.50×10^{-10}	2.25×10^{3}	1.17×10^{-4}	0.78	2.79×10^{4}	7.17×10^{6}
7	7.01×10^{3}	2.00×10^{-7}	2.91×10^{2}	1.72×10^{-4}	0.54	1.21×10^{3}	2.81×10^{-2}
8	1.65×10^{-1}	3.39×10^{-10}	8.24×10^{3}	1.97×10^{-4}	0.58	1.41×10^{3}	3.71×10^{-2}
9	1.70×10^{4}	1.50×10^{-8}	4.71×10^{3}	1.88×10^{-4}	0.62	1.46×10^{3}	1.10×10^{-2}
10	1.44×10^{4}	1.17×10^{-8}	5.89×10^{3}	2.49×10^{-4}	0.65	1.18×10^{3}	9.99×10^{-3}
11	3.32×10^{-2}	2.18×10^{-9}	3.28×10^{4}	6.30×10^{-4}	0.46	2.56×10^{3}	5.86×10^{2}
12	1.39×10^{-1}	3.34×10^{-9}	4.26×10^{4}	5.29×10^{-4}	0.61	1.83×10^{3}	1.07×10^{-2}
13	9.61×10^{3}	9.06×10^{-10}	6.06×10^{4}	1.82×10^{-4}	0.54	7.57×10^{3}	9.49×10^{5}
14	1.04×10^{5}	6.88×10^{-10}	4.50×10^{2}	5.79×10^{7}	3.96×10^{-3}	1.20×10^{7}	1.82×10^{-7}

3.4　砂土中 X80 钢的电化学腐蚀机理

附图 6-9 为自然风干状态下砂土中 X80 钢的宏观腐蚀形貌，图片放大倍数为 18 倍。结果显示，X80 钢的表面堆积有高度不等的棕黄色腐蚀产物（铁的氧化物），这与砂土介质的多孔结构相关。与砂土中孔隙液接触的部分能够直接进行电化学腐蚀，不受砂土固体颗粒影响的部分堆积腐蚀产物较多，对应产物颜色也较深。腐蚀产物的 SEM（附图 6-10）结果显示，腐蚀产物呈豹纹状，团簇絮状，米粒状等形状，且有裂缝存在。

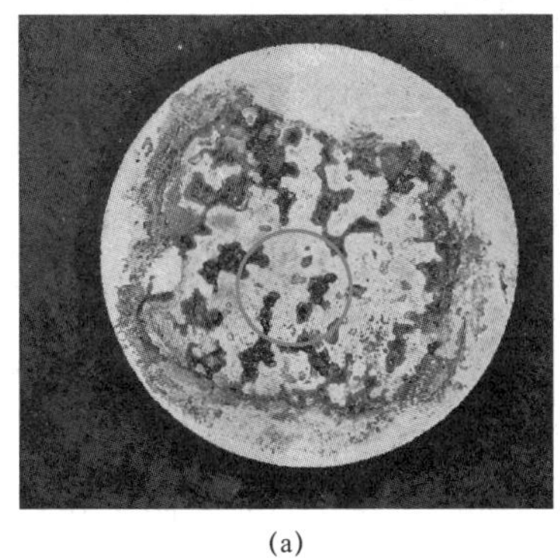

(a)

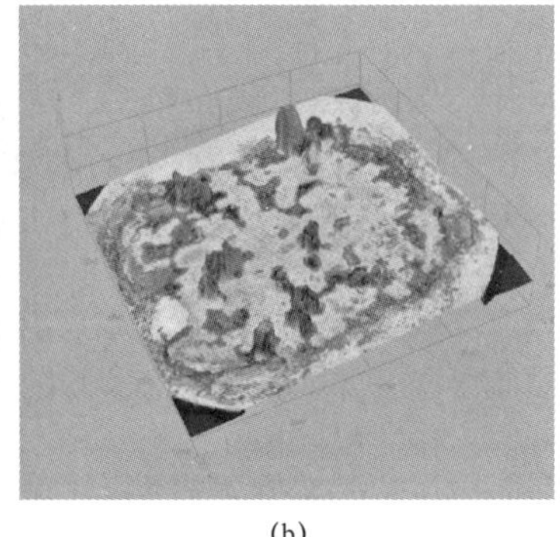

(b)

附图 6-9　X80 钢的宏观腐蚀形貌

（a）二维图；（b）3D 图

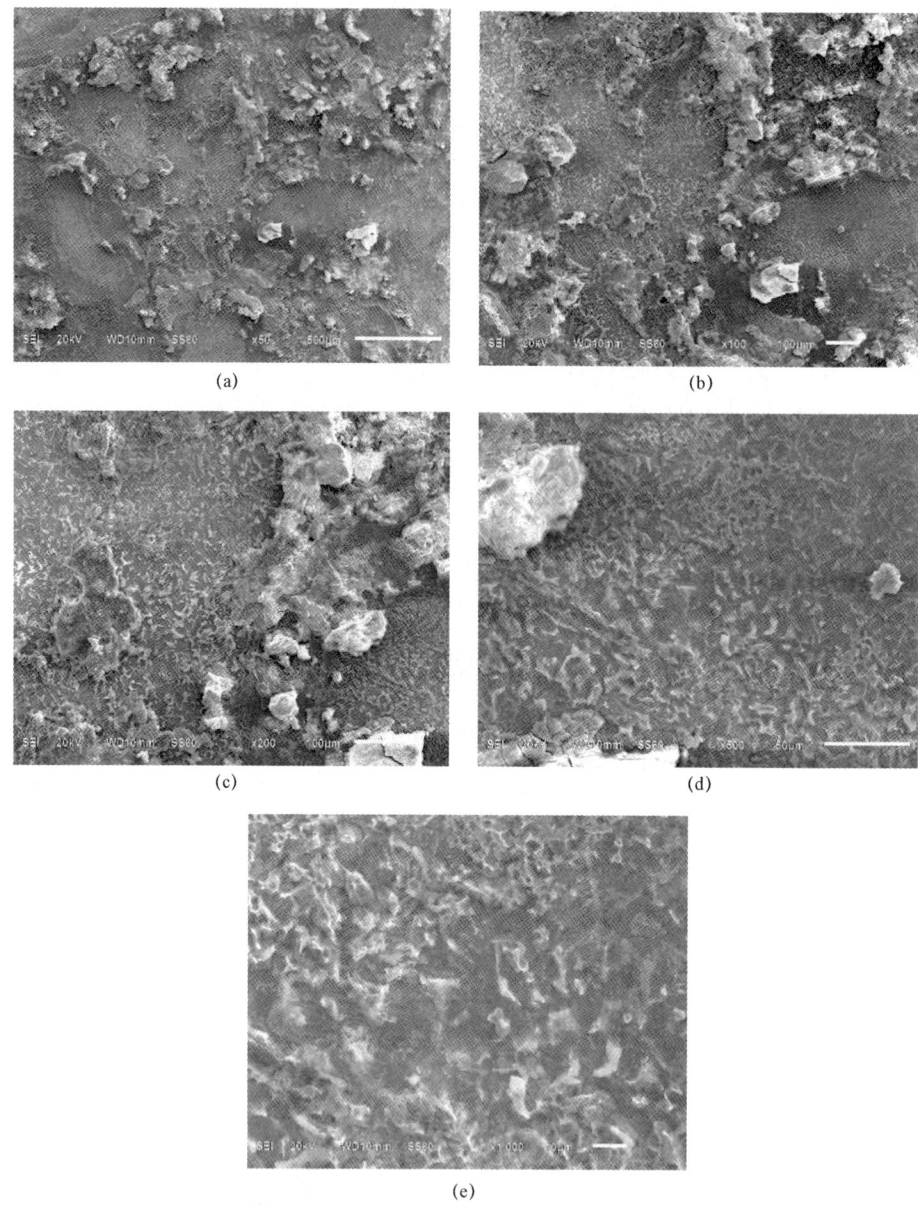

附图 6-10　X80 钢表面腐蚀产物的 SEM

（a）×50；（b）×100；（c）×200；（d）×500；（e）×1 000

为了进一步研究 X80 钢表面腐蚀产物的成分，本文进行了附图 6-9（a）中选取腐蚀产物的 EDS 和 XPS 分析。EDS 结果（附图 6-11）显示，腐蚀产物在成分上均主要由 Fe、O、C 元素组成。其中，Fe、O 为棕黄色铁氧化物的组成元素。

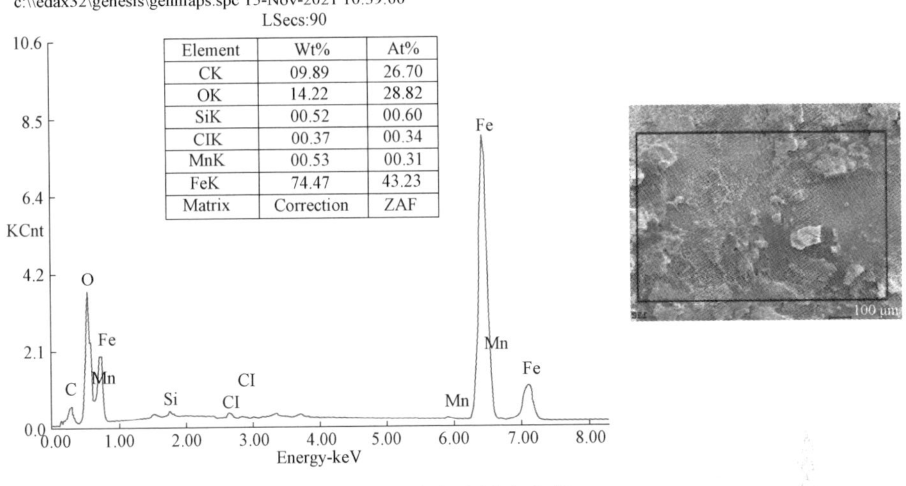

Element	Wt%	At%
CK	09.89	26.70
OK	14.22	28.82
SiK	00.52	00.60
ClK	00.37	00.34
MnK	00.53	00.31
FeK	74.47	43.23
Matrix	Correction	ZAF

附图 6-11　选取腐蚀产物的 EDS

附图 6-12 为 X80 钢表面腐蚀产物的 XPS 分析结果。附图 6-12a 为 XPS 全谱扫描图，腐蚀产物中元素主要有 Fe、O、C，C 元素的存在可能源于样品基体，Fe、O 元素可能源自表面的腐蚀产物。在 Fe2p 精细谱中（附图 6-12d），位于 710.69 eV 处的特征峰代表氧化物 Fe_2O_3 的形成，其余峰属于相应的卫星峰。X80 钢表面的产物主要为 Fe_2O_3。阳极过程产生 Fe^{2+}的可能与中性孔隙液中 H_2O 反应生成 $Fe(OH)_2$（式附 6.1），进一步氧化形成 Fe_2O_3 堆积在 X80 钢的表面。

$$Fe-2e \longrightarrow Fe^{2+}$$

$$O_2+4H^++4e \longrightarrow 2H_2O$$

$$Fe^{2+}+2H_2O \longrightarrow Fe(OH)_2+2H^+ \quad （附 6.1）$$

$$4Fe(OH)_2+O_2 \longrightarrow 2Fe_2O_3+4H_2O \quad （附 6.2）$$

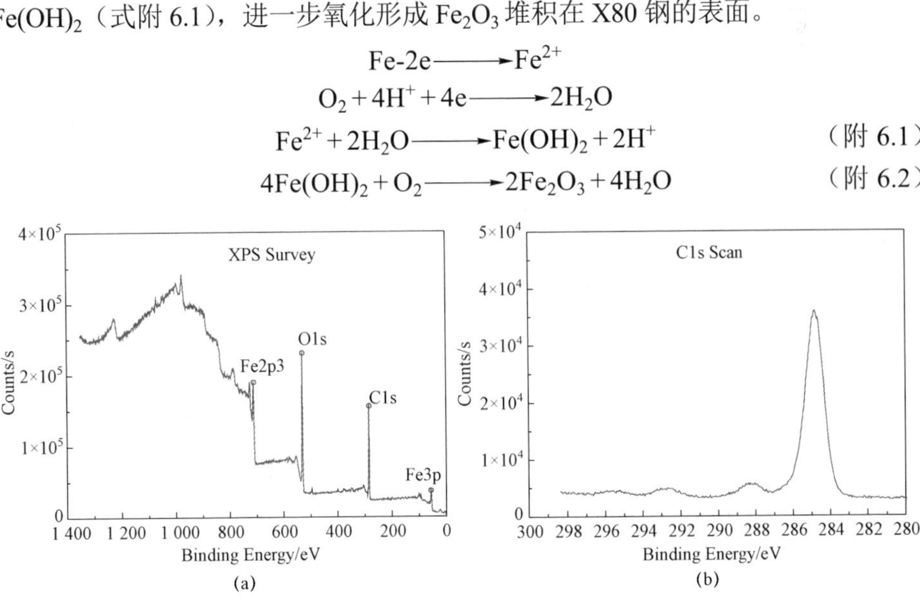

附图 6-12　腐蚀产物的 XPS

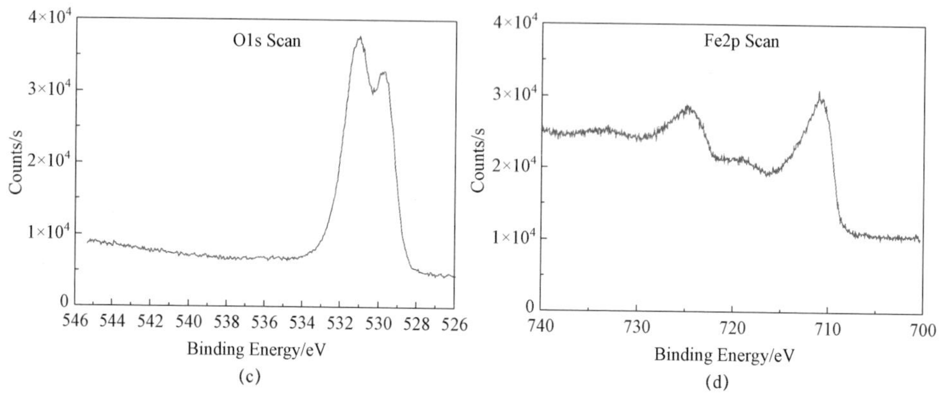

附图 6-12　腐蚀产物的 XPS（续）

为了进一步研究腐蚀机理，清除腐蚀产物后，进行 SEM 形貌分析，放大倍数分别为：×50，×100，×200，×500 和×1 000，如附图 6-13 所示。X80 钢表面腐蚀属于局部腐蚀，局部区域腐蚀较强，形成了较多的腐蚀坑，其余部分腐蚀较弱。

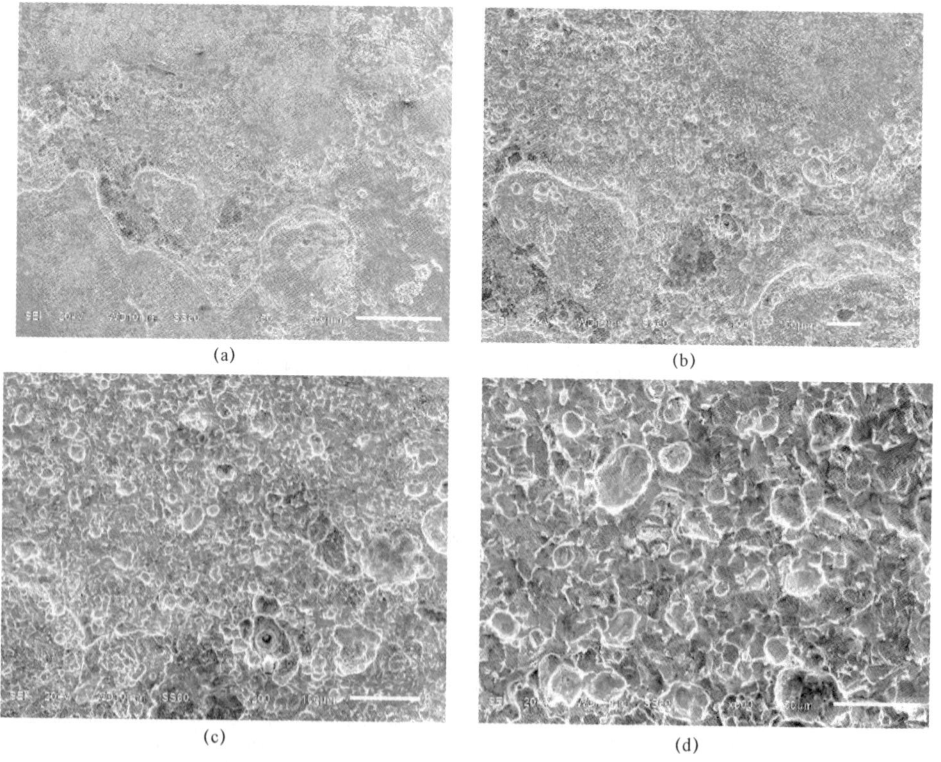

附图 6-13　除锈后 X80 钢的微观腐蚀形貌

（a）×50；（b）×100（c）×200；（d）×500

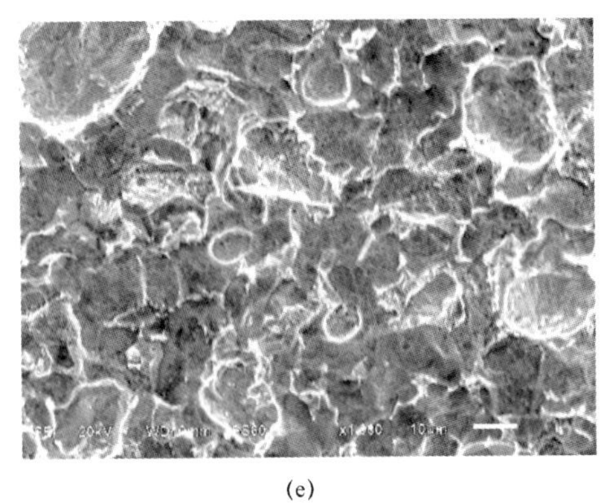

(e)

附图 6-13 除锈后 X80 钢的微观腐蚀形貌（续）

（e）×1 000

4. 结论

本文基于电化学理论、砂土腐蚀性和 X80 钢的腐蚀原理之间的关系，对自然风干状态下砂土中 X80 钢的腐蚀机理进行了综合研究。得出如下结论：

（1）砂土介质的 pH 在 6.85～7.05 范围内波动，砂土介质基本呈中性。砂土介质温度也在 20 ℃附近波动。砂土中水分 14 d 从初始饱和状态 30%逐渐风干至 0。

（2）随着龄期的增加即砂土中水分含量的不断减少，X80 钢的极化曲线整体向左上方偏移，砂土对 X80 钢的腐蚀逐渐减弱。腐蚀电流密度 I_0 数值均在 3 μA/cm^2 以下，砂土中 X80 钢的腐蚀属于轻微腐蚀，平均腐蚀速率为 1.65×10^{-2} mm/a。

（3）10^{-2}～10^3 Hz 频域内，阻抗谱均呈现扁平的容抗弧，与实轴的交点先向左后向右偏移，容抗弧半径先增大后减小。5 d 以后 10^3～10^6 Hz 频域内，阻抗波动较大。液桥极限体积含量附近即 7 d、8 d 时，容抗弧半径达到最小，砂土对 X80 钢的腐蚀最强。

（4）X80 钢的表面堆积有高度不同的棕黄色腐蚀产物（铁的氧化物，Fe_2O_3），腐蚀产物呈豹纹状，团簇絮状，米粒状等形状。腐蚀属于局部腐蚀，局部区域腐蚀较强，形成了较多的腐蚀坑。

术语和符号说明

术 语

1 标准砂 Standard sand

符合 ISO 标准规定的石英砂。

2 土壤黏附 Soil adhesion

土壤黏附，指土壤对触土部件产生附着的现象，是固、液、气三相界面上复杂的力学现象，与电化学现象之间存在一定的相关性。

3 土壤黏粒 Soil clay

土壤中带负电的微小颗粒，表面水分布具有双电层结构特征，对水中阳离子作用较强。

4 电化学 Electrochemistry

电化学是研究系统内部形成的带电界面现象及其发生变化的科学。正弦波电信号通过系统时，系统内部的电传导和化学反应同时发生并产生相互作用，通常用来分析电极过程动力学、双电层和扩散等，研究电极材料、固体电解质以及腐蚀防护等机理。

5 电化学阻抗谱 Electrochemical impedance spectroscopy (EIS)

对电化学系统施加一个频率不同的小振幅的交流信号，测量交流信号电压与电流的比值（此比值即为系统的阻抗，一般用 Z 表示）随正弦波频率 ω 的变化，或者是阻抗的相位角 Φ 随 ω 的变化。EIS 图谱主要包括奈奎斯特（Nyquist）

图和 Bode 图。

6 奈奎斯特（Nyquist）图

用阻抗虚部作纵轴，实部作横轴绘制而成的阻抗谱图，即 $-Z''-Z'$ 图。

7 伯德（Bode）图

用阻抗模值和相位角 φ 为纵轴，频率对数为横轴绘制而成的阻抗谱测量结果，即 $\log|Z|-\log f$ 和 $\varphi-\log f$ 。

8 电化学腐蚀 Electrochemical corrosion

金属与砂土孔隙水接触，通过电极反应产生的腐蚀为电化学腐蚀。电极与孔隙液界面上将形成双电层，产生一个电位差（即电极电位），进而形成原电池，发生腐蚀。

9 等效电路 Equivalent circuit

通过基本“电学元件”和“电化学元件”［电阻（R）、电容元件（C）、电感（L）和常相位角元件（CPE 或 Q）等］串联或并联构成阻抗频谱与测试电化学阻抗谱相同的电路即为相应电极系统的等效电路。

10 扩散作用 Diffusion effect

当电极过程中法拉第电流密度较大时，电极表面附近反应物的浓度与介质本体中的浓度之间的差别将导致反应物从介质本体向电极表面扩散，该过程将在电化学阻抗谱上反映。

11 固/液/气三相界面区 Three phase boundary zone (TPB)

土壤环境中，金属表面土壤孔隙液滴区氧化反应快速区。

12 极化曲线 Polarization curve

一个电极在有外电流时的电极电位与没有外电流时的电极电位之差为极化，对应的 E-$\log|i|$曲线即为极化曲线。

13　腐蚀电位 Corrosion potential

金属在介质中未通过电流时所产生的电位，称为腐蚀电位 E_{corr}，也称自腐蚀电位。

14　极化电阻 Polarization resistance

金属电极的极化曲线在腐蚀电位 E_{corr} 处的切线斜率称为该腐蚀金属电极的极化电阻。

15　电荷转移电阻 Charge transfer resistance

电荷转移电阻指电极反应的电荷转移电阻或传递电阻。

16　电极–孔隙液界面双层 Double layer at electrode—solution interface

电极–孔隙液界面上存在的离子双电层、表面偶极双电层和吸附双电层三种双电层的总和。

符号说明

S_p—近球度；

E_l—伸长率；

R_o—圆度；

ECD—等效直径，μm；

F_D—分形维数；

r_1—产生正水平方向力的凹面半径（取正值），mm；

r_2—产生负水平方向力的凸面半径（取负值），mm；

θ—土壤颗粒表面润湿角，（°）；

β—填充角，（°）；

σ—表面张力，mN/m；

s—砂土颗粒半间距，mm；

V_l—液桥总体积，mm^3；

V_{mp}—液桥表面的旋转体积，mm^3；

V_{ss}—两液桥球冠所围部分的体积，mm^3；

Δp—水膜内因表面张力造成的附加压力，kPa；

G_s—砂土重度，即相对密度，g/cm^3；

ρ_{dmax}—砂土最大干密度，g/cm^3；

ρ_{dmin}—砂土最小干密度，g/cm^3；

ρ_d—砂土干密度，g/cm^3；

D_r—土体相对密实度；

e—砂土孔隙比；

e_{max}—砂土最大孔隙比；

e_{min}—砂土最小孔隙比；

N—物质的量单位，$N = 6.022 \times 10^{23}\ mol^{-1}$；

ε—单位电荷，$\varepsilon = 4.802 \times 10^{10}$；

D—土壤水孔隙液的介电常数；

k—Boltzmann 常数，$k = 1.38 \times 10^{-23}$ J/K；

T—热力学温度，K；

n_i—单位体积土壤水孔隙液内第 i 种离子的离子数；

Z_i—单位体积土壤水孔隙液内第 i 种离子的价数；

ρ—电解质阻抗，单位为 Ω · cm；

L—圆柱形长度；

S_e—电解质截面面积；

S'—电极表面的活性区域；

Z—阻抗

Z'—阻抗实部；

Z''—阻抗虚部；

ω—角频率，单位 Hz；

f—正弦信号频率，单位 Hz；

φ—相位角；

Q(CPE)—常相位角元件；

Y_0(CPE-T)—常相位角元件中电容参数，$\Omega^{-1}\cdot s^{-n}\cdot cm^{-2}$ 或 $S\cdot s^{-n}\cdot cm^{-2}$；

n(CPE-P)—电容偏离理想状态的程度，为无量纲，其数值范围为（0,1）；

R_{ct}—电荷转移电阻，$\Omega\cdot cm^2$；

W—Warburg 扩散阻抗，$S\cdot s^{-0.5}\cdot cm^{-2}$；

C_s(C_{s2})—电极附近区域多孔砂层电容，$F\cdot cm^{-2}$；

R_s(R_{s2})—电极附近区域多孔砂层电阻，$\Omega\cdot cm^2$；

R_e—溶液电阻，$\Omega\cdot cm^2$；

C_o—电极表面氧化膜电容，$F\cdot cm^{-2}$；

R_o—电极表面氧化膜电阻，$\Omega\cdot cm^2$；

R—气体常数，8.314 J/(mol · K)；

F—法拉第常数，$9.648\,5\times10^4$ C/mol；

n_0—反应电子数；

c^0—反应粒子的孔隙液本体浓度；

D^0—反应粒子的扩散系数。

R_p—极化电阻，Ω/cm^2；

E_{corr}—自腐蚀电位，V；

I_{corr}—腐蚀电流密度，A/cm^2；

r_h—水力半径，mS；

L—迂曲度。

参考文献

［1］中华人民共和国住房和城乡建设部. 盐渍土地区建筑技术规范：GB/T 50942—2014［S］. 北京：中国计划出版社，2014.

［2］柯夫达. 盐渍土的产生与演变［M］. 北京：科学出版社，1958.

［3］杨真，王宝山. 中国盐渍土资源现状及改良利用对策［J］. 山东农业科学，2015（4）：125-130.

［4］车文峰，李帅，穆光远. 山西省盐碱地资源调查研究及其开发利用［J］. 科技情报开发与经济，2012，22（1）：106-109.

［5］宋满福. 山西省土地沙化成因分析及防治对策［J］. 山西林业科技，2000（4）：17-20.

［6］何维灿，赵尚民，程维明. 山西省不同地貌形态类型区土地覆被变化的 GIS 分析［J］. 地球信息科学学报，2016（2）：210-219.

［7］范强，李永杰，梅云新. 秦京线输油管道土壤腐蚀的模糊综合评判［J］. 内蒙古石油化工，2009（13）：22-24.

［8］张鉴清. 电化学测试技术［M］. 北京：化学工业出版社，2010.

［9］张道明，刘继旺. 谈谈土壤腐蚀［J］. 油田地面工程，1990（6）：41-43.

［10］王静爱，左伟. 中国地理图集［M］. 北京：中国地图出版社，2009.

［11］陈先华，唐辉明. 污染土的研究现状及展望［J］. 地质与勘探，2003（1）：77-80.

［12］朱春鹏，刘汉龙. 污染土的工程性质研究进展［J］. 岩土力学，2007（3）：625-630.

［13］李相然，姚志祥，曹振斌. 济南典型地区地基土污染腐蚀性质变异研究［J］. 岩土力学，2004（8）：1229-1233.

［14］赵金勇. 水土作用研究现状及展望［J］. 科技创新导报，2010（33）：83-84.

［15］Payne K, Pickering W F. Influence of clay-solute interactions on aqueous copper ion levels［J］. Water, Air, and Soil Pollution, 1975, 5 (1): 63-69.

［16］Farrah H, Pickering W F. Influence of clay-solute interactions on aqueous heavy metal ion levels［J］. Water, Air, and Soil Pollution, 1977, 8(2): 189-197.

［17］Kelly A G. Accumulation and persistence of chlorobiphenyls，organochlorine pesticides and faecal sterols at the Garroch Head sewage sludge disposal site，Firth of Clyde［J］. Environmental Pollution，1995，88（2）：207-217.

［18］张信贵，吴恒，方崇，等. 水土化学体系中钙镁对土体结构强度贡献的试验研究［J］. 地球与环境，2005（4）：62-68.

［19］吴恒，代志宏，张信贵，等. 水土作用中铝对土体结构性的影响［J］. 岩土力学，2001（4）：474-477.

［20］代志宏，吴恒，张信贵. 水土作用中铁对土体结构强度的影响［J］. 甘肃工业大学学报，2002（4）：104-107.

［21］叶为民，黄伟，陈宝，等. 双电层理论与高庙子膨润土的体变特征［J］. 岩土力学，2009（7）：1899-1903.

［22］何伟，赵明华，刘小平. 双电层对非饱和黏土渗透率的影响［J］. 公路交通科技，2008（9）：47-51.

［23］刘茜，郑西来，任加国，等. 海水入侵过程中水–岩相互作用的土柱试验研究［J］. 海洋环境科学，2008（5）：443-446.

［24］吴吉春，薛禹群，谢春红，等. 海水入侵过程中水–岩间的阳离子交换［J］. 水文地质工程地质，1996（3）：18-19.

［25］陈余道，朱学愚，蒋亚萍. 黏性土土洞形成的水化学侵蚀实验［J］. 水文地质工程地质，1997（1）：29-32.

［26］许中坚，刘广深，喻佳栋，等. 模拟酸雨对红壤结构体及其胶结物影响的实验研究［J］. 水土保持学报，2002（3）：9-11.

［27］蒙高磊，陈逸方，王根伟，等. 水土作用对桂林重塑红黏土工程性质试验研究［J］. 科学技术与工程，2017（10）：265-271.

［28］汤连生. 水–岩土化学作用的环境效应［J］. 中山大学学报（自然科学版），2001（5）：103-107.

［29］吴恒，张信贵，韩立华. 水化学场变异对土体性质的影响［J］. 广西大学学报（自然科学版），1999（2）：1-4.

［30］吴恒，张信贵，易念平，等. 水土作用与土体细观结构研究［J］. 岩石力学与工程学报，2000（2）：199-204.

［31］易念平，吴恒，张信贵，等. 水土作用的力学机理探讨［J］. 广西大学学报（自然科学版），2000（1）：16-19.

［32］刘汉龙，朱春鹏，张晓璐. 酸碱污染土基本物理性质的室内测试研究［J］. 岩土工程学报，2008（8）：1213-1217.

［33］刘全义. 软土地区化学侵蚀地基沉降机理初步研究［J］. 工程勘察，1998（5）：10-12.

［34］李琦，施斌，王友诚. 造纸厂废碱液污染土的环境岩土工程研究［J］. 环境污染与防治，1997（5）：16-18.

［35］白晓红，赵永强，韩鹏举，等. 污染环境对水泥土力学特性影响的试验研究［J］. 岩土工程学报，2007（8）：1260-1263.

［36］赵永强，白晓红，韩鹏举，等. 土体污染对水泥土力学性质的影响［J］. 天津大学学报，2008（1）：72-77.

［37］韩立华，刘松玉，杜延军. 一种检测污染土的新方法——电阻率法［J］. 岩土工程学报，2006（8）：1028-1032.

［38］刘松玉. 污染场地测试评价与处理技术［J］. 岩土工程学报，2018（1）：1-37.

［39］刘松玉，边汉亮，蔡国军，等. 油水二相体对油污染土电阻率特性的影响［J］. 岩土工程学报，2017（1）：170-177.

［40］郭秀军，吴水娟，马媛媛. 生活垃圾渗滤液污染砂土电阻率法量化检测研究［J］. 岩土工程学报，2012（11）：2066-2071.

［41］马媛媛，郭秀军，朱大伟，等. 生活垃圾渗滤液污染砂土电阻率变化机制实验研究［J］. 地球物理学进展，2010（3）：1098-1104.

［42］边汉亮，蔡国军，刘松玉，等. 农药氯氰菊酯对土体基本性质影响的室内试验研究［J］. 东南大学学报（自然科学版），2015（1）：115-120.

［43］董晓强，张少华，苏楠楠，等. 污染土对水泥土强度和电阻率影响的试验研究［J］. 土木工程学报，2015（4）：91-98.

［44］章定文，曹智国，刘松玉，等. 水泥固化铅污染土的电阻率特性与经验公式［J］. 岩土工程学报，2015（9）：1685-1691.

[45] 章定文，曹智国，张涛，等. 碳化对水泥固化铅污染土的电阻率特性影响规律［J］. 岩石力学与工程学报，2014（12）：2563-2572.

[46] 张少华，李熠，寇晓辉，等. 水泥固化锌污染土电阻率与强度特性研究［J］. 岩土力学，2015（10）：2899-2906.

[47] 储亚，刘松玉，蔡国军，等. 锌污染土物理与电学特性试验研究［J］. 岩土力学，2015（10）：2862-2868.

[48] 叶萌，李韬，许丽萍，等. 重金属污染土电阻率影响因素的试验研究[J]. 土木建筑与环境工程，2016（S1）：135-140.

[49] https://en.wikipedia.org/wiki/Electrode_potential.

[50] 曹楚南. 中国材料的自然环境腐蚀［M］. 北京：化学工业出版社，2005.

[51] 肖纪美，曹楚南. 材料腐蚀学原理［M］. 北京：化学工业出版社，2002.

[52] 邵宗臣. 土壤中酸度对管道的腐蚀情况［J］. 土壤学报，1997，5（4）：246-254.

[53] 王光雍. 自然环境的腐蚀与防护［M］. 北京：化学工业出版社，1997.

[54] 马孝轩，陈从庆，仇新刚. 混凝土土壤腐蚀快速试验研究［J］. 中国建材科技，1993，2（6）：17-20.

[55] 马孝轩，仇新刚，陈从庆. 混凝土及钢筋混凝土土壤腐蚀数据积累及规律性研究［J］. 建筑科学，1998（1）：7-12.

[56] 钱朝阳. 淮水北调某输水管线土壤腐蚀性评价研究［J］. 城市勘测，2015（04）：169-172.

[57] 李兴濂，王光雍，孙嘉瑞，等. 三峡地区材料 33 年土壤腐蚀行为研究［J］. 腐蚀科学与防护技术，1995（1）：1-9.

[58] 汤永净，韦扣均，朱旻. 杂散电流对地下结构耐久性影响试验研究［J］. 地下空间与工程学报，2012（6）：1131-1135.

[59] 史美伦. 混凝土阻抗谱［M］. 北京：中国铁道出版社，2003.

[60] 马克・欧瑞姆（美），伯纳德・特瑞波勒特（法），雍兴跃，等. 电化学阻抗谱［M］. 北京：化学工业出版社，2014.

[61] 张云莲，张震雷，史美伦. 氯离子在混凝土中的扩散性及其电化学测试方法［J］. 水利水电技术，2005（7）：49-51.

[62] 赖建中，杨春梅，崔崇，等. 用交流阻抗谱法研究碳纳米管改性活性粉末

混凝土材料的水化过程［J］. 硅酸盐学报，2012，40（11）：1592-1598.

［63］史美伦，杨正宏. 混凝土阻抗谱的拓扑结构［J］. 建筑材料学报，2002（2）：132-136.

［64］李国翠. 水泥基材料水化过程基本特性的电化学阻抗谱研究［D］. 哈尔滨：哈尔滨工业大学，2010.

［65］张文. 混凝土水泥水化过程的电化学阻抗谱研究［D］. 大连：大连理工大学，2013.

［66］冯智伟. 浅谈埋地管道的防腐设计［J］. 化工设计通讯，2017，43（2）：189.

［67］梁培贤. 浅谈埋地管道的防腐设计［J］. 广州化工，2014，42（10）：184-185.

［68］李莹. 浅谈石油管道腐蚀防护措施与研究［J］. 工业技术，2013（1）：123.

［69］Radenkov T A，Romanenko S V，Kolpakov V A, et al. Soil ph Control in the Mobile Corrosion Monitoring［C］. IOP Conf.Series: Materials Science and Engineering, 2017.

［70］陈秋烨，关继业. 土壤腐蚀测量技术概述［J］. 中国新技术新产品，2015（8）：42.

［71］Von Fischer J C, Cooley D, Chamberlain S, et al. Rapid，Vehicle-Based Identification of Location and Magnitude of Urban Natural Gas Pipeline Leaks［Z］. 2017：51，4091-4099.

［72］Dzhala R，Verbenets B Y，Nyk M，et al. New methods for the corrosion monitoring of underground pipelines according to the measurements of currents and potentials［J］. Materials Science，2017，52（5）：732-741.

［73］Allahkaram S R，Isakhani-Zakaria M，Derakhshani M，et al.Investigation on corrosion rate and a novel corrosion criterion for gas pipelines affected by dynamic stray current［J］. Journal of Natural Gas Science and Engineering，2015，26：453-460.

［74］腾宪福. 北二西埋地金属管道腐蚀原因分析与防护［J］. 内蒙古石油化工，2014（5）：73-74.

［75］司维岭. 埋地管道土壤腐蚀研究［J］. 新疆石油科技，1996（2）：55-57.

［76］于宁. 直埋热力管道土壤腐蚀与防护［J］. 管道技术与设备，2002（1）：

44-46.
[77] 王兆法. 防腐组合技术在咸宁高压长输燃气管道上的应用[J]. 城市燃气，2013（10）：18-20.
[78] 任鸽. 煤层气管道阴极保护技术研究[J]. 能源与节能，2016（11）：82-83.
[79] 郑鑫. 石油集输管道腐蚀剩余预测研究[J]. 内蒙古石油化工，2016（4）：3-5.
[80] Zhu M, Du C W. A new understanding on AC corrosion of pipeline steel in alkaline environment [J]. Journal of Materials Engineering and Performance，2017, 26 (1): 221-228.
[81] Zhu M，Du C W, Li X G, et al. Synergistic effect of AC and Cl^- on corrosion behavior of X80 pipeline steel in alkaline environment [J]. Materials and Corrosion, 2015, 66 (5): 494-497.
[82] Zhou J, Li X, Du C, et al.Anodic electrochemial behavior of X80 pipeline steel in $NaHCO_3$ solution [J]. Acta Metall.Sinica, 2010, 46 (2)：251-256.
[83] Xie F, Wang D, Yu C X, et al.Effect of HCO_3^- concentration on the corrosion behaviour of X80 pipeline steel in simulated soil solution [J]. Int.J. Electrochem. Sci., 2017, 12：9565-9574.
[84] Wan H, Song D, Liu Z, et al.Effect of negative half-wave alternating current on stress corrosion cracking behavior and mechanism of X80 pipeline steel in near-neutral solution [J]. Construction and Building Materials, 2017, 154：580-589.
[85] Wan H X, Song D D, Liu Z Y, et al.Effect of alternating current on stress corrosion cracking behavior and mechanism of X80 pipeline steel in near-neutral solution [J]. J.Nat.Gas Sci.Eng., 2017, 38：458-465.
[86] 肖辉宗，谢飞，吴明，等. X80 管线钢在 CO_3^{2-}、HCO_3^-及 Cl^-协同作用下的腐蚀行为 [J]. 材料保护，2017，50（8）：14-17.
[87] 宋庆伟，刘云，陈秀玲，等. pH 值对 X80 管线钢土壤腐蚀行为的影响[J]. 全面腐蚀控制，2008（4）：63-66.
[88] 杨霜，赵春英，闫茂成，等. 恒流脉冲技术检测管线钢土壤腐蚀 [J]. 腐蚀科学与防护技术，2015，27（5）：468-472.

[89] 刘英义，贾宏斌，张红梅，等. 高级 X80 管线钢土壤腐蚀行为的研究[J]. 热加工工艺，2015，44（8）：57-60.

[90] 韩曙光，孙海星，徐兆东，等. 管线钢在鹰潭红壤泥浆中的腐蚀行为[J]. 全面腐蚀控制，2016，30（11）：49-53.

[91] 么惠平，闫茂成，杨旭，等. X80 管线钢红壤腐蚀初期电化学行为[J]. 中国腐蚀与防护学报，2014，34（05）：472-476.

[92] Quej-Ake L M, Marín-Cruz J, Contreras A.Electrochemical study of the corrosion rate of API steels in clay soils [J]. Anti-Corrosion Methods and Materials, 2017, 64 (1): 61-68.

[93] Quej-Aké L, Nava N, Espinosa-Medina M A, et al.Characterisation of soil/pipe interface at a pipeline failure after 36 years of service under impressed current cathodic protection [J]. Corrosion Engineering, Science and Technology, 2015, 50 (4): 311-319.

[94] Shou K J, Chen B C. Numerical analysis of the mechanical behaviors of pressurized underground pipelines rehabilitated by cured-in-place-pipe method [J]. Tunnelling and Underground Space Technology, 2018, 71:544-554.

[95] Gadala I M, Wahab M A, Alfantazi A. Numerical simulations of soil physicochemistry and aeration influences on the external corrosion and cathodic protection design of buried pipeline steels[J]. Materials and Design, 2016, 97: 287-299.

[96] 李辉勤，杨德钧，俞宏英，等. 北京地下天然气管道土壤腐蚀的试验研究[J]. 油气储运，1998（1）：44-46.

[97] 陶文亮，王琬，李龙江. 埋地燃气管道土壤腐蚀的现场埋片试验研究[J]. 贵州工业大学学报（自然科学版），2006（3）：57-60.

[98] 冯佃臣，宋义全，李涛，等. 16Mn 钢在内蒙古五地区土壤腐蚀的研究[J]. 内蒙古科技大学学报，2009（1）：50-53.

[99] Liu Z Y, Li Q, Cui Z Y, et al.Field experiment of stress corrosion cracking behavior of high strength pipeline steels in typical soil environments [J]. Construction and Building Materials, 2017, 148: 131-139.

［100］姜永明，吴明，陈旭，等. 某油田埋地管道土壤腐蚀的灰色关联分析［J］. 腐蚀与防护，2011（7）：564-566.

［101］冯斌，赵国珍，孟坤六. 土壤腐蚀因素的灰关联分析［J］. 油气田地面工程，1999（6）：9-10.

［102］楚喜丽，郭稚弧，黄剑，等. 灰色动态模型应用于土壤腐蚀的研究［J］. 中国腐蚀与防护学报，2000（1）：54-58.

［103］Ji J, Robert D J, Zhang C, et al.Probabilistic physical modelling of corroded cast iron pipes for lifetime prediction［J］. Structural Safety, 2017, 64：62-75.

［104］赵志峰，文虎，樊恒，等. 粗糙集和熵权计算法在多因素指标评价中的应用［J］. 中国安全生产科学技术，2017（9）：180-184.

［105］赵志峰，文虎，高炜欣，等. 同异反模式的管道土壤腐蚀综合评价［J］. 西安科技大学学报，2017（3）：352-357.

［106］赵志峰，文虎，高炜欣，等. 长输管道完整性管理中的数据挖掘和知识决策［J］. 西安石油大学学报（自然科学版），2016（4）：109-114.

［107］苏欣，熊波，黄坤，等. 一种评价长输管道土壤腐蚀的新模型［J］. 石油工程建设，2005（5）：9-12.

［108］李佩，杨伟. 改进层次分析法和模糊灰色理论的管道土壤腐蚀评价［J］. 油气储运，2006（4）：27-33.

［109］何树全，武丽. 材料土壤腐蚀数据库的功能特点与应用［J］. 石油化工腐蚀与防护，2014（4）：57-60.

［110］Cui G, Li Z, Yang C，et al. Study on the interference corrosion of cathodic protection system［J］. Corrosion Reviews, 2015, 33 (5): 233-247.

［111］翁永基，李相怡. 塔里木地区材料的腐蚀和钢铁-土壤腐蚀模型［J］. 腐蚀与防护，2000（8）：347-350.

［112］翁永基. 区域土壤腐蚀试验数据分布特征研究：Ⅰ概率分布特征表述［J］. 腐蚀科学与防护技术，2002（5）：249-252.

［113］翁永基. 区域土壤腐蚀试验数据分布特征研究：Ⅱ位置分布特征表述［J］. 腐蚀科学与防护技术，2002（5）：253-256.

［114］李洪锡，张淑泉，银耀德，等. 区域碳钢土壤腐蚀数据模式识别研究［J］. 腐蚀科学与防护技术，1993（1）：70-74.

［115］李余斌，黄坤，张琳，等. 基于神经网络的管道沿线土壤腐蚀态势评价［J］. 油气储运，2007（8）：47-49.

［116］郑新侠.16Mn 管道钢土壤腐蚀速率描述的人工神经网络方法［J］. 西安石油大学学报（自然科学版），2004（1）：73-76.

［117］Othman S R, Yahaya N, Noor N M，et al.Modeling of External Metal Loss for Corroded Buried Pipeline［J］. Journal of Pressure Vessel Technology, 2017, 139: 1-12.

［118］鲁庆，穆志纯. 基于 Lasso 方法的碳钢土壤腐蚀率预报研究［J］. 科学技术与工程，2014（35）：84-89.

［119］鲁庆，穆志纯. 应用提升回归树研究碳钢的土壤腐蚀规律［J］. 中南大学学报（自然科学版），2014（6）：1879-1886.

［120］鲁庆，穆志纯. 多层线性模型在碳钢土壤腐蚀规律中的应用研究［J］. 北京科技大学学报，2013（11）：1458-1464.

［121］李新义. 红壤土壤腐蚀直接、连续监测技术的研究［D］. 南昌：南昌航空大学，2010.

［122］吴荫顺. 腐蚀试验方法与腐蚀检测技术［M］. 北京：化学工业出版社，1996.

［123］严夙爽. 发电厂接地网接地材料阴极保护及增加金属厚度方案的比较［J］. 科技创业家，2014（2）：245-246.

［124］徐仁扣. 土壤中钢铁的腐蚀［J］. 土壤学报，1998，4（5）：214-227.

［125］罗金恒，赵新伟，陈志昕，等. X52 管材土壤腐蚀速率测试及结果分析［J］. 管道技术与设备，2009（3）：45-47.

［126］许越，刘兆彬. 四极法电阻率测量在石油管道防腐蚀中的应用［J］. 地质与勘探，2016（3）：551-555.

［127］常守文，张莉华，常殿林，等. 便携式土壤腐蚀测量仪的研制与应用［J］. 油气储运，1989（1）：30-35.

［128］银耀德，张淑泉，高英. 金属材料土壤腐蚀原位测试研究［J］. 腐蚀科学与防护技术，1995，7（3）：266-268.

［129］唐红雁，宋光铃，曹楚南，等. 用极化曲线评价钢铁材料土壤腐蚀行为的研究［J］. 腐蚀科学与防护技术，1995（4）：285-292.

[130] 唐红雁，宋光铃，曹楚南，等. 弱极化曲线拟合技术在土壤腐蚀研究中的应用［J］. 腐蚀科学与防护技术，1996（3）：9-14.
[131] 唐红雁，宋先铃，曹楚南，等. 土壤腐蚀体系后插参比测量法研究［J］. 腐蚀科学与防护技术，1994（4）：352-357.
[132] 朱一帆，孙慧珍，万小山，等. 土壤腐蚀测试的一种新型电极［J］. 南京化工大学学报，1995（S1）：161-164.
[133] 孙成，韩恩厚，高立群，等. 纯铜的土壤腐蚀原位测试［J］. 中国有色金属学报，2002（1）：41-43.
[134] Lim K S, Yahaya N，Noor N M, et al.Effects of soil properties on the corrosion progress of X70-carbon steel in tropical region［J］. Ships and offshore structures，2017, 12 (7): 991-1003.
[135] 李明哲. 钢制埋地管道阴极保护埋片法检测研究［J］. 广州化工，2014（8）：104-106.
[136] 郑新侠.X60 管线钢土壤腐蚀的统计分析［J］. 西安石油大学学报（自然科学版），2010（2）：99-102.
[137] 陈瑛，田一梅，郭浩，等. 滨海盐土中球墨铸铁管腐蚀规律的电解、电偶加速法测定［J］. 材料保护，2015（11）：28-30.
[138] 曲良山，李晓刚，杜翠薇，等. 运用 BP 人工神经网络方法构建碳钢区域土壤腐蚀预测模型［J］. 北京科技大学学报，2009（12）：1569-1575.
[139] 杜翠薇，王胜荣，刘智勇，等. Q235 钢与 X70 钢在新加坡土壤环境中 1 年腐蚀行为研究［J］. 腐蚀科学与防护技术，2015（3）：231-236.
[140] 王胜荣，杜翠薇，刘智勇，等. Q235 与 X70 钢在新加坡土壤中的应力腐蚀行为现场试验研究［J］. 机械工程学报，2015（12）：30-35.
[141] 王鸿膺，蒋涛，秦晓霞，等. 川气东送管道土壤腐蚀埋片试验［J］. 油气储运，2010（10）：769-771.
[142] 伍欣，吴海燕，彭波，等. 基于 BP 神经网络的川气东送管道土壤腐蚀预测［J］. 管道技术与设备，2015（1）：7-9.
[143] 王森，徐霞，李志忠，等.Krijing 方法在全国土壤腐蚀分布图绘制中的应用［J］. 全面腐蚀控制，2016（2）：38-42.
[144] 郭稚弧，金名惠，桂修文，等. 神经网络在金属土壤腐蚀研究中的应用

［J］. 腐蚀科学与防护技术，1995（3）：258-262.
［145］郭稚弧，邢政良，金名惠，等. 基于人工神经网络的金属土壤腐蚀预测方法［J］. 中国腐蚀与防护学报，1996（4）：307-310.
［146］王帅华，秦晓霞，姬蕊，等. MATLAB 神经网络在管道土壤腐蚀评价中的应用［J］. 油气储运，2009（11）：57-59.
［147］王齐，胡林林. 基于BP神经网络的油气长输管道土壤腐蚀性预测［J］. 当代化工，2016（9）：2198-2200.
［148］李丽，李晓刚，邢士波，等. BP 人工神经网络对国内典型地区碳钢土壤腐蚀的预测研究［J］. 腐蚀科学与防护技术，2013（5）：372-376.
［149］王天瑜，吴宗之，王如君，等. 基于改进灰关联分析法的埋地管道土壤腐蚀性评价［J］. 中国安全生产科学技术，2016（3）：133-136.
［150］任帅，张琪，王东，等. 基于主分量法的管道腐蚀评价——以川气东送管道为例［J］. 油气储运，2015（5）：519-523.
［151］任帅，张琪，王东，等. 川气东送管道沿线土壤腐蚀等级评价［J］. 当代化工，2014（5）：838-841.
［152］刘爱华，张雅岚，梁凤婷，等. 城市燃气球墨铸铁埋地管道土壤腐蚀行为研究［J］. 中国安全科学学报，2017（2）：86-91.
［153］杨岭，马贵阳，罗小虎. 基于综合评价模型的埋地管道土壤腐蚀等级评价［J］. 辽宁石油化工大学学报，2017（6）：30-35.
［154］宋乐平，龙靖华，张洪俊. 孤东油田土壤腐蚀环境的调查和评价［J］. 合肥工业大学学报（自然科学版），1995（4）：134-140.
［155］赵冬. 长输管道土壤腐蚀特性分析［J］. 当代化工，2014（12）：2643-2644.
［156］李发根，邵晓东，李磊，等. 16Mn 钢土壤腐蚀行为研究［J］. 腐蚀与防护，2010（12）：933-935.
［157］高玮，刘成铁，潘晨，等. 川气东送管道沿途土壤腐蚀性评价［J］. 管道技术与设备，2013（1）：32-34.
［158］郭浩，田一梅，裴云生，等. 氯离子对球墨铸铁管土壤腐蚀影响机理研究［J］. 材料导报，2017（11）：151-157.
［159］Akkouche R, Rémazeilles C, Barbalat M, et al.Electrochemical monitoring of steel/soil interfaces during wet/dry cycles［J］. Journal of The

Electrochemical Society, 2017, 164 (12): C626-C634.

［160］ Liu H, Cheng Y F.Mechanism of microbiologically influenced corrosion of X52 pipeline steel in a wet soil containing sulfate-reduced bacteria［J］. Electrochimica Acta, 2017, 253：368-378.

［161］ 王磊静，徐松，朱志平，等. 红壤中变电站接地网金属材料的腐蚀行为分析［J］. 腐蚀科学与防护技术，2015（1）：59-63.

［162］ 邓盼，周艺，朱志平，等. 接地网材料在土壤中的腐蚀现状及腐蚀机理分析［J］. 广东化工，2015（4）：12-14.

［163］ 查方林，冯兵，何铁祥. 不同埋地深度下铜质接地网材料的腐蚀特性［J］. 材料保护，2015，48（3）：48-51.

［164］ 查方林，冯兵，徐松. 同材料三电极体系研究接地网材料土壤腐蚀[J]. 腐蚀与防护，2014（9）：907-911.

［165］ 郭安祥，胡尾娟，闫爱军，等. 不锈钢、镀锌钢接地材料在土壤中的腐蚀规律研究［J］. 材料导报，2015，29（26）：498-500.

［166］ 闫爱军，王宏立，刘磊，等. 镀锌钢和不锈钢材料在不同 pH 土壤溶液中的腐蚀行为［J］. 腐蚀与防护，2014（6）：537-540.

［167］ 傅敏，闫风洁，雍军，等. 铝铜稀土合金接地材料研究［J］. 中国电力，2015（9）：100-105.

［168］ 朱敏，杜翠薇，李晓刚，等. Q235 钢在北京土壤环境中的腐蚀行为[J]. 中国腐蚀与防护学报，2013（3）：199-204.

［169］ 沈晓明，钱洲亥，祝郦伟，等. 浙江地区变电站土壤腐蚀性调查研究［J］. 浙江电力，2017（2）：53-57.

［170］ Ibrahim I，Meyer M，Takenouti H，et al.AC Induced corrosion of underground steel pipelines under cathodic protection：III. Theoretical approach with electrolyte resistance and double layer capacitance for mixed corrosion kinetics［J］. Journal of the Brazilian Chemical Society, 2017, 28 (8): 1483-1493.

［171］ 雷德清，李纯清，李书进，等. 土壤腐蚀特性描述及土壤中金属腐蚀的几个模型［J］. 山西建筑，2016，42（15）：64-65.

［172］ Li X，Castaneda H. Damage evolution of coated steel pipe under cathodic-protection in soil [J]. Anti-Corrosion Methods and Materials, 2017, 61 (1): 118-126.

[173] 曹楚南，张鉴清. 电化学阻抗谱导论 [M]. 北京：科学出版社，2002.

[174] 哈曼（德），卡尔 • H，安德鲁 • 哈姆内特（英），等. 电化学 [M]. 北京：化学工业出版社，2010.

[175] 曹楚南. 腐蚀电化学原理 [M]. 北京：化学工业出版社，2008.

[176] Ye C, Hu R, Dong S, et al.EIS analysis on chloride-induced corrosion behavior of reinforcement steel in simulated carbonated concrete pore solutions [J]. Journal of Electroanalytical Chemistry, 2013, 688：275-281.

[177] Martínez I, Andrade C. Polarization resistance measurements of bars embedded in concrete with different chloride concentrations: EIS and DC comparison [J]. Materials and Corrosion, 2011, 62 (10): 932-942.

[178] Barsoukov E, Macdonald J R.Impedance spectroscopy theory, experiment, and applications [M]. Hoboken, New Jersey: John Wiley & Sons, 2005.

[179] 刘玉军，蒋荃，赵春芝，等. 交流阻抗谱在混凝土保护涂层研究中的应用 [J]. 混凝土，2007（1）：8-10.

[180] 卓蓉晖. 水泥混凝土结构和性能研究的新方法：交流阻抗谱法 [J]. 国外建材科技，2005（1）：19-21.

[181] 胡江春，王红芳，何满潮，等. 交流阻抗谱法及其在岩石微裂纹检测中的应用 [J]. 岩土工程学报，2007（6）：853-856.

[182] 史美伦. 交流阻抗谱原理及应用 [M]. 北京：国防工业出版社，2001.

[183] 莫溢，楚冬青. 输变电工程金属接地装置材料选择及腐蚀防护分析 [J]. 红水河，2013（5）：102-105.

[184] http://www.mat-test.com/Post/Details/PT150806000036gNjPm.

[185] 任露泉，刘朝宗，佟金，等. 土壤黏附系统中黏土颗粒群的内聚特性 [J]. 农业机械学报，1997（S1）：5-8.

[186] 任露泉，刘朝宗，佟金，等. 土壤黏附系统中黏土颗粒群的黏附特性 [J]. 农业机械学报，1997，28（4）：1-4.

[187] Fisher R A.On the capillary forces in an ideal soil [J]. Journal of Agricural Science，1928，18（3）：406-410.

［188］米繁亮，谢瑞珍，韩鹏举. 碳酸氢钠饱和盐渍砂土的电化学特性试验研究［J］. 科学技术与工程，2018，18（20）：148-153.

［189］许书强，谢瑞珍，韩鹏举. 氯化钠盐渍砂土电化学特性的试验研究[J]. 科学技术与工程，2018，18（19）：100-105.

［190］Ma F，Xie R，Han P，et al.Study of the Initial Corrosion of X80 Steel in a Saturated Saline Soil Co-Contaminated with Cl^-，$SO_4^{2-}$and HCO_3^-［J］. Int.J.Electrochem.Sci，2018，13（6）：5396-5412.

［191］王美茹，韩鹏举. 氨水和氢氧化钠碱性污染粉土中 X80 钢的腐蚀试验研究［J］. 科学技术与工程，2018，18（23）：90-96.

［192］郝钰，韩鹏举，何斌. 温度对粉土电化学特性影响的试验研究［J］. 科学技术与工程，2018，18（19）：106-112.

［193］Han P, Xie R, et al.Study of the Electrochemical Corrosion Behaviour of X70 Steel in H_2SO_4 Contaminated Silty Soil［J］. Int.J.Electrochem.Sci., 2018, 13 (9): 8694-8710.

［194］Han P, Yan Y, et al.Study on Mechanical Properties of Acidic and Alkaline Silty Soil by Electrochemical Impedance Spectroscopy［J］. Int.J. Electrochem.Sci., 2018, 13 (11): 10548-10563.

［195］张亚芬，韩鹏举，何斌. 砂土的电化学阻抗特性及其试验研究［J］. 太原理工大学学报，2017（1）：55-61.

［196］何斌. 氯化钠污染砂环境下砂粒粒径对体系及X70钢电化学腐蚀行为的影响［D］. 太原：太原理工大学，2016.

［197］黄涛，陈小平，王向东，等. pH 值对 Q235 钢在模拟土壤中腐蚀行为的影响［J］. 中国腐蚀与防护学报，2016，36（1）：31-38.

［198］马珂，曹备，陈杉檬. 含水量对 Q235 钢土壤腐蚀行为的影响［J］. 腐蚀与防护，2014，35（9）：922-924.

［199］黄涛，闫爱军，陈小平，等. 含水率对 Q235 钢在模拟酸性土壤中腐蚀行为的影响［J］. 腐蚀科学与防护技术，2014，26（6）：511-516.

［200］李健，苏航，闫爱军，等. 耐酸性土壤腐蚀接地网用钢研究［J］. 腐蚀科学与防护技术，2015（2）：116-122.

［201］刘朵，何积铨. 仿古铸铁在含盐砂土环境中腐蚀规律的研究［J］. 化工

技术与开发，2018，47（1）：15-21.

［202］刘淼，伍远辉，罗宿星. Q235 钢在污染土壤中的氧浓差宏电池腐蚀［J］. 腐蚀与防护，2008（8）：438-441.

［203］He B, Bai X H, Hou L F, et al.The influence of particle size on the long-term electrochemical corrosion behavior of pipeline steel in a corrosive soil environment［J］. Materials and Corrosion, 2017, 68 (8): 846-857.

［204］He B, Han P, Hou L, et al.Understanding the effect of soil particle size on corrosion behavior of natural gas pipeline via modelling and corrosion micromorphology［J］. Engineering Failure Analysis, 2017, 80: 325-340.

［205］何斌，韩鹏举，白晓红. NaCl 污染土中含水量和电阻率对腐蚀速率的影响［J］. 科学技术与工程，2014，14（33）：318-321.

［206］申博著. 硝酸锌和硝酸铜污染砂土对 X70 钢的腐蚀试验研究[D]. 太原：太原理工大学，2016.

［207］任超，韩鹏举，张文博. 直流电作用下 X70 钢在砂土中腐蚀的电化学行为［J］. 腐蚀与防护，2015，36（12）：1137-1142.

［208］张文博. 直流电流下 X70 钢在砂土中的电化学腐蚀试验研究[D]. 太原：太原理工大学，2015.

［209］张亚芬. 砂土电化学阻抗谱特性及其对 Q235 钢腐蚀性能影响的试验研究［D］. 太原：太原理工大学，2017.

［210］姜晶. 液相分散程度在气/液/固多相体系腐蚀过程中的作用［D］. 中国海洋大学，2009.

［211］徐清浩，赵轶，樊杰. 浅谈图像分析技术在土的微观结构研究中的应用［J］. 科学之友（B 版），2008（2）：147-148.

［212］徐清浩. 数字图像分析程序在土的微观结构研究中的应用及数据分析［D］. 太原：太原理工大学，2008.

［213］https://baike.so.com/doc/911166-963030.html.

［214］http://www.docin.com/p-1948787925.html.

［215］马富丽. 基于微－纳观结构分析的黄土状粉土压实机理研究[D]. 太原：太原理工大学，2017.

［216］杨书申，邵龙义. MATLAB 环境下图像分形维数的计算［J］. 中国矿业

大学学报，2006（4）：478-482.

［217］任露泉. 土壤黏附力学［M］. 北京：机械工业出版社，2011.

［218］Lian G, Thornton C, Adams M J.A theoretical study of the liquid bridge forces between two rigid spherical bodies［J］. Journal of colloid and interface science, 1993, 161 (1): 138-147.

［219］Lu Ning，Likos William J.，韦昌富，等. 非饱和土力学［M］. 北京：高等教育出版社，2012.

［220］Dallavalle J M.Micometrics［M］. London：Pitman，1943.

［221］付文利，刘刚. MATLAB 编程指南［M］. 北京：清华大学出版社，2017.

［222］徐敏. 非饱和带水分特征曲线的实验研究［D］. 西安：长安大学，2008.

［223］Han P, Zhang Y, Chen F Y, et al.Interpretation of electrochemical impedance spectroscopy (EIS) circuit model for soils［J］. J.Cent.South Univ., 2015, 22 (11): 4318-4328.

［224］Lorenz W, Mansfeid F.Determination of corrosion rates by electrochemical DC and AC methods［J］. Corros.Sci., 1981, 21 (9-10): 647-672.

［225］Jiang J, Wang J.The role of cathode distribution in gas/liquid/solid multiphase corrosion systems［J］. Journal of Solid State Electrochemistry, 2009, 13 (11): 1723-1728.

［226］朱敏. 交流电作用下 X80 钢在高 pH 值溶液中的应力腐蚀开裂行为及机理研究［D］. 北京：北京科技大学，2015.

［227］罗金恒，王曰燕，赵新伟，等. 在役油气管道土壤腐蚀研究现状［J］. 石油工程建设，2004（6）：1-7.

［228］He B, Han P, Lu C, et al.Effect of soil particle size on the corrosion behavior of natural gas pipeline［J］. Engineering Failure Analysis, 2015, 58: 19-30.

［229］He B, Han P J, Hou L F, et al.Role of typical soil particle-size distributions on the long-term corrosion behavior of pipeline steel［J］. Materials and Corrosion, 2016, 67 (5): 471-483.

［230］史美伦. 混凝土阻抗谱［M］. 北京：中国铁道出版社，2003.

［231］Xing X, Wang H, Lu P, et al.Influence of rare earths on electrochemical corrosion and wear resistance of RE–Cr/Ti pack coatings on cemented 304 stainless steel［J］. Surface and Coatings Technology, 2016, 291: 151-160.

［232］张鉴清，曹楚南.Kramers_Kronig 转换在阻抗数据分析中的应用Ⅰ.Kramers_Kronig 转换与稳定性分析的关系[J]. 中国腐蚀与防护学报，1991，11（2）：105-109.

［233］刘福国，张有慧，马桂君，等.Kramers-Kronig 转换在电化学阻抗中的适用性及应用［J］. 中国表面工程，2009（5）：26-30.

［234］张亚利，孙典亭，郭国霖，等. 电化学交流阻抗复数平面图和电容复数平面图上相似图形的等效电路变换规则（Ⅱ）——含有 Warburg 阻抗的等效电路的变换［J］. 高等学校化学学报，2000（7）：1086-1092.

［235］中华人民共和国建设部. GB 50021—2001 岩土工程勘察规范[S]. 北京：中国建筑工业出版社，2009.

［236］李云雁，胡传荣. 试验设计与数据处理［M］. 北京：化学工业出版社，2008.

［237］Jin Z, Zhao X, Zhao T, et al.Effect of Ca (OH)$_2$, NaCl, and Na_2SO_4 on the corrosion and electrochemical behavior of rebar［J］. Chinese Journal of Oceanology and Limnology, 2016, 35 (3): 681-692.

［238］王献群. 唑类有机化合物的合成及其在碳酸氢钠介质中对铜缓蚀性能的研究［D］. 乌鲁木齐：新疆大学，2007.

［239］王政，魏莉. 利用 SPSS 软件实现药学实验中正交设计的方差分析[J]. 数理医药学杂志，2014（1）：99-102.

［240］龚江，石培春，李春燕. 使用 SPSS 软件进行多因素方差分析［J］. 农业网络信息，2012（4）：31-33.

［241］邱宏，金国琴，金如锋，等. 水迷宫重复测量数据的方差分析及其在 SPSS 中的实现［J］. 中西医结合学报，2007（1）：101-105.

［242］邓振伟，于萍，陈玲. SPSS 软件在正交试验设计、结果分析中的应用［J］. 电脑学习，2009（5）：15-17.

［243］于义良，罗蕴玲，安建业. 概率统计与 SPSS 应用［M］. 西安：西安交通大学出版社，2013.

［244］https: //en.wikipedia.org/wiki/Silica_gel.

［245］Xie F, Wang D, Yu C X, et al.Effect of HCO_3^-Concentration on the

Corrosion Behaviour of X80 Pipeline Steel in Simulated Soil Solution [J]. Int. J. Electrochem. Sci., 2017, 12: 9565-9574.

[246] 王胜荣. 交流电对 X80 钢在 Cl^-与 HCO_3^-溶液中的腐蚀行为影响及其机理研究 [D]. 北京：北京科技大学，2016.

[247] https://baike.so.com/doc/875920-7117170.html.

[248] 张秋利，姚蓉，尹成先，等. X80 管线钢在模拟土壤溶液中的电化学腐蚀行为 [J]. 材料保护，2016（2）：62-65.

[249] 曹斌. 铜在 NaCl 溶液中的电化学行为研究 [D]. 南京：南京工业大学，2007.

[250] 郭亚鑫. 镁合金表面 SiO_2 基溶胶凝胶耐腐蚀性能涂层制备及性能研究 [D]. 太原：太原理工大学，2017.

[251] 李黎.AZ910D 镁合金耐蚀涂层及其性能研究[D]. 北京：北京化工大学，2009.

[252] Nichols M L.The dynamic properties of soil. Ⅰ An explanation of the dynamic properties of soil by means of colloidal films [J]. Agricultural Engineering, 1931 (12): 259-264.

[253] 李建桥，任露泉，刘朝宗，等. 减粘降阻仿生犁壁的研究 [J]. 农业机械学报，1996（2）：2-5.

[254] 李建桥. 减粘降阻仿生犁壁的研究 [D]. 长春：吉林工业大学，1993.

[255] https://baike.so.com/doc/7534600-7808693.html.

[256] 陈莹. 高压直流接地极腐蚀特性研究 [J]. 硅谷，2014（20）：157-158.

[257] 姜军，王辉，张春晓，等. 三种黑色金属的土壤腐蚀行为与土壤性质的关系 [J]. 装备环境工程，2015（4）：38-43.

[258] 曹楚南. 中国材料的自然环境腐蚀[M]. 北京：化学工业出版社，2005.

[259] 胡彦鹏. 土壤腐蚀分析方法研究及评价 [J]. 节能环保，2015，5（14）：1-2.

[260] Zhang L, Lin N, Zou J, et al. Super-hydrophobicity and corrosion resistance of laser surface textured AISI 304 stainless steel decorated with Hexadecyltrimethoxysilane (HDTMS) [J]. Optics & Laser Technology,

2020, 127: 106146.

［261］李兴德，李小娟，杨洁，等. 不同土壤腐蚀性评价方法对接地网腐蚀判断的比较及差异性分析［J］. 电力科技与环保，2014，30（06）：8-9.

［262］张鉴清. 电化学测试技术［M］. 北京：化学工业出版社，2010.

［263］史美伦. 交流阻抗谱原理及应用［M］. 北京：国防工业出版社，2001.

［264］史美伦. 混凝土阻抗谱［M］. 北京：中国铁道出版社，2003.

［265］S N, P H, F S, et al. Study of the cement hydration processes in coal metakaolin and cement blends by electrochemical impedance spectroscopy［J］. International Journal of Electrochemical Science, 2020, 15: 9428-9445.

［266］王伟伟，王佳，芦永红. 气/液/固三相线界面区对阴极电化学过程影响的研究进展［J］. 腐蚀科学与防护技术，2009，21（04）：393-396.

［267］He B, Lu C, Han P, et al. Short-term electrochemical corrosion behavior of pipeline steel in saline sandy environments［J］. Engineering Failure Analysis, 2016, 59: 410-418.

［268］张亚芬，韩鹏举，何斌. 砂土的电化学阻抗特性及其试验研究［J］. 太原理工大学学报，2017，48（01）：55-61.

［269］Y W, S L, Q M. Influence of temperature on the corrosion behavior of X80 steel in an acidic soil environment［J］. International Journal of Electrochemical Science, 2020, 15 (1): 576-586.

［270］J X, Y B, T W, et al. Effect of elastic stress and alternating current on corrosion of X80 pipeline steel in simulated soil solution［J］. Engineering Failure Analysis, 2019, 100: 192-205.

［271］米繁亮，谢瑞珍，韩鹏举. 碳酸氢钠饱和盐渍砂土的电化学特性试验研究［J］. 科学技术与工程，2018，18（20）：148-153.

［272］秦润之，杜艳霞，路民旭，等. 高压直流干扰下 X80 钢在广东土壤中的干扰参数变化规律及腐蚀行为研究［J］. 金属学报，2018，54（06）：886-894.

［273］Y W, S Z, P J. Finite element method simulations to study factors affecting buried pipeline subjected to debris flow［J］. Journal of Pressure Vessel

Technology, 2019, 141 (02): 1-15.

［274］ X B, B H, P H, et al. Corrosion behavior and mechanism of X80 steel in silty soil under the combined effect of salt and temperature［J］. RSC Advances, 2021, 12 (1): 129-147.

［275］ X B, B H, P H, et al. Effect of temperature on the electrochemical corrosion behavior of X80 steel in silty soil containing sodium chloride［J］. Journal of Materials Engineering and Performance, 2021, 31 (02): 476-968.

［276］ 么惠平，闫茂成，杨旭，等. X80 管线钢红壤腐蚀初期电化学行为［J］. 中国腐蚀与防护学报，2014，34（05）：472-476.

［277］ 唐红雁，宋光铃，曹楚南，等. 弱极化曲线拟合技术在土壤腐蚀研究中的应用［J］. 腐蚀科学与防护技术，1996，8（03）：179-184.

［278］ Xie R. Effects of pore fluids and sand particles on electrochemical characteristics of sandy soil containing soluble sodium salt［J］. International Journal of Electrochemical Science, 2020: 3543-3562.

［279］ 姜晶，王佳. 气/液/固三相线界面区的性质在金属腐蚀阴极过程中的作用［J］. 腐蚀科学与防护技术，2009，21（02）：79-81.

［280］ Liu H, Gu T, Zhang G, et al. Corrosion of X80 pipeline steel under sulfate-reducing bacterium biofilms in simulated CO_2-saturated oilfield produced water with carbon source starvation［J］. Corrosion Science, 2018, 136: 47-59.

［281］ Wei X, Zhang S, Du Z, et al. Electrochemical performance of high-capacity nanostructured Li[Li0.2Mn0.54Ni0.13Co0.13]O_2 cathode material for lithium ion battery by hydrothermal method［J］. Electrochimica Acta, 2013, 107: 549-554.

［282］ 张秋利，姚蓉，尹成先，等. X80 管线钢在模拟土壤溶液中的电化学腐蚀行为［J］. 材料保护，2016，49（02）：62-65.